Thomas Hackensellner

WÄRMEPUMPEN IN HAUSHALT, GEWERBE UND INDUSTRIE

AF163815

Diesen Titel zusätzlich als **E-Book** erwerben und **60 %** sparen!

Als Käufer dieses Buchs haben Sie Anspruch auf ein besonderes Angebot. Sie können zusätzlich zum gedruckten Werk das E-Book zu 40 % des Normalpreises erwerben.

Zusatznutzen:
– Vollständige Durchsuchbarkeit des Inhalts zur schnellen Recherche.
– Mit Lesezeichen und Links direkt zur gewünschten Information.
– Im PDF-Format überall einsetzbar.

Laden Sie jetzt Ihr persönliches E-Book herunter:
– **www.vde-verlag.de/ebook** aufrufen.
– **Persönlichen, nur einmal verwendbaren E-Book-Code** eingeben:

525796SQ1F3U3CRX

– E-Book zum Warenkorb hinzufügen und zum Vorzugspreis bestellen.

Hinweis: Der E-Book-Code wurde für Sie individuell erzeugt und darf nicht an Dritte weitergegeben werden. Mit Zurückziehung des Buchs wird auch der damit verbundene E-Book-Code ungültig.

Das Gebäude

Die Fachbuchreihe zu den Themen
- Baurechtpraxis und Baumanagement
- Bautechnik
- Energieeffizientes Bauen
- Energiesystemtechnik
- Gebäudetechnik, TGA und Facility Management
- Klima- und Lüftungstechnik
- Sicherheitstechnik

PROF. DR.-ING. HABIL. THOMAS HACKENSELLNER

WÄRMEPUMPEN IN HAUSHALT, GEWERBE UND INDUSTRIE

Grundlagen · Simulation · Auslegung

VDE VERLAG GMBH

ICS: 27.080; 91.140.10; 91.140.65

Autor und Verlag haben alle Texte mit großer Sorgfalt erarbeitet. Dennoch können Fehler nicht ausgeschlossen werden. Deshalb übernehmen weder der Autor noch der Verlag irgendwelche Garantien für die in diesem Buch gegebenen Informationen. In keinem Fall haftet der Autor oder der Verlag für irgendwelche direkten oder indirekten Schäden, die aus der Auswertung dieser Informationen folgen.

Das Werk ist urheberrechtlich geschützt. Jede Verwertung außerhalb der engen Grenzen des Urheberrechtsgesetzes ist ohne Zustimmung des Verlags unzulässig und strafbar. Die Wiedergabe von Gebrauchsnamen, Handelsnamen, Warenbeschreibungen etc. berechtigt auch ohne besondere Kennzeichnung nicht zu der Annahme, dass solche Namen im Sinne der Markenschutz-Gesetzgebung als frei zu betrachten wären und von jedermann benutzt werden dürfen. Aus der Veröffentlichung kann nicht geschlossen werden, dass die beschriebenen Lösungen frei von gewerblichen Schutzrechten (z. B. Patente, Gebrauchsmuster) sind. Eine Haftung des Verlags für die Richtigkeit und Brauchbarkeit der veröffentlichten Programme, Schaltungen und sonstigen Anordnungen oder Anleitungen sowie für die Richtigkeit des technischen Inhalts des Werks ist ausgeschlossen. Die gesetzlichen und behördlichen Vorschriften sowie die technischen Regeln (z. B. das VDE-Vorschriftenwerk) in ihren jeweils geltenden Fassungen sind unbedingt zu beachten.

Bibliografische Information der Deutschen Nationalbibliothek
Die Deutsche Nationalbibliothek verzeichnet diese Publikation in der Deutschen Nationalbibliografie; detaillierte bibliografische Daten sind im Internet über http://dnb.dnb.de abrufbar.

ISBN 978-3-8007-5796-1 (Buch)
ISBN 978-3-8007-5797-8 (E-Book)

© 2023   VDE VERLAG GMBH · Berlin · Offenbach
         Bismarckstr. 33, 10625 Berlin

Alle Rechte vorbehalten.

Coverabbildung: Glen Dimplex Deutschland GmbH, Kulmbach

Satz: Reemers Publishing Services GmbH, Krefeld
Druck: Druckerei Hachenburg · PMS GmbH, Hachenburg
Printed in Germany   2023-03

Vorwort

Wärmepumpen mit elektromotorischem Antrieb als moderne, umweltfreundliche Heizungssysteme im Gebäudebereich erreichen zunehmende Bedeutung aufgrund der Notwendigkeit, einen Beitrag zur Dekarbonisierung unserer Erde zu leisten. Der Bedarf an Wärmepumpen mit größerer Heizleistung für gewerbliche und industrielle Anwendungen ist ebenfalls ansteigend. Spezielle Publikationen für Fachleute und Praktiker zur Wärmepumpentechnik sind vorhanden. Vor diesem Hintergrund möchte das vorliegende Fachbuch einen Überblick zu wesentlichen Technologien der Wärme- und Kältebereitstellung mit Hilfe von Wärmepumpen aus dem Blickwinkel der Energietechnik, der Energiewirtschaft und der Umwelttechnik in komprimierter Form für Handwerker, Studierende, Ingenieure, Architekten, Energieberater und interessierte Leser geben. In dem vorliegenden Fachbuch für Wärmepumpen werden die bis heute weniger intensiv behandelten Themen wie Nachhaltigkeit, Simulation und Digitalisierung erörtert. Aus zeitlichen und inhaltlichen Gründen wurden einige Teilaspekte der Wärmepumpentechnik nicht dargestellt.

Der Autor möchte sich beim VDE Verlag für das Interesse und für die Herausgabe des Fachbuches bedanken. Mein besonderer Dank gilt der Glen Dimplex Deutschland GmbH, vor allem Herrn Robert Kapp, Herrn Frank Wicht und Herrn Christian Göppel, die bei der Erstellung des Buches wertvolle Hinweise geliefert haben und tatkräftig bei seiner Entstehung mitgewirkt haben. Für die Organisation zur Erstellung des Fachbuches gilt mein Dank auch der gesamten Marketing-Abteilung der Glen Dimplex Deutschland GmbH, vor allem Frau Yvonne Bauer, Frau Melanie Gutsmann und Frau Anja Fischer. Ferner sind durch Diskussionen auch im privaten Bereich des Autors einige Teilkapitel zusätzlich in das Fachbuch aufgenommen worden. Für diese wertvollen Denkanstöße aus der Praxis bedanke ich mich sehr herzlich.

Kulmbach, im Januar 2023   Thomas Hackensellner

Inhaltsverzeichnis

Vorwort			5
1	**Grundlagen, Kreisprozesse und Kennzahlen**		13
	1.1	Einführung	13
	1.2	Angabe von technischen Daten für Wärmepumpen	15
	1.3	Aufbau und Funktion einer Wärmepumpe am Beispiel einer einstufigen Kompressions-Wärmepumpe	15
	1.3.1	Ergänzende Anmerkungen	17
	1.4	Kältemittel	17
	1.4.1	Allgemeines	17
	1.4.2	Kältemitteleinteilung	19
	1.4.3	Nomenklatur für Kältemittel	21
	1.4.4	Ausgewählte Eigenschaften zu Kältemitteln	21
	1.4.5	Kältemittel für Wärmepumpen	24
	1.4.6	Low-GWP-Kältemittel für Wärmepumpen	25
	1.4.7	Natürliche Kältemittel	25
	1.4.8	Propan als Kältemittel	26
	1.4.9	Kohlendioxid als Kältemittel	28
	1.4.10	Wasser als Kältemittel	29
	1.4.11	Ammoniak als Kältemittel	30
	1.4.12	Kältemittel für Industrie-Wärmepumpen	32
	1.5	Wärmequellenmedien	32
	1.5.1	Alkohol-Wasser-Gemische	32
	1.5.2	Wasser	33
	1.5.3	Atmosphärische Luft	34
	1.6	Kältemaschinenöle	34
	1.7	Aufbau eines p, h-Diagramms	35
	1.8	Vergleichsprozesse	37
	1.8.1	Idealer Kreisprozess	37
	1.8.2	Theoretischer Vergleichsprozess	39
	1.8.3	Wirklicher Vergleichsprozess	39
	1.8.4	Kreisprozess mit Druckverlusten	40
	1.8.5	Kreisprozess für CO_2-Wärmepumpe im transkritischen Bereich	42
	1.8.6	Kreisprozess für mechanische Brüdenverdichtung	43
	1.8.7	Kreisprozess für thermische Brüdenverdichtung	44
	1.9	Energiefluss im Elektromotor und im Wärmepumpenverdichter	45
	1.10	Berechnungsgrundlagen und Kennzahlen	46
	1.10.1	Druckverhältnis	46
	1.10.2	Treibende Temperaturdifferenz	46
	1.10.3	Verdampferleistung und Wärmequellenleistung	47
	1.10.4	Verdichterleistung	47

1.10.5	Kondensatorleistung	49
1.10.6	Wirkliche spezifische Heizleistung	49
1.10.7	Volumetrische Heizleistung	50
1.10.8	Liefergrad eines Verdichters	50
1.11	Energiestrombilanz für eine Wärmepumpe	51
1.12	Sankey-Diagramm	52
1.12.1	Wärmepumpe mit Elektromotor	52
1.12.2	Wärmepumpe mit Verbrennungsmotor	52
1.13	Energetischer Wirkungsgrad	53
1.14	Leistungszahl	54
1.15	Arbeitszahl	54
1.16	Jahresarbeitszahl	54
1.17	Wärmepumpen mit brennbaren Kältemitteln	55
2	**Verfahrenschemata für Kompressions-Wärmepumpen**	**57**
2.1	Allgemeines	57
2.2	Luft/Wasser-Wärmepumpe	57
2.3	Sole/Wasser-Wärmepumpe	59
2.4	Wasser/Wasser-Wärmepumpe	60
2.5	Luft/Wasser-Wärmepumpe mit Heißgasabtauung	62
2.6	Warmwasser-Wärmepumpe	63
2.7	Reversible Luft/Wasser-Wärmepumpe	64
2.8	Luft/Wasser-Wärmepumpe in Splitbauweise	65
2.9	Mechanische Brüdenverdichtungsanlage	65
2.10	Thermische Brüdenverdichtungsanlage	66
2.11	Wärmepumpe mit Verbrennungsmotor	67
3	**Wärmepumpenkomponenten und Betriebsweisen**	**69**
3.1	Wärmepumpenverdichter	69
3.1.1	Allgemeines	69
3.1.1.1	Verdrängermaschinen	70
3.1.1.2	Strömungsmaschinen	71
3.1.1.3	Vollhermetischer Verdichter	71
3.1.1.4	Halbhermetischer Verdichter	71
3.1.1.5	Offener Verdichter	71
3.1.2	Hubkolbenverdichter	71
3.1.3	Scrollverdichter	74
3.1.4	Rollkolbenverdichter	78
3.1.5	Leistungsregelung von Verdichtern	79
3.1.5.1	Heißgas-Bypass-Regelung	79
3.1.5.2	Invertertechnologie	79
3.1.5.3	Digital-Technologie	80
3.2	Kondensatoren	80
3.2.1	Allgemeines	80

	3.3	Kondensatorbauarten	83
	3.3.1	Plattenwärmeübertrager	83
	3.3.2	Rohrbündel-Wärmeübertrager	84
	3.4	Expansionsventile	85
	3.4.1	Allgemeines	85
	3.4.2	Thermostatisches Expansionsventil	87
	3.4.3	Elektronisches Expansionsventil	88
	3.4.4	Kapillarrohr	89
	3.5	Verdampfer	89
	3.5.1	Allgemeines	89
	3.5.2	Verdampfer zur Flüssigkeitskühlung	91
	3.5.2.1	Plattenverdampfer	91
	3.5.2.2	Rohrbündelverdampfer	91
	3.5.3	Verdampfer zur Luftkühlung	92
	3.5.3.1	Rippenrohrverdampfer	92
	3.5.3.2	Lamellenverdampfer	93
	3.6	Reif- und Eisansatz	93
	3.7	Abtauprozesse bei Wärmepumpen	96
	3.7.1	Kreislaufumkehr	96
	3.7.2	Heißgasabtauung	97
	3.7.3	Elektrische Widerstandsheizung	97
	3.8	Energiespeicher	97
	3.8.1	Pufferspeicher	98
	3.8.1.1	Reihenpufferspeicher	99
	3.8.1.2	Parallelpufferspeicher	99
	3.8.2	Warmwasserspeicher für Heizungswärmepumpen	101
	3.9	Sicherheitseinrichtungen	102
	3.10	Wärmemengenzähler	103
4		Weitere Wärmepumpenbauarten	105
	4.1	Absorptions-Wärmepumpe	105
	4.1.1	Aufbau und Funktion einer Absorptions-Wärmepumpe	106
	4.1.1.1	Lösungswärmeübertrager	108
	4.1.1.2	Kältetauscher	108
	4.2	Adsorptions-Wärmepumpe	109
	4.2.1	Adsorbentien	109
	4.2.1.1	Zeolithe	109
	4.2.1.2	Silicagel	110
	4.2.2	Aufbau und Funktion einer Adsorptions-Wärmepumpe	111
	4.2.3	Eigenschaften von Adsorptions-Wärmepumpen	113
5		Wärmepumpen im Vergleich zu anderen Wärmeerzeugern	115
	5.1	Radiatorenheizung	115
	5.2	Fußbodenheizung	117

5.3	Einbindung von Wärmepumpen in Gebäude	119
5.3.1	Festlegung des Bivalenzpunkts und des Auslegungspunkts	119
5.3.2	Heizleistungsdiagramm	119
5.3.3	Geordnete Jahresdauerlinie für die Außenlufttemperatur	121
5.4	Betriebsweisen von Wärmepumpen	122
5.4.1	Monovalenter Betrieb	123
5.4.2	Bivalent-alternativer Betrieb	123
5.4.3	Bivalent-paralleler Betrieb	124
5.4.4	Bivalent-teilparalleler Betrieb	125
5.4.5	Monoenergetischer Betrieb	125
5.5	Brennstoffe	126
5.6	Wärmepreise und Brennstoffnutzungsgrad	127
5.6.1	Brutto-Wärmepreis	127
5.6.2	Netto-Wärmepreis	128
5.6.2.1	Kesselanlage	128
5.6.2.2	Elektromotorisch angetriebene Kompressions-Wärmepumpe	128
5.6.2.3	Verbrennungsmotorisch angetriebene Kompressions-Wärmepumpe	129
5.6.3	Brennstoffnutzungsgrad	130
5.7	Kohlendioxidemissionen	132
6	**Wärmepumpenanwendungen**	**135**
6.1	Allgemeines	135
6.2	Häuslicher Bereich	135
6.2.1	Einfamilienhäuser	135
6.2.2	Mehrfamilienhäuser	136
6.3	Gewerbliche Gebäude	137
6.4	Gewerbe und Industrie	138
6.4.1	Eindampfung/Verdampfung	139
6.4.2	Trocknung	140
6.4.3	Destillation und Rektifikation	140
6.5	Anwendungen für thermisch angetriebene Wärmepumpen	141
6.6	Hybrid-Wärmepumpen	141
6.7	Wärmepumpen für Smart Grid	141
6.8	Wärmepumpen für Wärmenetze	142
7	**Geothermie und andere Energiequellen**	**145**
7.1	Verfügbare Wärmequellen	145
7.2	Auswahlkriterien für Wärmequellen	145
7.2.1	Verfügbarkeit	146
7.2.2	Wärmequellentemperatur	146
7.2.3	Nutzungserlaubnis	146
7.2.4	Kostengünstige Erschließung und Nutzung	146
7.2.5	Qualität (chemisch-physikalisch)	146
7.3	Außenluft	146

	7.4	Erdwärme	147
	7.4.1	Eigenschaften des Erdbodens	148
	7.4.2	Ungestörte Erdreichtemperatur	149
	7.4.3	Erdwärmekollektoren	150
	7.4.3.1	Spezifische Entzugsleistung	151
	7.4.4	Erdwärmesonden	151
	7.4.4.1	Spezifische Entzugsleistung	151
	7.4.4.2	Bauarten von Erdwärmesonden	152
	7.4.4.3	Länge einer Erdwärmesonde	152
	7.5	CO_2-Erdwärmesonden	153
	7.6	Grundwasser als Wärmequelle	154
	7.6.1	Auslegung der Wärmequellenanlage	155
	7.7	Solarkollektoren	155
	7.8	Sonstige Wärmequellen	156
	7.9	Wärmepumpen und Photovoltaik	156
8	Nachhaltigkeit		159
	8.1	Einführung	159
	8.2	Nachhaltigkeit der Energieversorgung	160
	8.3	Nachhaltigkeit von Kompressions-Wärmepumpen	160
	8.4	TEWI-Wert	161
	8.5	Nachhaltigkeit in der Vorkette	163
	8.6	Nachhaltigkeit bei der Dimensionierung und Herstellung	163
	8.7	Nachhaltigkeit beim Betrieb	164
	8.8	Nachhaltigkeit bei Außerbetriebnahme	165
	8.9	Ökobilanz für eine Wärmepumpe	166
9	Numerische Simulation von Kompressions-Wärmepumpen		169
	9.1	Grundlagen	169
	9.2	Modellbildung	169
	9.3	Simulationsarten	170
	9.4	Softwaretools	170
	9.5	Anwendungen	171
	9.5.1	Statische Kreislaufrechnung	171
	9.5.2	Dynamische Kreislaufrechnung	171
	9.6	Simulation Verdampfer	172
	9.7	Simulation Verdichter	173
	9.8	Simulation Kondensator	174
	9.9	Simulation Expansionsventil	175
	9.10	Simulation Kompressions-Wärmepumpe	176
	9.11	Simulation Gebäude	177
	9.12	Digitaler Zwilling	178
	9.13	Hardware in the Loop	178

10	Digitalisierung		181
	10.1	Definition und Einführung	181
	10.2	Energieversorgung [10.2]	181
	10.3	Gebäudetechnik	183
	10.4	Produktion von Wärmepumpen	188
	10.5	Vertrieb und Service	188
	10.6	Arten der Connectivity	189
	10.7	Digitalisierung und Nachhaltigkeit	190

Stichwortverzeichnis ... 193

1 Grundlagen, Kreisprozesse und Kennzahlen

1.1 Einführung

Der Gedanke, Wärme mit Hilfe eines thermodynamischen Kreisprozesses auf ein höheres Temperaturniveau zu bringen, ist durch eine Kontroverse zwischen Smith [1.1] und Thomson [1.2] (Lord Kelvin) im Jahre 1852 entstanden. Thomson [1.3] legte seinen Betrachtungen dem damaligen Stand der Technik entsprechend eine Kaltluftmaschine zugrunde. Eine solche Maschine mit geringen konstruktiven Änderungen wurde ab 1877 als Kältemaschine gebaut.

Derjenige Autor, der den Begriff „Wärmepumpe" erstmalig verwendete, kann nicht mit Sicherheit festgestellt werden. Im Jahre 1920 berichtete Flügel [1.4] in Deutschland über Anwendungen der Wärmepumpe und Krauss [1.5] im Jahre 1921 in den USA über „heat pumps".

Nach Wirth [1.6] wurde schon im Jahre 1883 durch Paul Piccard eine Wärmepumpenanlage zur Salzgewinnung in der Saline Bex erstellt.

Die **Einteilung der Wärmepumpen** kann nach verschiedenen Kriterien erfolgen. Die folgenden Möglichkeiten zur Einteilung werden in der Wärmepumpentechnik angewandt:
- Anwendungsbereich (z. B. Haushalt, Industrie, Kommunen, Wissenschaft)
- Anwendungszweck (z. B. Raumheizung, Eindampfung, Trocknung, Destillation, Rektifikation)
- Heizleistungsgröße (von einigen Watt bis zu mehreren MW)
- Wärmepumpenkreisprozess (z. B. Kompressions-Wärmepumpen, Absorptions-Wärmepumpen, Adsorptions-Wärmepumpen)
- Antriebsart (z. B. Elektromotor, stationärer Verbrennungsmotor, thermischer Antrieb)
- Betriebsweise (monovalent, bivalentparallel, bivalentalternativ, Primärwärmepumpe, Sekundärwärmepumpe, Tertiärwärmepumpe)
- Wärmeträger der Wärmequelle (z. B. Luft, Grundwasser, Abluft, Brüden, Kondensat, Abwasser, Abdampf)
- Wärmeträger der Wärmesenke (z. B. Warmwasser, Luft, Produkt)
- Nutzungsart (Heizwärmepumpe, Heiz-Kühl-Anlage)
- Heiztemperaturniveau (Temperatur der Wärmeabgabe $\leq$ 100 °C oder bei > 100 °C als Hochtemperatur-Wärmepumpe).

Systemgrenzen, Bezeichnungen und Messpunkte

Für eine Charakterisierung einer energietechnischen Anlage sind in der Praxis genau definierte Systemgrenzen und Bezeichnungen der technischen Einrichtung erforderlich. In der Abbildung 1.1 werden schematisch die einzelnen technischen Einrichtungen durch die jeweiligen Systemgrenzen dargestellt.

1 Grundlagen, Kreisprozesse und Kennzahlen

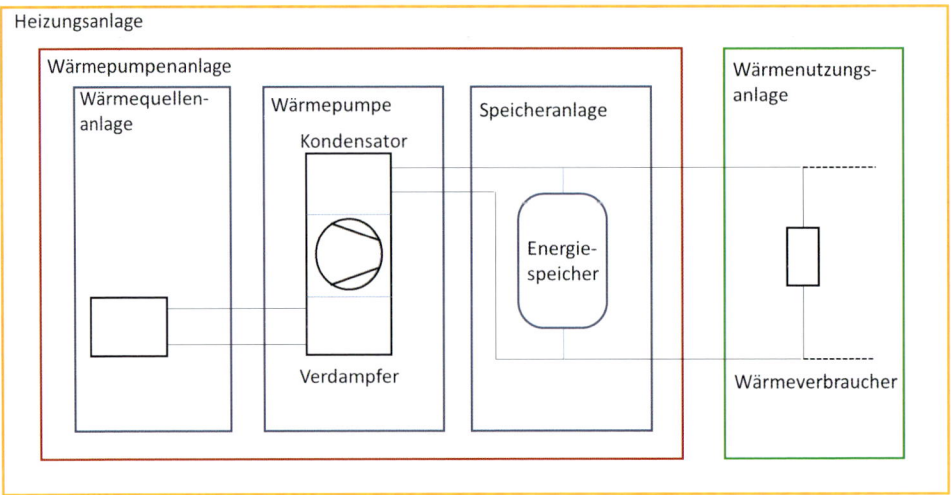

Abb. 1.1: Systemgrenzen nach [1.7]

1. Wärmequellenanlage

Als Wärmequellenanlage ist diejenige technische Einrichtung zu verstehen, die den Wärmeentzug aus einer Wärmequelle (z. B. Erdboden, Grundwasser) und den Transport des Wärmequellenmediums zwischen der Wärmequelle und der Wärmepumpe übernimmt. Eingeschlossen sind damit auch alle Zusatzeinrichtungen. Bei einer Luft/Wasser-Wärmepumpe im häuslichen Bereich entfällt die Wärmequellenanlage, da bei dieser Anwendung Luft als Wärmequellenmedium direkt dem Verdampfer der Wärmepumpe zugeführt wird.

2. Wärmepumpenanlage

Eine Wärmepumpenanlage besteht aus der Wärmequellenanlage und der eigentlichen Wärmepumpe sowie der Speicheranlage.

3. Wärmenutzungsanlage

Als Wärmenutzungsanlage ist diejenige technische Einrichtung zu verstehen, die den Transport des erwärmten Wärmesenkenmediums (z. B. Heizungswasser) vom Kondensator der Wärmepumpe zu den einzelnen Wärmeverbrauchern (z. B. Wohnraum) übernimmt. Sie besteht im häuslichen Bereich aus dem Rohrleitungsnetz zur Wärmeverteilung, Heizungspumpen, Mischer und den Heizkörpern sowie weiteren Zusatzeinrichtungen.

4. Heizungsanlage

Als Heizungsanlage wird das Gesamtsystem, bestehend aus Wärmequellenanlage, Wärmepumpe, Speicheranlage und Wärmenutzungsanlage, bezeichnet.

1.2 Angabe von technischen Daten für Wärmepumpen

Je nach Bauart einer Wärmepumpe sind genau definierte Betriebszustände festgelegt, für die technische Daten, z. B. die Leistungszahl, angegeben werden. Diese Betriebszustände werden beispielhaft wie folgt notiert:
- Sole/Wasser-Wärmepumpe: B5/W55
- Wasser/Wasser-Wärmepumpe: W7/W55
- Luft/Wasser-Wärmepumpe: A2/W35.

Die erste Buchstaben-Zahlen-Kombination wird für den Verdampfer definiert, die zweite für den Kondensator der Wärmepumpe. Der Buchstabe steht für den Wärmeträger, gefolgt von der Eintrittstemperatur des Wärmeträgers in den Verdampfer bzw. für die Austrittstemperatur am Kondensator. Die Temperaturen werden in Grad Celsius angegeben. Für die Wärmeträger wurden folgende Abkürzungen festgelegt:
- B (brine):   Sole
- W (water):   Wasser
- A (air):   Luft.

Die maximalen Heizleistungen von Serien-Wärmepumpen führender Hersteller weichen voneinander ab, jedoch ergeben sich für die einzelnen Bauarten folgende überschlägige Maximalwerte:
- Sole/Wasser-Wärmepumpe bis zu einer Heizleistung von ca. 130 kW
- Wasser/Wasser-Wärmepumpe bis zu einer Heizleistung von ca. 180 kW
- Luft/Wasser-Wärmepumpe bis zu einer Heizleistung von ca. 60 kW

Zur eindeutigen Angabe der energetischen Güte einer Wärmepumpe sind als Kriterium die Eintrittstemperatur des Wärmequellenmediums in den Verdampfer und die Austrittstemperatur des Wärmesenkenmediums aus dem Kondensator erforderlich.

1.3 Aufbau und Funktion einer Wärmepumpe am Beispiel einer einstufigen Kompressions-Wärmepumpe

Eine einstufige Kompressions-Wärmepumpe besteht aus vier Hauptkomponenten:
- Verdampfer,
- Verdichter mit Antriebsmotor,
- Kondensator,
- Expansionsventil (= Drosselventil),

die über Kältemittelleitungen miteinander verbunden sind. Eine <u>einstufige</u> Kompressions-Wärmepumpe arbeitet zwischen zwei Druckniveaus. Bei Kompressions-Wärmepumpen entspricht jedes Druckniveau einem über die Dampfdruckkurve des Kältemittels zugehörigen definierten Temperaturniveau. Somit gilt:

p_V = Verdampfungsdruck <=> t_V = Verdampfungstemperatur (z. B. −25 bis +5 °C im Haushalt)

p_K = Kondensationsdruck <=> t_K = Kondensationstemperatur (z. B. +35 bis +80 °C im Haushalt)

Abbildung 1.2 zeigt das vereinfachte Schaltbild einer einstufigen Kompressions-Wärmepumpe, die von einem Elektromotor angetrieben wird.

1 Grundlagen, Kreisprozesse und Kennzahlen

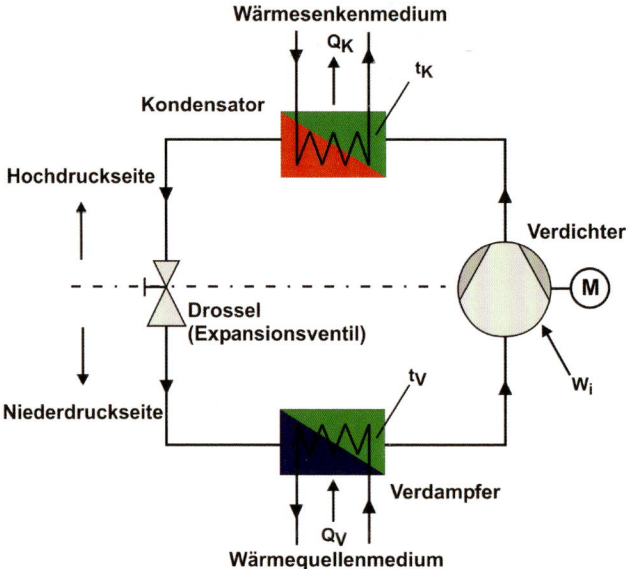

t_V : Verdampfungstemperatur Q_V : Verdampferwärme
t_K : Kondensationstemperatur W_i : Innere Verdichterarbeit
                                 Q_K : Kondensatorwärme

Abb. 1.2: Schematischer Aufbau einer einstufigen Kompressions-Wärmepumpe

Auf Basis der Abbildung 1.2 wird die Funktion einer Kompressions-Wärmepumpe mit den vier Hauptkomponenten vereinfacht erklärt. Als Kältemittel wird beispielhaft Propan (R-290) verwendet.

Verdichter

Der Verdichter einer Kompressions-Wärmepumpe wird im häuslichen Bereich fast ausschließlich von einem Elektromotor angetrieben. Der Verdichter saugt Kältemitteldampf über die Saugleitung aus dem Verdampfer ab. Da sich im Verdampfer ein Gemisch von Kältemittelflüssigkeit und -dampf befindet, stellt sich die Verdampfungstemperatur entsprechend dem dort herrschenden Verdampfungsdruck ein (z. B. bei R-290: −10 °C = 345,3 kPa (abs.)). Es darf davon ausgegangen werden, dass das Kältemittel etwas überhitzt vom Verdichter angesaugt wird, unter Arbeitszufuhr komprimiert wird und dass der Kältemitteldampf nach der Kompression überhitzt ist. Je nach Druckdifferenz zwischen Kondensationsdruck und Verdampfungsdruck, Kältemittel und Güte des Verdichters liegt die Überhitzungstemperatur zwischen +60 °C und +110 °C. Am Austritt des Verdichters befindet sich das Kältemittel auf dem höchsten Temperaturniveau des gesamten Kreislaufes.

Kondensator

Der nach dem Verdichter herrschende Druck (= Kondensationsdruck p_k) ist abhängig von der Eintrittstemperatur des Wärmesenkenmediums in den Kondensator bei gegebener Wärmeübertragungsfläche und gegebenem Wärmedurchgangskoeffizienten des Kondensators sowie bei gleichbleibendem Volumenstrom der Wärmesenke. Handelt es sich beim Wärmesenkenmedium um Wasser, z. B. für eine Fußbodenheizung, wird für R-290 der Druck auf ca. 1218 kPa(abs.) (= +35 °C) ansteigen. Das komprimierte Kältemittelgas gelangt über die Druckleitung in den Kondensator. Durch <u>Wärmeabgabe</u> im Kondensator findet die Abkühlung des Kältemittels auf die Sättigungstemperatur, die Kondensation des Kältemittels und anschließend eventuell eine geringfügige Unterkühlung (um ca. 3 K) des Kältemittels statt.

Expansionsventil

Das flüssige, eventuell etwas unterkühlte Kältemittel strömt dann vom Kondensator in der Flüssigkeitsleitung zum Expansionsventil. Im idealen Expansionsventil erfolgt die Drosselung des Kältemittels (spezifische Enthalpie – konstant) und es gelangt danach über die Einspritzleitung wieder zurück in den Verdampfer. Der thermodynamische Kreislauf ist damit geschlossen. Durch die Druckabsenkung im Expansionsventil verdampft bereits ein Teil des Kältemittels. Nach dem Drosselventil ist ein Gemisch aus Kältemittelflüssigkeit und -dampf vorhanden, sodass dort wieder die Sättigungstemperatur herrscht, die dem Druck entspricht, also z. B. für R-290 bei –10 °C = 345,3 kPa(abs.).

Verdampfer

Dem Verdampfer wird durch ein Wärmequellenmedium (z. B. Luft, Glykol-Wasser-Gemisch, Wasser) von außen <u>Wärme zugeführt</u>, sodass Kältemittel bei konstantem Druck verdampft. Der entstehende Kältemitteldampf wird über die Saugleitung vom Verdichter angesaugt. Der Kältemittelkreislauf ist damit geschlossen.

1.3.1 Ergänzende Anmerkungen

Der 2. Hauptsatz der Thermodynamik bleibt beim Betrieb der Wärmepumpe gewahrt, da für den Wärmetransport von einem niedrigen auf ein höheres Temperaturniveau Energie (über den Verdichter) aufgewandt wird. Der Kältemittelkreislauf wird auch als **Primärkreislauf** und der Wärmesenkenkreislauf als **Heizkreislauf** bezeichnet.

Voraussetzungen für einen wirtschaftlichen Betrieb einer Wärmepumpe sind:
- Verdampfungstemperatur t_V so hoch wie möglich
- Kondensationstemperatur t_K so niedrig wie möglich
- Treibende Temperaturdifferenz am Verdampfer/Kondensator niedrig, d. h.:
  max. 8 K bei Wärmeübertragung zwischen Luft und einem Kältemittel
  max. 3 K bei Wärmeübertragung zwischen Flüssigkeit und einem Kältemittel

1.4 Kältemittel

1.4.1 Allgemeines

Als Kältemittel bezeichnet man einen Stoff, der in einer Wärmepumpe einen thermodynamischen Kreisprozess zu dem Zweck durchläuft, im Verdampfer Wärme aufzunehmen und im Kondensator wieder abzugeben. Prinzipiell ist jedes Fluid als Kältemittel verwendbar. Bei Kaltdampf-Kompressions-Wärmepumpen beschränkt sich die Anwendung auf das thermodynamische Zustandsgebiet unterhalb des kritischen Punktes (KP) des Stoffes (Ausnahme: Wärmepumpe mit CO_2 als Kältemittel), da sowohl eine Verdampfung als auch eine Kondensation bei einem vollständigen Durchlaufen des Kreisprozesses zu erfolgen hat. In der Praxis werden maximale Kondensationstemperaturen erreicht, die 10 bis 15 Kelvin unterhalb des kritischen Punktes des eingesetzten Kältemittels liegen.

Bis etwa 1930 waren Ammoniak (NH_3), Kohlendioxid (CO_2) und Schwefeldioxid (SO_2) wichtige Kältemittel. Ferner wurden einige Kohlenwasserstoffe, z. B. Ethan (C_2H_6), als Kältemittel eingesetzt. Ab 1930 wurden zusätzlich fluorierte aliphatische Chlorkohlenwasserstoffe als Kältemittel verwendet. Dabei handelt es sich um Abkömmlinge (Derivate) des Methans (CH_4) und Ethans (C_2H_6) mit unterschiedlichen Gehalten an Fluor, Chlor und an Wasserstoff.

Molina und Rowland [1.8] stellten im Jahr 1974 eine Hypothese auf, nach der chemisch stabile vollhalogenierte Fluorchlorkohlenwasserstoffe (FCKW), wie R 11 und R 12, in die Stratosphäre der Erde (in ca. 15 bis 50 km Höhe) diffundieren und nach Jahrzehnten in die in 20 bis 40 km Höhe befindliche Ozonschicht gelangen. Energiereiche UV-Strahlung der Sonne (190 bis 210 nm) spaltet in dieser Höhe Chlorradikale aus den FCKW ab, welche Ozonmoleküle zerstören und damit zum Abbau der Ozonschicht führen.

In den folgenden Jahren wurden durch Forschungsarbeiten immer mehr gesicherte Erkenntnisse über die Wechselwirkung zwischen den Kältemitteln und der Umwelt bekannt. Die Arbeiten schließen auch den sogenannten „Treibhauseffekt" mit ein.

Der Treibhauseffekt wird durch Treibhausgase (z. B. CO_2, CH_4, N_2O, Kältemittel) hervorgerufen. Einfallende kurzwellige Sonnenstrahlen im sichtbaren Spektralbereich (360 bis 780 nm) werden von den Treibhausgasen weniger stark absorbiert als langwellige Strahlen, gelangen bis zur Erdoberfläche und werden dort teilweise reflektiert. Von der Erde in den Weltraum ausgestrahlte langwellige Strahlung (>780 nm) wird von Treibhausgasen teilweise absorbiert und in Wärme umgewandelt. Ein Teil reflektiert zur Erde zurück und führt zu einer Erwärmung der Erdoberfläche.

Nachdem die Umweltschädlichkeit von chlorierten Kohlenwasserstoffen seit Mitte der 80er Jahre bekannt ist, wurden zunehmend umweltfreundliche Kältemittel eingesetzt, die keine schädigende Wirkung auf die Ozonschicht haben (ODP-Wert = null) und einen geringen Betrag zur Erwärmung der Erdatmosphäre liefern sollen (niedriger GWP-Wert). Heute (2022) geht der Trend zu natürlichen Kältemitteln wie Propan oder Kohlendioxid.

- ODP: Ozone Depletion Potential = Maß für die Ozonschichtzerstörung
- GWP: Global Warming Potential = Maß für den Treibhauseffekt, globale Erwärmung der Erde.

Für die Auswahl eines geeigneten Kältemittels ist eine Vielzahl von Eigenschaften zu berücksichtigen. Letztendlich ist bei der Entscheidung für ein Kältemittel immer nur ein Kompromiss aus vielen wünschenswerten Eigenschaften möglich. Diese können unter folgenden Überbegriffen für ein Kältemittel zusammengefasst werden:

Umweltverhalten
- Kein Ozonabbaupotenzial (ODP-Wert)
- Kein/niedriger Treibhauseffekt (GWP-Wert)
- Nicht brennbar und nicht explosiv.

1.4 Kältemittel

Physiologische Eigenschaften
- Keine schädigende Wirkung auf den menschlichen Organismus
- Wahrnehmbarer Geruch bei niedrigen Konzentrationen in der Luft.

Chemische und Thermische Stabilität
- Stabilität gegenüber Werkstoffen, Dichtungen und Kältemaschinenölen.

Physikalische Eigenschaften
- Lage und Steigung der Dampfdruckkurve im p, t-Diagramm
- Verdampfungsdruck oberhalb des Atmosphärendruckes
- Mischbarkeit mit Kältemaschinenölen
- Geringe Wasserlöslichkeit
- Gute Wärmeübertragungseigenschaften
- Hohe kritische Temperatur.

Wirtschaftlichkeit
- Einfache großtechnische Herstellung
- Einfache Wiederaufbereitung bzw. Entsorgung
- Problemloser Transport zum Verbraucher
- Hohe volumetrische Kälteleistung/Heizleistung (Bauvolumen)
- Hohe spezifische Kälteleistung/Heizleistung (Effizienz)
- Niedriger Marktpreis pro kg

1.4.2 Kältemitteleinteilung

Kältemittel (KM) lassen sich nach unterschiedlichen Gesichtspunkten einteilen. Einige Möglichkeiten werden im Folgenden dargestellt.
- Einstoff-Kältemittel, z. B. R-134a, R-290 (Propan); (R = „Refrigerant")
- Zweistoff-Kältemittel, z. B. R-723
  (Azeotrop aus 60 % R-717 und 40 % E-170 (= Dimethylether))
- Mehrstoff-Kältemittel, z. B. R-410A
- Anorganische Kältemittel, z. B. NH_3 (R-717), Wasser (R-718), CO_2 (R-744)
- Organische Kältemittel, z. B. R-290.

Fluorchlorkohlenwasserstoffe (FCKW) sind chemische Verbindungen, die Halogene enthalten, jedoch keinen Wasserstoff. Sie werden als vollhalogenierte Kältemittel bezeichnet. Beispiel: R-12 (in Neuanlagen der EU nicht mehr zulässig).

Hydrogenfluorchlorkohlenwasserstoffe (H-FCKW) sind Kältemittel, die ein Wasserstoffatom und Halogenatome enthalten. Sie werden deshalb als teilhalogenierte Kältemittel bezeichnet. Beispiel: R-22 (in Neuanlagen der EU nicht mehr zulässig).

Hydrogenfluorkohlenwasserstoffe (H-FKW) sind Kältemittel, die mindestens ein Wasserstoffatom, Fluoratome, aber kein Chloratom im Molekül enthalten. Beispiel: R-134a.

Fluorkohlenwasserstoffe (FKW) sind chemische Substanzen, die keinen Wasserstoff und als Halogene nur Fluor, kein Chlor im Molekül enthalten. Beispiel: Tetrafluorkohlenstoff.

Betrachtet man die fluorierten Kältemittel, so sind diese ein Sammelbegriff für eine Vielzahl von chemischen Verbindungen, die vorwiegend Derivate von Kohlenwasserstoffen sind und mit dem Halogen Fluor entweder teilfluoriert oder perfluoriert sind. Perfluoriert bedeutet, dass alle

Wasserstoffatome am Kohlenstoffgerüst der chemischen Verbindung durch Fluoratome ersetzt worden sind.

Fluorierte Treibhausgase ist der Sammelbegriff für:
- teilfluorierte Kohlenwasserstoffe (H-FKW)
- perfluorierte Kohlenwasserstoffe (FKW)
- Schwefelhexafluorid (SF_6)
- andere Treibhausgase, die Fluor enthalten (z. B. fluorierte Ether) in reiner Form oder als Gemisch.

Azeotropes Kältemittelgemisch

Besteht aus zwei Kältemitteln, die sich thermodynamisch wie ein Einstoffkältemittel verhalten (Verdampfung und Kondensation bei konstanter Temperatur). Beispiel: R-507A

Zeotropes Kältemittelgemisch

Besteht aus zwei oder mehreren Kältemitteln, bei denen die Verdampfung und die Kondensation des Gemisches über einen Temperaturbereich erfolgen. Der Temperaturbereich liegt im Bereich von wenigen 1/10 Kelvin (z. B. R-404A) bis zu maximal 8 Kelvin (z. B. R-407C).

Die Abbildung 1.3 zeigt den Wärmepumpenkreisprozess im Druck-, Enthalpie-Diagramm (p, h-Diagramm) für ein Kältemittelgemisch mit einem Temperaturgleit.

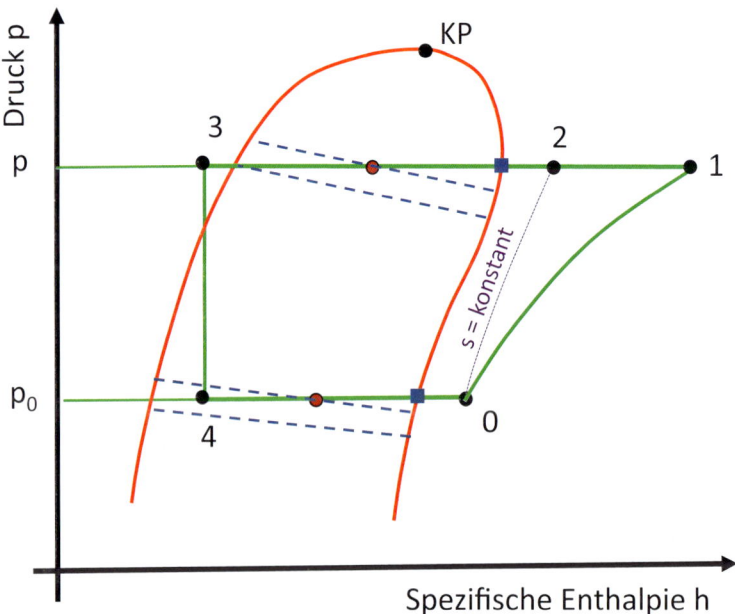

Abb. 1.3: Wärmepumpenkreislauf mit Temperaturgleit

In Abbildung 1.3 sind zwei runde rote Markierungen eingezeichnet, welche die mittlere Verdampfungstemperatur bzw. die mittlere Kondensationstemperatur definieren. Zur Auslegung des Verdampfers und des Kondensators einer Wärmepumpe kann die jeweilige Mitteltemperatur verwendet werden. Gleiches gilt für thermodynamisch vergleichende Analysen zum Wärmepumpenkreisprozess. Um einen eindeutigen Vergleich für die Leistungsaufnahme eines Verdichters durchführen zu können, sind die jeweiligen Sattdampftemperaturen als Verdampfungs- bzw. Kondensationstemperatur zu verwenden (eckige Markierungen, Taupunkttemperaturen).

1.4.3 Nomenklatur für Kältemittel

Die Nomenklatur für Kältemittel ist systematisiert und wird durch zusätzliche Regeln für Kältemittelgemische, anorganische Kältemittel und Isomere von Kältemitteln ergänzt [1.9]. Die **Kennzeichnung** eines Kältemittels erfolgt nach den folgenden Regeln:

Ein Kohlenstoffatom ist immer 4-wertig.
R – Hunderter(H) – Zehner(Z) – Einer(E)-Stelle
R: Refrigerant
Einer-Stelle: Anzahl der Fluor-Atome
Zehner-Stelle: Z – 1 = Anzahl der Wasserstoff-Atome im Molekül
Hunderter-Stelle: H + 1 = Anzahl der Kohlenstoff-Atome im Molekül
Restvalenzen: Anzahl der Chlor-Atome im Molekül

Beispiel: R-134a => R 134

Einer-Stelle	→Zahl 4	⇒ 4 Fluoratome
Zehner-Stelle	→Zahl 3	⇒ 2 Wasserstoffatome
Hunderter-Stelle	→Zahl 1	⇒ 2 Kohlenstoffatome
keine Valenzen bleiben übrig		⇒ 0 Chloratome

Sonstige ausgewählte Regeln zur Nomenklatur:
- Gemische haben eine willkürliche Nomenklatur, die Nummern liegen zwischen 500 und 699.
- Für anorganische Kältemittel ist als Hunderter-Stelle die Zahl 7 definiert. Die beiden anderen Zahlen stehen für die Molekülmasse. Beispiel: R-717 = NH_3
- Der Zusatz „Kleinbuchstabe a" nach der Nummer (z. B. R-134a) beschreibt einen Isomeren.
- Der Zusatz „Großbuchstabe A" nach der Nummer bezeichnet bei Kältemittelgemischen die Zusammensetzung des Gemisches (volumetrische Anteile der Reinstoffe im Gemisch), wobei die erste hinterlegte Mischung dem Buchstaben A zugeordnet wird. Die zweite Mischung dem Buchstaben B usw.

Kältemittelhersteller vergeben für ihre Produkte zusätzlich noch Handelsnamen.

1.4.4 Ausgewählte Eigenschaften zu Kältemitteln

Global Warming Potential (GWP)

Der GWP-Wert eines Kältemittels ist eine Relativzahl, die den Beitrag des Kältemittels zum Treibhauseffekt angibt. Derzeit werden die GWP-Werte aus dem 4. Bericht des Intergovernmental Panel on Climate Change (IPCC) [1.9, 1.10] verwendet. Die Bezugsgröße ist Kohlendioxid mit GWP = 1 bei einem Zeithorizont von 100 Jahren.

Beispiel:

R-134a hat einen GWP-Wert von 1430. Damit trägt 1 kg R-134a 1430mal so stark zum Treibhauseffekt bei wie 1 kg Kohlendioxid.

Die Berechnung der CO_2-Äquivalente für ein Kältemittel erfolgt mit folgender Gleichung:

$$m_{CO2,Äq} = m_{KM} \cdot GWP_{100a} \qquad \text{(Gl. 1.1)}$$

$m_{CO2,Äq}$: Äquivalente CO_2-Masse
m_{KM}: Kältemittelmasse
GWP_{100a}: Global Warming Potential mit einem Zeithorizont von 100 Jahren

Tabelle 1.1 gibt die Entwicklung der Treibhausgasemissionen (THG) für Deutschland im Zeitraum von 1990 bis 2021 an [1.13].

Tab. 1.1: Entwicklung der Treibhausgasemissionen

THG	1990	2000	2005	2010	2020	2021
	Mio. Tonnen CO_2-Äquivalente					
CO_2	1052,0	899,4	866,3	832,5	639,4	670
Methan (CH_4)	118,6	87,8	68,7	58,1	49,0	---
Lachgas (N_2O)	58,0	36,5	37,5	30,8	28,2	---
F-Gase	13,4	13,3	14,2	14,2	12,2	---
Gesamte THG	1241,9	1036,9	986,7	935,5	728,7	760

THG: Treibhausgasemissionen

Aus Tabelle 1.1 ist ersichtlich, dass für das Jahr 2020 die durch F-Gase verursachten Treibhausgasemissionen einen Anteil von 1,67 % haben, bezogen auf die gesamten Treibhausgasemissionen in Deutschland. Die gesamte Treibhausgasemission dürfte sich von 1241,9 Mio. t CO_2-Äquivalente im Jahr 1990 um 38,2 % auf etwa 760 Mio. t CO_2-Äquivalente im Jahr 2021 verringert haben.

Sicherheitsklasse

Die Sicherheitsklasse (= Sicherheitsgruppe) ist vor allem bezüglich der möglichen Aufstellung in Räumen und im Außenbereich wichtig. Es wird zwischen acht Sicherheitsklassen unterschieden [1.11]. Hauptkriterien für die Einordnung sind die Entflammbarkeit und die Toxizität. Damit sind, je nach Aufstellungsort einer Wärmepumpe, eventuell Einschränkungen der Kältemittelfüllmengen gegeben. Tabelle 1.2 zeigt die Matrix zur Klassifikation von Kältemitteln.

1.4 Kältemittel

Tab. 1.2: Sicherheitsklassen von Kältemitteln

	Toxizität	
brennbar	A3	B3
entflammbar	A2	B2
schwer entflammbar	A2L	B2L
nicht entflammbar	A1	B1
	geringe Toxizität	höhere Toxizität

In Wärmepumpen werden vorwiegend Kältemittel der Sicherheitsklassen A1, A2L und A3 eingesetzt. Bei gewerblichen und industriellen Wärmepumpen, die mit dem Kältemittel Ammoniak (R-717) betrieben werden, befindet man sich in der Sicherheitsklasse B2.

Normalsiedepunkt

Der Normalsiedepunkt (NSP) ist die Verdampfungstemperatur eines Kältemittels bei einem Betriebsdruck von 101,3 kPa(abs.). Ein niedriger Normalsiedepunkt eines Kältemittels bedeutet, dass es sich für Anwendungen empfiehlt, die eine niedrige Verdampfungstemperatur benötigen. Eine Unterschreitung des Normalsiedepunkts bei der Verdampfung bedeutet, dass die Wärmepumpe vakuumdicht zu konstruieren ist.

Kritische Temperatur

Zu einer kritischen Temperatur t_{KP} gehört ein kritischer Druck p_{KP}. Nur unterhalb dieses Zustandspunktes ist der Betrieb einer Kälteanlage/Wärmepumpe mit einem Kaltdampf-Kompressionskreislauf möglich. Bei diesem Kreislauf wird Wärme durch Verdampfen aufgenommen und durch Kondensation wieder abgegeben.

Temperaturgleit

Der Temperaturgleit kann bei Kältemittelgemischen auftreten (nicht azeotrope Gemische). Bei gleichem Betriebsdruck (z. B. Verdampfungsdruck) erfolgt die Phasenänderung (z. B. Verdampfung) in einem Temperaturband, d. h., die Verdampfungstemperatur am Anfang der Verdampfung ist höher als die Verdampfungstemperatur am Ende der Verdampfung. Bei der Kondensation gilt Entsprechendes, jedoch umgekehrt. Der Temperaturgleit ist bei der Auslegung von Wärmepumpenkomponenten und bei der Regelung zu berücksichtigen. Siehe auch Abschnitt 1.4.2.

Untere Explosionsgrenze

Die untere Explosionsgrenze (UEG) oder auch Lower Flammable Limit (LFL) wird nach DIN EN 378-1 [1.12] definiert als geringste Konzentration eines Kältemittels, die in einem homogenen Gemisch mit Luft gezündet werden kann.

Spezifische Verdampfungswärme/Kondensationswärme

Bei der Auswahl des Kältemittels ist aus thermodynamischen Gründen auf eine hohe spezifische Verdampfungswärme/Kondensationswärme zu achten, um damit einen kleinen Kältemittelmassenstrom bei vorgegebener thermischer Leistung zu erhalten.

Die Auswahl eines Kältemittels aus rein thermodynamischer Sicht erfolgt über folgende Eigenschaften:
- Lage und Steigung der Dampfdruckkurve
- Volumetrische Heizleistung in kJ/m^3
- Heißgastemperatur am Verdichter
- Spezifische Heizleistung (entspricht der Leistungszahl bei Wärmepumpen) in kWh/kg.

Die oben genannten Eigenschaften lassen sich nur über jeweilige thermodynamische Kreisprozessrechnungen sowie aus Datenblättern der Kältemittelhersteller erfassen. Eine praxisnahe Kreislaufberechnung ist erst dann möglich, wenn Kennzahlen (z. B. Wirkungsgrade) zu den einzelnen Verdichtern, die für das jeweilige Kältemittel vom jeweiligen Hersteller freizugeben sind, vorliegen.

1.4.5 Kältemittel für Wärmepumpen

Tabelle 1.3 zeigt derzeit häufig eingesetzte Kältemittel für Wärmepumpen mit ausgewählten Eigenschaften. Bedingt durch ihren hohen GWP-Wert werden diese Kältemittel nach und nach durch umweltfreundlichere Kältemittel ersetzt.

Tab. 1.3: Kältemittel für Wärmepumpen nach [1.10, 1.14, 1.15, 1.16]

Kältemittel	Sicherheitsklasse	GWP	NSP [°C]	Temp.-Gleit [K]	Kritische Temperatur [°C]
R-134a	A1	1430	-26,1	0	101,1
R-404A	A1	3922	-46,2	0,7	72,1
R-407C	A1	1774	-43,6	7,1	86,1
R-410A	A1	2088	-51,4	0	70,2
R-417A	A1	2346	-39,1	5,0	87,4

GWP: Global Warming Potential 100a; NSP: Normalsiedepunkt (p = 101,3 kPa)

Die in Tabelle 1.3 dargestellten Stoffe sind sämtlich A1-Kältemittel mit einem hohen GWP-Wert.

1.4.6 Low-GWP-Kältemittel für Wärmepumpen

Die Tabelle 1.4 stellt Kältemittel zusammen, die seit einigen Jahren für die Anwendung zur Verfügung stehen und bis auf wenige Ausnahmen einen GWP kleiner als ca. 1500 aufweisen.

Tab. 1.4: Low-GWP-Kältemittel für Wärmepumpen nach [1.10, 1.14, 1.15, 1.16, 1.17, 1.18]

Kältemittel	Sicherheits-klasse	GWP	NSP [°C]	Temp.-Gleit [K]	Kritische Temperatur [°C]	Ersetzt
R-32	A2L	675	−51,6	0	78,1	R-410A
R-290	A3	3	−42,1	0	96,7	R-404A
R-448A	A1	1387	−46,1	6,2	83,7	R-404A
R-449A	A1	1397	−45,7	4	83,9	R-404A
R-450A	A1	605	−23,4	0,4	104,5	R-134a
R-452B	A2L	698	−50,7	1	77,1	R-410A
R-454C	A2L	148	−45,6	6	82,4	R-407C
R-513A	A1	631	−29,6	0	97,7	R-134a
R-600a	A3	3	−11,7	0	134,7	R-134a
R-1234ze(E)	A2L	7	−19,3	0	109,4	R-134a

GWP: Global Warming Potential 100a; NSP: Normalsiedepunkt ($p = 101{,}3$ kPa)

Die in Tabelle 1.4 dargestellten Kältemittel sind unterschiedlichen Sicherheitsklassen zugeordnet, wobei ein kleiner GWP-Wert üblicherweise dann auftritt, wenn auf ein A2L-Kältemittel oder ein A3-Kältemittel zurückgegriffen wird.

1.4.7 Natürliche Kältemittel

Einige Kältemittel für den Einsatz in Wärmepumpen sind natürliche Stoffe. Tabelle 1.5 zeigt eine Übersicht.

Tab. 1.5: Natürliche Kältemittel nach [1.19]

Substanz	Nummer	Chem. Formel	NSP [°C]	KP [°C]	MAK [ppm]	Sicherheits-gruppe [...]
Luft	R-729	.....	.....	−221	.....	A1
Wasser	R-718	H_2O	99,6	375	.....	A1
Kohlendioxid	R-744	CO_2	−56,6[1)]	31	5000	A1
Ammonniak	R-717	NH_3	−33,3	132	25	B2
Schwefeldioxid	R-764	SO_2	−10	157	2	B2
n-Butan	R-600	C_4H_{10}	−0,5	152	800	A3
Iso-Butan	R-600a	C_4H_{10}	−11,6	135	800	A3
Propan	R-290	C_3H_8	−42,1	96,7	2500	A3
Propylen	R-1270	C_3H_8	−42,7	92,4	375	A3

1 Grundlagen, Kreisprozesse und Kennzahlen

Substanz	Nummer	Chem. Formel	NSP [°C]	KP [°C]	MAK [ppm]	Sicherheits-gruppe [...]
Pentan	R-601	C_5H_{12}	36,2	196,4	600	A3
Iso-Pentan	R-601a	C_5H_{12}	27,8	187,4	600	A3
Neo-Pentan	R-601b	C_5H_{12}	9,5	160,6	600	A3
Diethylether	R-610	$C_4H_{10}O$	34,6	214	400	A3
Dimethylether	RE-170	C_2H_6O	−24,8	129	1000	B2

NSP: Normalsiedepunkt (p = 101,3 kPa); KP: Kritische Temperatur; MAK: Maximale Arbeitsplatzkonzentration;
[1] Tripelpunkttemperatur

Tabelle 1.5 verdeutlicht, dass als Kältemittel auch natürliche Stoffe als Alternativen verfügbar sind. Da die Stoffe zum Teil sehr unterschiedliche Eigenschaften aufweisen, sind sie für jeden Anwendungsfall speziell auszuwählen. Hierbei zu beachten sind die Sicherheitsgruppe, die kritische Temperatur sowie der Normalsiedepunkt. Luft (R-729) als Kältemittel ist in Kaltluft-Wärmepumpen verwirklicht. Wasser (R-718) ist besonders für Hochtemperatur-Wärmepumpen einsetzbar, wenn Wärmequellentemperaturen von rund 40 °C und mehr vorliegen. Kohlendioxid (R-744) als natürliches Kältemittel wird bereits seit mehreren Jahren in Kompressions-Wärmepumpen für den häuslichen Bereich eingesetzt, die im überkritischen Gebiet Wärme über einen Gaskühler abgeben. Ammoniak (R-717) als Kältemittel wird vor allem in gewerblichen und industriellen Anwendungen sowohl in Kompressions-Wärmepumpen als auch in Absorptions-Wärmepumpen erfolgreich verwendet. Schwefeldioxid als Kältemittel in Wärmepumpen hat heute keine Bedeutung mehr. Bei den organischen Kältemitteln ist vor allem Propan (R-290) ein sehr aussichtsreiches Kältemittel für die Zukunft mit der Randbedingung, dass entsprechende sicherheitstechnische Maßnahmen ergriffen werden und Risikoanalysen durchgeführt werden. Weitere Kohlenwasserstoffe für die Verwendung in Wärmepumpen sind verfügbar. Sowohl R-744 als auch R-718 nehmen eine Sonderstellung ein bezüglich der Dimensionierung der Wärmepumpe, der möglichen Anwendung und der notwendigen Regelung.

1.4.8 Propan als Kältemittel

Propan als Kohlenwasserstoff (Alkan) hat die Bezeichnung R-290 und wird in Kälteanlagen und Wärmepumpen eingesetzt. Propan hat einen GWP-Wert von 3 und kein Ozonabbaupotenzial (ODP = 0). Das Kältemittel ist nach ISO 817:2014 der Sicherheitsgruppe A3 zugeordnet und damit leicht entflammbar. Bei atmosphärischem Druck und einer Temperatur von 0 °C ist Propan (Molekularmasse 44,1 g/mol, 2,02 dm³/kg) schwerer als feuchte Luft (Molekularmasse 28,95 g/mol, 1,29 dm³/kg), sodass Propan zu Boden sinkt (= Schwergasverhalten). Da Propan ca. 1,5fach schwerer ist als Luft, besteht die Gefahr, dass gasförmiges Propan in Abflussrohre, Kellerschächte usw. eindringt und sich dort ein explosionsfähiges Propan-Luft-Gemisch bildet.

Wird Propan als Kältemittel eingesetzt, ist eine hohe Reinheit erforderlich. Herkömmliches Propan für Heizzwecke darf nicht als Kältemittel verwendet werden, da es eine ungenügende Reinheit aufweist. Propan als Kältemittel wird mit der Bezeichnung R-290 in den Markt gebracht und hat eine Reinheit von 99,95 %.

Propan wird aus Erdgas gewonnen oder in Erdölraffinerien beim Cracken von Erdöl hergestellt. Es dient verflüssigt als Brenn- und Heizgas (Flüssiggas), so wird es etwa bei PKW oder Heißluftballons als Brenngas für den Antrieb eingesetzt. Außerdem kommt Propan zur Raumheizung, als Kältemittel zum Beispiel in Kühlschränken, als möglicher Bestandteil von Treibmitteln in Spraydosen und zur Herstellung von Ethylen und Propen zum Einsatz.

Die thermophysikalischen Stoffdaten für Propan sind nach [1.20, 1.21, 1.22, 1.23]:

Molekülmasse: 44,096 kg/kmol
Schmelzpunkt: −187,7 °C
Normalsiedepunkt (NSP): −42,114 °C
Kritische Temperatur: 96,74 °C
Kritischer Druck: 42,512 bar
Kritisches Molvolumen: 203 cm^3/mol
Kritischer Kompressibilitätsfaktor z_c: 0,281
Tripelpunkt: −187,63 °C
Azentrischer Faktor: 0,1521
Spezifische Gaskonstante R = 188,55 J/(kg·K)
Normdichte ρ_N = 2,019 kg/m$_n^3$
Molare Bildungsenthalpie H_f = −103,85 kJ/mol bei 298,15 K und 100 kPa
Molare Standardenthalpie S_0 = 270,02 J/(mol·K) bei 298,15 K und 100 kPa
Molare Gibbs-Funktion G_0 = −184,36 kJ/mol bei 298,15 K und 100 kPa
Heizwert H_i = 92890 kJ/m$_n^3$
Brennwert H_s = 100890 kJ/m$_n^3$
Isentropenexponent κ = 1,125 (p = 1 bar, t = 0 °C)
Mindestzündenergie E: 0,25 mJ
Zündtemperatur: 470 °C

Tabelle 1.6 vergleicht für ausgewählte chemische Substanzen einige wichtige Eigenschaften bezüglich ihrer Brennbarkeit [1.24, 1.25].

Tab. 1.6: Brennbarkeit chemischer Substanzen nach [1.24, 1.25]

Kältemittel	Untere Grenze	Obere Grenze	Entzündungs- temperatur	Zündenergie
	[Vol.-%]	[Vol.-%]	[°C]	[mJ]
Propan	1,7	10,8	470	0,25
Iso-Butan (R-600a)	1,5	9,4	460	0,25
R-32	12,7	33,4	648	100
Erdgas	5	15	ca. 650	ca. 0,28
Ammoniak	15	30,2	ca. 630	14

Tabelle 1.6 zeigt, dass Propan eine deutlich niedrigere untere Explosionsgrenze als Erdgas aufweist bei fast gleicher Zündenergie. Das Kältemittel R-32 als Vertreter der A2L-Kältemittel weist eine 400fach höhere Zündenergie als Propan auf. Ammoniak als umweltfreundliches Kältemittel kann bezüglich Brennbarkeit und Zündenergie im Vergleich zu Propan und Erdgas als relativ problemlos eingestuft werden.

In der DIN EN 378-1 [1.12] werden für brennbare Kältemittel die unteren Explosionsgrenzen angegeben. In Verbindung mit Luftsauerstoff bilden Kohlenwasserstoffe zwischen der unteren und der oberen Explosionsgrenze zündfähige Gemische. Wird die untere Explosionsgrenze unterschritten und die obere Explosionsgrenze überschritten, werden keine zündfähigen Gemische gebildet. Für Propan gilt:

Untere Explosionsgrenze: 2,1 Vol.-% oder 39 g/m^3
Obere Explosionsgrenze: 9,4 Vol.-% oder 180 g/m^3

Ein brennbares Gemisch kann normalerweise nur durch äußere Einflüsse, wie heiße Oberflächen, offenes Feuer, statische Auf- und Entladung, Schaltfunken durch Betätigung eines elektrischen Schaltkontakts und Funkenbildung, gezündet werden. Mit zunehmender Temperatur des Gemisches wird die untere Explosionsgrenze niedriger und die obere Explosionsgrenze höher.

Ein risikobehaftetes Ereignis (z. B. Explosion) wird nur dann eintreten, wenn alle folgenden Bedingungen erfüllt sind:
- Leckage mit Austritt eines brennbaren Stoffes in einen definierten Raum (Kontrollvolumen), der mit atmosphärischer Luft gefüllt ist.
- Konzentration des brennbaren Stoffes im zündfähigen Bereich, d. h. oberhalb der unteren Explosionsgrenze und unterhalb der oberen Explosionsgrenze.
- Zündquelle im Kontrollvolumen vorhanden und aktiv mit ausreichender Energiefreisetzung.

Legt man den maximalen Betriebsdruck einer Wärmepumpe auf 26 bar(abs.) fest, ergibt sich bei Propan eine Kondensationstemperatur von rund 70 °C, die im Gegensatz zu herkömmlich eingesetzten Kältemitteln, wie R-407C (ca. 58 °C), deutlich höher liegt. Mit dem Kältemittel Propan können somit höhere Heizwasservorlauftemperaturen bereitgestellt werden.

Propan ist eine kettenförmige, organische Verbindung und gehört zu der homologen Reihe der Alkane. In [1.26] wird eine Löslichkeit von Propan in Wasser von rund 75 mg Propan pro dm^3 Wasser angegeben. Dieser Wert bezieht sich auf einen atmosphärischen Gesamtdruck von $p = 1$ bar und eine Temperatur von $t = 20$ °C.

1.4.9 Kohlendioxid als Kältemittel

Kohlendioxid (= Kohlenstoffdioxid) als chemische Substanz hat die Bezeichnung R-744 und wird in Kälteanlagen und Wärmepumpen eingesetzt. Kohlendioxid hat einen GWP-Wert von 1 und kein Ozonabbaupotenzial (ODP = 0). Das Kältemittel gehört nach der ISO 817:2014 [1.34] zur Sicherheitsgruppe A1 und ist damit nicht entflammbar. Bei atmosphärischem Druck und einer Temperatur von 0 °C ist Kohlendioxid (Molekularmasse 44,01 g/mol, 1,977 dm^3/kg) schwerer als feuchte Luft (Molekularmasse 28,95 g/mol, 1,29 dm^3/kg). Da Kohlendioxid ca. 1,5fach schwerer ist als Luft, besteht die Gefahr, dass gasförmiges Kohlendioxid sich in Bodennähe anreichert und bei einem Austritt aus Anlagen oder Behältern in Kellern zu einer Erstickungsgefahr führt, da es unsichtbar und geruchlos ist.

Wird Kohlendioxid als Kältemittel eingesetzt, ist eine hohe Reinheit erforderlich. Kohlendioxid wird beispielsweise verwendet in der Nahrungs- und Genussmittelindustrie, zur Feuer- und Brandschutzbekämpfung, beim Schutzgasschweißen, zur Hochdruckextraktion, zur Kühlung als Trockeneis und zur Abwasserbehandlung.

Die thermophysikalischen Stoffdaten für Kohlendioxid sind nach [1.20, 1.21, 1.22, 1.23, 1.27]:

Molekülmasse: 44,010 kg/kmol
Sublimationspunkt: −78,5 °C
Kritische Temperatur: 30,978 °C
Kritischer Druck: 73,773 bar
Kritisches Molvolumen: 93,9 cm³/mol
Kritischer Kompressibilitätsfaktor z_c: 0,274
Tripeltemperatur: −56,558 °C
Tripeldruck: 5,18 bar
Azentrischer Faktor: 0,22394
Spezifische Gaskonstante R = 188,92 J/(kg·K)
Normdichte ρ_N = 1,9763 kg/m$_n^3$
Molare Bildungsenthalpie H_f = −393,51 kJ/mol bei 298,15 K und 100 kPa
Molare Standardenthalpie S_0 = 213,785 J/(mol·K) bei 298,15 K und 100 kPa
Molare Gibbs-Funktion G_0 = −457,25 kJ/mol bei 298,15 K und 100 kPa
Isentropenexponent κ = 1,3082 (p = 1 bar, t = 0 °C)

Kohlendioxid als Kältemittel einzusetzen ist vor allem für Brauchwasser-Wärmepumpen energetisch sinnvoll. Nähere Informationen hierzu finden sich in der Literatur [1.28].

1.4.10 Wasser als Kältemittel

Wasser als anorganische Substanz hat die Bezeichnung R-718 und wird in Kälteanlagen und Wärmepumpen eingesetzt. Wasser hat einen GWP-Wert von null und kein Ozonabbaupotenzial (ODP = 0). Das Kältemittel gehört zur Sicherheitsgruppe A1.

Einige ausgewählte Eigenschaften von Wasser werden im Kapitel 1.5.2 genannt.

Die thermophysikalischen Stoffdaten für Wasser sind nach [1.20, 1.21, 1.23]:
Molekülmasse: 18,0153 kg/kmol
Kritische Temperatur: 374,15 °C
Kritischer Druck: 221,2 bar
Kritisches Molvolumen: 57,1 cm³/mol
Kritischer Kompressibilitätsfaktor z_c: 0,235
Tripeltemperatur: +0,01 °C
Tripeldruck: 0,00611 bar
Azentrischer Faktor: 0,3443
Spezifische Gaskonstante R = 461,52 J/(kg·K)
Normdichte ρ_N = 0,8038 kg/m$_n^3$ (berechnet)
Molare Bildungsenthalpie H_f = −241,83 kJ/mol bei 298,15 K und 100 kPa (Gas)
Molare Standardenthalpie S_0 = 188,835 J/(mol·K) bei 298,15 K und 100 kPa (Gas)
Molare Gibbs-Funktion G_0 = −298,13 kJ/mol bei 298,15 K und 100 kPa (Gas)

Wird Wasser als Kältemittel (Arbeitsmittel) eingesetzt, sind folgende Eigenschaften bei der Dimensionierung und beim Betrieb einer Wärmepumpe besonders zu berücksichtigen.

Wasser als natürliches Kältemittel kann prinzipiell nur oberhalb des Tripelpunktes von 0,01 °C eingesetzt werden. Wasser hat einen hohen kritischen Druck (221,2 bar) und eine hohe kritische Temperatur (374,1 °C).

Die Lage und Steigung der Dampfdruckkurve haben einen wesentlichen Einfluss auf den Einsatzbereich der Wärmepumpe und auf den Energiebedarf für den Wärmepumpenverdichter. Unterhalb von 99,6 °C liegen die Betriebsdrücke der Wärmepumpe unterhalb des Atmosphärendrucks. Daraus resultiert, dass Wärmepumpen mit Wasser unter Verwendung eines geschlossenen Kompressionskreislaufes besonders für den Hochtemperaturbereich der Wärmeabgabe geeignet sind. Wasser ist besonders geeignet, wenn höhere Verdampfungstemperaturen (größer ca. 40 °C) gefordert werden.

Die Dichte von Wasserdampf ist bei sonst gleichen Bedingungen im Verhältnis zu konventionellen Kältemitteln um ein Vielfaches geringer. Es sind hohe Volumenströme vom Wärmepumpenverdichter anzusaugen, wenn von einem definierten Kältemittelmassenstrom ausgegangen wird.

Die spezifische Verdampfungs-/Kondensationswärme von Wasser ist gegenüber konventionellen Kältemitteln um ein Vielfaches größer, sodass bei einer definierten thermischen Leistung ein niedriger Kältemittelmassenstrom resultiert. Wasser weist eine kleine volumetrische Heizleistung auf im Vergleich zu anderen Kältemitteln.

Der hohe Isentropenexponent von Wasser im Vergleich zu konventionellen Kältemitteln resultiert in hohe Verdichtungsendtemperaturen. Es sind gekühlte Verdichter einzusetzen, um eine maximale Temperatur von +200 °C bezüglich der Materialverträglichkeit nicht zu überschreiten.

Wasser verfügt über sehr gute thermophysikalische Stoffeigenschaften, sodass sich daraus hohe Wärmeübertragungskoeffizienten ergeben, die zu niedrigen erforderlichen Wärmeübertragungsflächen für den Verdampfer und Kondensator führen.

In herkömmlichen Schmiermitteln ist Wasser nicht löslich.

Wasser als Kältemittel (Arbeitsmittel) wird bei gewerblichen und industriellen Anwendungen in mechanischen und thermischen Brüdenverdichtungsanlagen bereits seit Jahrzehnten erfolgreich eingesetzt. Wasser liegt hierbei nicht als reiner Wasserdampf vor, sondern als sogenannter Brüden, d. h. als Wasserdampf mit Inhaltsstoffen des Produkts.

1.4.11 Ammoniak als Kältemittel

Ammoniak als anorganische Substanz hat die Bezeichnung R-717 und wird in Kälteanlagen und Wärmepumpen eingesetzt. Ammoniak hat einen GWP-Wert von null und kein Ozonabbaupotenzial (ODP = 0). Das Kältemittel gehört in die Sicherheitsgruppe B2 (größere Giftigkeit und geringe Brennbarkeit).

Die thermophysikalischen Stoffdaten für Ammoniak sind nach [1.20, 1.21, 1.29, 1.30, 1.31]:
Molekülmasse: 17,0305 kg/kmol
Kritische Temperatur: 132,25 °C
Kritischer Druck: 113,39 bar
Kritisches Molvolumen: 92,5 cm^3/mol
Kritischer Kompressibilitätsfaktor z_c: 0,2545
Tripeltemperatur: −77,65 °C
Tripeldruck: 0,0061 bar
Azentrischer Faktor: 0,256
Spezifische Gaskonstante R = 488,21 J/(kg·K)
Normdichte ρ_N = 0,77155 kg/m$_n^3$ (berechnet)

Molare Bildungsenthalpie H_f = −45,94 kJ/mol bei 298,15 K und 100 kPa (Gas)
Molare Standardenthalpie S_0 = 192,77 J/(mol·K) bei 298,15 K und 100 kPa (Gas)
Molare Gibbs-Funktion G_0 = −103,41 kJ/mol bei 298,15 K und 100 kPa (Gas)
Isentropenexponent κ = 1,3285 (p = 1 bar, t = 0 °C)

Folgende Eigenschaften sind zu berücksichtigen, wenn Ammoniak als Kältemittel in Wärmepumpen eingesetzt wird.

Ammoniak als natürliches Kältemittel sollte prinzipiell nur oberhalb seines Normalsiedepunkts von −33 °C eingesetzt werden. Ammoniak hat einen hohen kritischen Druck (113,4 bar) und eine hohe kritische Temperatur (132,2 °C) und ist deshalb für gewerbliche und industrielle Hochtemperatur-Wärmepumpen gut geeignet. Diese Hochtemperatur-Wärmepumpen gehören zum Stand der Technik.

Die spezifische Verdampfungs-/Kondensationswärme von Ammoniak ist gegenüber konventionellen Kältemitteln um ein Vielfaches größer, sodass bei einer definierten thermischen Leistung ein kleiner Kältemittelmassenstrom resultiert. Ammoniak weist eine hohe volumetrische Heizleistung auf im Vergleich zu anderen Kältemitteln.

Der hohe Isentropenexponent (1,33) von Ammoniak im Vergleich zu konventionellen Kältemitteln resultiert in hohe Verdichtungsendtemperaturen. Es sind gekühlte Verdichter, z. B. Schraubenverdichter, einzusetzen, um die maximale Temperatur von rund +160 °C bezüglich der Mineralölverträglichkeit nicht zu überschreiten.

Ammoniak verfügt nach Wasser über gute thermophysikalische Stoffeigenschaften, sodass sich daraus hohe Wärmeübertragungskoeffizienten ergeben, die zu kleinen erforderlichen Wärmeübertragungsflächen für den Verdampfer und Kondensator führen.

Das chemische Verhalten von Ammoniak schränkt von vornherein die zur Verfügung stehenden Werkstoffe für Wärmepumpen ein. Stahl und Gusseisen werden von Ammoniak bei den in Wärmepumpen üblicherweise vorkommenden Temperaturen nicht angegriffen. Selbst die Gegenwart von Wasser, welches sich in Ammoniak leicht löst und in geringen Mengen deshalb immer vorzufinden sein wird, führt keine Korrosionserscheinungen an den genannten Stoffen herbei. Zink und Zinklegierungen werden von Ammoniak jedoch zersetzt, Kupfer sowie Kupfer-Zink-Legierungen werden stark angegriffen und selbst Bronzelegierungen und galvanische Überzüge sind nicht ammoniakbeständig.

An das Kältemaschinenöl werden bei Ammoniak-Wärmepumpen keine besonderen hohen Anforderungen gestellt.

Ammoniak ist ein gefährliches Kältemittel für Menschen und Tiere. Schädigungen des menschlichen oder tierischen Körpers an den Atmungsorganen und Schleimhäuten entstehen in erster Linie durch Einatmen des Ammoniakgases. Bei stärkerer Einwirkung werden auch die Augen in Mitleidenschaft gezogen und durch Berührungen mit flüssigem Ammoniak werden Ätzungen an der Haut hervorgerufen. Trotz der sehr starken toxischen Wirkung dieses Kältemittels treten kaum ernste Schäden auf, da das Ammoniak eine ausgezeichnete Warnwirkung aufweist und bereits in sehr niedrigen Konzentrationen über den Geruchssinn wahrnehmbar ist.

Ammoniak löst sich sehr gut in Wasser, weshalb auf einen Kältemitteltrockner im Kreislauf einer Kompressions-Wärmepumpe vor dem Expansionsventil verzichtet werden kann. In Absorp-

1 Grundlagen, Kreisprozesse und Kennzahlen

tions-Wärmepumpen wird das Stoffpaar Ammoniak/Wasser eingesetzt. Hierbei ist Ammoniak das Kältemittel und Wasser das Lösungsmittel.

1.4.12 Kältemittel für Industrie-Wärmepumpen

Der Grenzbereich für den Einsatz von herkömmlichen Kältemitteln liegt derzeit bei rund 80 °C. Für eine Vielzahl von industriellen Prozessen wird die Temperatur der Wärmeabgabe im Kondensator einer Kompressions-Wärmepumpe bzw. Hochtemperatur-Wärmepumpe über 80 °C liegen, sodass hierfür Kältemittel notwendig werden, die aufgrund ihrer Stoffeigenschaften für den entsprechenden Temperaturbereich geeignet sind. Erstes Kriterium ist ein hoher kritischer Punkt des Kältemittels. Die folgende Aufstellung gibt einige ausgewählte mögliche Kältemittel für Industrie-Wärmepumpen mit ihrem GWP-Wert an [1.32].

Für höhere Temperaturen (> 80 °C) verfügbar:
- Ammoniak, NH_3, R-717, KP = 133 °C, GWP = 0
- Propan, C_3H_8, R-290, KP = 96,7 °C (Sicherheitsgruppe A3), GWP = 3
- Butan, C_4H_{10}, R-600a, KP = 135 °C (Sicherheitsgruppe A3), GWP = 3
- Pentafluorpropan, $C_3H_3F_5$, R-245fa, KP = 154 °C, GWP = 1030
- Pentafluorbutan, $C_4H_5F_5$, R-365 mfc, KP = 187 °C, GWP = 794
- Binäre und ternäre Gemische (z. B. R365mfc/R227ea: KP = 177 °C)
- Trans-1,3,3,3 Tetrafluorprop-1-en, R-1234ze (E), KP = 150,1 °C, GWP = 7
- Wasser, R-718, KP = 374 °C, GWP = 0.

1.5 Wärmequellenmedien

Zum Wärmetransport von der Wärmequelle bis zum Verdampfer einer Wärmepumpe wird ein Wärmequellenmedium verwendet. Das Wärmequellenmedium strömt durch die Sekundärseite des Verdampfers und gibt einen Teil seiner Wärme an das Kältemittel ab. Es ändert seinen Aggregatzustand nicht (im Gegensatz zu den Kältemitteln)!

Folgende Wärmequellenmedien werden in Wärmepumpen zur Wärmebereitstellung für Gebäude verwendet:
- Alkohol-Wasser-Gemische, z. B. Antifrogen® N und Antifrogen® L als Glykol-Wasser-Gemische
- Wasser
- Luft
- Im gewerblichen und industriellen Bereich ist eine Vielzahl von Wärmequellenmedien, z. B. Abgase, Kondensate, Abluft, verfügbar, die sich durch das Temperaturniveau, den nutzbaren Volumenstrom, das chemisch-physikalische Verhalten und die zeitliche Verfügbarkeit beträchtlich unterscheiden.

1.5.1 Alkohol-Wasser-Gemische

Sole/Wasser-Wärmepumpen verwenden als Wärmequellenmedium ein Alkohol-Wasser-Gemisch. Ein Alkohol-Wasser-Gemisch enthält einen ein- bzw. mehrwertigen Alkohol (einwertig: eine OH-Gruppe im Molekül, dreiwertig: drei OH-Gruppen im Molekül). Bei einer Betriebskontrolle zu Wärmepumpenanlagen ist die Frostsicherheit des Gemisches zu überprüfen. Die technisch exakte Definition einer „Sole" ist die Lösung technischer Salze (z. B. NaCl) in Wasser.

1.5 Wärmequellenmedien

Tabelle 1.7 zeigt einen Stoffdatenvergleich zwischen einem Ethylenglykol-Wassergemisch und einem Propylenglykol-Wassergemisch nach [1.33].

Tab. 1.7: Stoffdatenvergleich zwischen Antifrogen® N und Antifrogen® L nach [1.33]

Vergleich	Antifrogen® N	Antifrogen® L
Basis	Monoethylenglykol	Propan-1,2-diol
Farbe	gelb	blau
Gesundheitsschädlich	industrielle Anwendungen	lebensmittelnah einsetzbar
Zusätze	Korrosionsinhibitoren	Korrosionsinhibitoren
Wassergefährdungsklasse	1 (schwach wassergefährdend)	1 (schwach wassergefährdend)
Verdünnungswasser	< 100 mg/kg Chloride	< 100 mg/kg Chloride
Frostsicherheit	mindestens –10 °C	mindestens –10 °C
Stoffdaten bei Temperatur von 0 °C und bei Frostsicherheit von –10 °C		
Kinematische Viskosität	$3,49 \cdot 10^{-6}$ m²/s	$5,63 \cdot 10^{-6}$ m²/s
Dichte	1038 kg/m³	1029 kg/m³
Spez. Wärmekapazität	3,85 kJ/(kg · K)	3,91 kJ/(kg · K)
Wärmeleitfähigkeit	0,494 W/(m · K)	0,470 W/(m · K)

Aus Tabelle 1.7 wird deutlich, dass sich bei den Stoffdaten im Besonderen bei der kinematischen Viskosität beträchtliche Unterschiede ergeben, die bei Auslegung der Wärmequellenanlage zu berücksichtigen sind.

1.5.2 Wasser

Wasser ist eine ideale chemische Substanz für den Einsatz als Wärmequellenmedium. Vorteile von Wasser sind:
- keine negativen Einflüsse auf die Umwelt
- gute Wärmeübertragungseigenschaften
- gute chemische und thermische Stabilität
- nicht brennbar oder explosiv
- nicht giftig
- thermophysikalische Stoffdaten bekannt
- einfache Handhabung
- in ausreichender Menge auf der Erde verfügbar
- Einsatz bei Eiswasserspeichern mit Änderung des Aggregatzustandes.

Bei der Verwendung als Wärmequellenmedium sind auch Nachteile von Wasser vorhanden:
- einsetzbar nur für Temperaturen oberhalb 0 °C
- Korrosionsgefährdung von Komponenten durch gelöste Gase wie Sauerstoff oder Kohlendioxid
- praktisch immer vorhandene Verunreinigungen durch gelöste anorganische und/oder organische Stoffe.

1 Grundlagen, Kreisprozesse und Kennzahlen

1.5.3 Atmosphärische Luft

Wird atmosphärische Luft als Wärmequellenmedium eingesetzt, sind bei der Dimensionierung und beim Betrieb einer Wärmepumpe einige Besonderheiten zu berücksichtigen.
- Luft ist als Wärmequellenmedium überall in ausreichender Menge vorhanden.
- Die geringe spezifische Wärmekapazität c_p (1 kJ/(kg·K)) und die geringe Dichte ρ (1,29 kg/m³) erfordern hohe Luftvolumenströme mit der Folge, dass die Wärmepumpenkomponenten große Dimensionen aufweisen.
- Aufgrund der Verwendung von Ventilatoren zur Luftzuführung ist auf den Schallschutz zu achten.
- Die Außenlufttemperatur unterliegt in unseren Breitengraden großen Schwankungen, wobei tiefe Temperaturen und hohe Temperaturen sehr selten auftreten.
- Luft als Zweistoffgemisch besteht aus trockener Luft (Stickstoff, Sauerstoff, Edelgase) und Wasserdampf/Wasser/Eis. Anwendungen bei Temperaturen von weniger als +5 °C führen zur Bildung von Reif bzw. zum Eisansatz auf Wärmeübertragungsflächen von Verdampfern. Dies macht ein regelmäßiges Abtauen erforderlich und führt somit zu einem instationären Wärmepumpenbetrieb.
- Im Betrieb gebildetes Kondensat auf Wärmeübertragungsflächen ist ordnungsgemäß und störungsfrei abzuführen.
- Durch nicht erwünschte Inhaltsstoffe in der Luft (z. B. Schwefeldioxid, Ruß, Salze bei Aufstellung von Wärmepumpen in Meeresnähe) in Verbindung mit vorhandener Luftfeuchtigkeit/Kondensat kann es zu Korrosionserscheinungen und zu Verschmutzungen auf den Wärmeübertragungsflächen kommen.
- Eine ordnungsgemäße Luftkühlerauslegung setzt hohes Ingenieurfachwissen, praktische Erfahrung und Optimierungsarbeit voraus.

1.6 Kältemaschinenöle

Die Verwendung eines Kältemaschinenöls bei mechanischen Verdrängerverdichtern ist für einen ordnungsgemäßen Betrieb zwingend erforderlich, da ein Kältemaschinenöl vier wichtige Aufgaben zu erfüllen hat, die einen erheblichen Einfluss auf das Betriebsverhalten eines Verdichters und damit in Folge auch auf den gesamten Wärmepumpenkreislauf haben:
- Schmierung aller beweglichen Triebwerksteile
- Abdichtung des Verdichtungsraumes
- Kühlung des Verdichtungsprozesses
- Abführen von Abrieb.

Bei Schraubenverdichtern für Wärmepumpen ist das Kältemaschinenöl zusätzlich erforderlich zur Bildung des Verdichtungsraumes und zur Minderung von Geräuschemissionen.

Für die Betriebsweise einer Wärmepumpe und die Auswahl zusätzlicher Wärmepumpenkomponenten ist zu betrachten, welches Löslichkeitsverhalten zwischen Kältemittel und Kältemaschinenöl auftritt. Es werden unterschieden:
- löslich $\Rightarrow$ kein Ölabscheider in der Druckleitung, da praktisch unwirksam
- teilweise löslich $\Rightarrow$ Ölabscheider in der Druckleitung erforderlich
- unlöslich $\Rightarrow$ Ölabscheider in der Druckleitung erforderlich.

Prinzipiell werden Kältemaschinenöle in Mineralöle und synthetische Öle unterteilt. Synthetische Kältemaschinenöle für umweltfreundliche Kältemittel und Kältemittelgemische sind:
- Polyalphaolefine (PAO)
- Polyolesteröle (POE)
- Polyalkylenglykole (PAG).

Wichtige Eigenschaften der Kältemaschinenöle beim Einsatz in Wärmepumpen sind:
- Kältemittellöslichkeit
- Kinematische Viskosität
- Thermische Stabilität (Druckseite der Wärmepumpe)
- Chemische Stabilität (Reaktion mit Kältemitteln, Trocknermittel)
- Gute Kältefließeigenschaft
- Hohe Alterungsbeständigkeit
- Verhalten gegenüber Dichtungsmaterialien und anderen Werkstoffen.

Bildet sich an den Wandungen des Kondensators oder des Verdampfers eine den Wärmedurchgang behindernde Ölschicht, steigt der Kondensationsdruck an bzw. reduziert sich der Verdampfungsdruck. In beiden Fällen ist mit einem Mehrbedarf an elektrischer Arbeit für den Wärmepumpenverdichter zu rechnen. Abgeschiedenes Kältemaschinenöl ist dem Verdichter zurückzuführen, um eine Gefährdung der Triebwerksteile des Verdichters durch Mangelschmierung zu vermeiden. Die Mischbarkeit des Kältemaschinenöls mit dem Kältemittel ist sowohl für den Öltransport im Wärmepumpenkreislauf als auch für die Effizienz der Wärmepumpe von Bedeutung. Eine ungenügende Rückführung des Kältemaschinenöls beeinträchtigt das Regelverhalten der Wärmepumpe und kann bei Mangelschmierung zu Schäden am Verdichter führen. Weitere Informationen zu Kältemaschinenölen finden sich in der Literatur, z. B. in Bock/Puhl [1.34].

1.7 Aufbau eines p, h-Diagramms

In der Wärmepumpentechnik ist das p, h-Diagramm für ein Kältemittel ein wichtiges Hilfsmittel für die Darstellung des thermodynamischen Kreisprozesses und für überschlägige energietechnische Berechnungen.

p ist im logarithmischen Maßstab auf der Ordinate des Diagramms aufgetragen.

h ist die spezifische Enthalpie des Kältemittels, auf der Abszisse des Diagramms aufgetragen.

Die besondere Eigenschaft des p, h-Diagramms ist, dass die spezifische Enthalpie h einfach abzulesen ist. Daraus ergibt sich der Vorteil, dass die bei den Anlagenkomponenten zu- oder abgeführten Energien (= Differenz der spezifischen Enthalpien) als Strecken im Diagramm erscheinen und damit zahlenmäßig für überschlägige Berechnungen sehr genau ermittelt werden können. Diese Strecken sind direkt proportional den gesuchten Leistungen für die jeweilige Anlagenkomponente. Da der Druck auf der Ordinate erscheint, kann der Kreisprozess einer Wärmepumpe ausreichend gut dargestellt werden. Zusätzlich können apparatetechnische Druckverluste deutlich gemacht werden. In der Praxis sind unterschiedliche Diagramme im Einsatz, die sich oftmals durch die Definition des Nullpunktes für die Enthalpie und Entropie unterscheiden. Da jedoch immer mit Differenzen gearbeitet wird, hat die Nullpunktdefinition keine Bedeutung!

1 Grundlagen, Kreisprozesse und Kennzahlen

In Abbildung 1.4 ist ein p, h-Diagramm für ein Kältemittel mit charakteristischen Linien gleicher Zustände dargestellt.

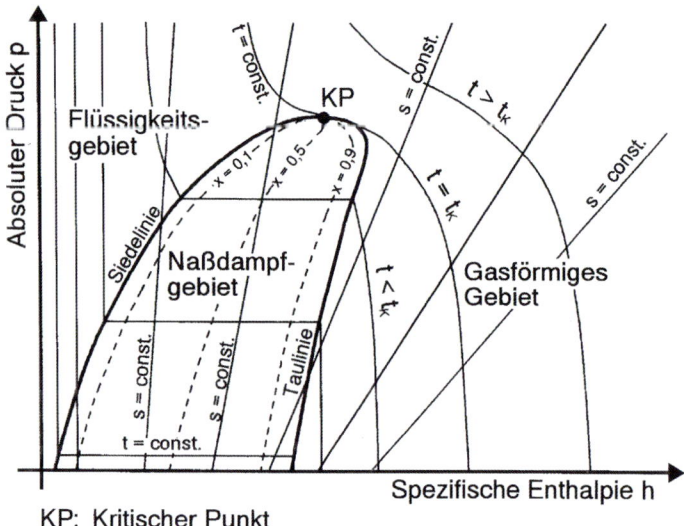

KP: Kritischer Punkt

Abb. 1.4: Prinzipieller Aufbau eines p, h-Diagramms für ein Kältemittel

Im p, h-Diagramm sind folgende Zustandsgebiete zu unterscheiden:
- Flüssigkeitsgebiet
- Nassdampfgebiet
- Gasförmiges (überhitztes) Gebiet.

Das Nassdampfgebiet wird durch die Siedelinie (x = 0) und die Taulinie = Sattdampflinie (x = 1) als Grenzkurven eingeschlossen. Dabei entspricht x dem Dampfgehalt. Unter dem Dampfgehalt ist das Verhältnis von Dampfmassenstrom zu Gesamtmassenstrom zu verstehen. Beide Grenzkurven treffen sich im sogenannten „Kritischen Punkt KP". Eine Kaltdampf-Kompressions-Wärmepumpe kann nur unterhalb des KP betrieben werden, da eine Verdampfung und eine Kondensation beim Durchlaufen des Wärmepumpenkreisprozesses stattfinden.

Folgende Linien gleicher Zustände sind im p, h-Diagramm gezeigt:
- Isobare (p = konstant)
- Isenthalpe (h = konstant)
- Isotherme (t = konstant)
- Isentrope (s = konstant)
- Isochore (v = konstant), nicht dargestellt.

Im Nassdampfgebiet fallen die Isothermen und die Isobaren bei allen Einstoff-Kältemitteln zusammen. An der Sattdampflinie knicken die Isothermen ab und verlaufen im überhitzten Gebiet steil nach unten. An der Siedelinie knicken die Isothermen ebenfalls ab und verlaufen im Flüssigkeitsgebiet steil nach oben, sodass sie nahezu mit den Isenthalpen zusammenfallen.

Die Isentropen sind steil ansteigende Linien, die ihre Bedeutung vor allem im überhitzten Gebiet zur Berechnung der Kältemittelverdichtung haben. Eine Isentrope gibt den Verlauf der theoretischen Verdichtung des Kältemittels in einem Verdichter an; bei der theoretischen Verdichtung eines angesaugten Kältemitteldampfes bleibt die spezifische Entropie gleich.

Die Isochoren (nicht im Diagramm eingezeichnet) sind ansteigende Kurven, die ihre Neigung an der Sattdampflinie ändern. Sie geben das spezifische Volumen an jedem Zustandspunkt im Diagramm an, sodass die Umrechnung von einem Massenstrom in einen Volumenstrom möglich wird.

Mit steigendem Druck bzw. steigender Temperatur wird die Differenz zwischen dem spezifischen Volumen des gesättigten Dampfes und dem spezifischen Volumen der siedenden Flüssigkeit immer kleiner, bis die Differenz im kritischen Punkt vollständig verschwindet.

Bei Zustandsänderungen längs überkritischer Isothermen ($t > t_k$) und längs überkritischer Isobaren ($p > p_k$) ist eine Zuordnung in den flüssigen und gasförmigen Aggregatzustand nicht mehr möglich, das Kältemittel befindet sich im überkritischen (= transkritischen) Zustand. Der Übergang vom gasförmigen zum flüssigen Aggregatzustand erfolgt kontinuierlich, d. h., eine Phasengrenze ist nicht mehr wahrnehmbar. Kohlendioxid im überkritischen Zustand ($t_k = 31$ °C, $p_k = 74$ bar) wird in Kompressions-Wärmepumpen eingesetzt, bei denen Wärme durch einen Gaskühler an Brauchwasser oder Heizungswasser ohne Kondensation bei Drücken von 80 bar und mehr abgeführt wird.

1.8 Vergleichsprozesse

Um Kompressions-Wärmepumpen berechnen und ihren energetischen Istzustand feststellen zu können, werden Vergleichsprozesse verwendet. Die Vergleichsprozesse enthalten eine Reihe von Vereinfachungen, um eine Berechnung und Darstellung leichter zu ermöglichen. Man unterscheidet:
- Idealer Kreisprozess = Carnot-Kreisprozess
- Theoretischer Kreisprozess
- Wirklicher Kreisprozess
- Kreisprozess mit Druckverlusten
- Kreisprozess für CO_2-Wärmepumpe im überkritischen Bereich.

1.8.1 Idealer Kreisprozess

Der thermodynamische Kreisprozess von Wärmekraftmaschinen (rechtsläufiger Kreisprozess) und Kältemaschinen (linksläufiger Kreisprozess) wurde vom französischen Wissenschaftler Carnot (1796-1832) beschrieben und ist als Carnot-Kreisprozess bekannt. Da der Carnot-Kreisprozess für Kältemaschinen Gültigkeit aufweist, kann er auch für Kompressions-Wärmepumpen angewandt werden. Damit der Carnot-Kreisprozess verlustlos (ideal) arbeitet, ist das Expansionsventil einer praktisch ausgeführten Wärmepumpe durch eine **Expansionsmaschine** (z. B. Turbine) zu ersetzen. In der Abbildung 1.5 ist der Carnot-Kreisprozess für eine Wärmepumpe im T, s-Diagramm mit den Zustandspunkten dargestellt.

Der Carnot-Kreisprozess als linksläufiger Kreisprozess entspricht dem Idealprozess für Kompressions-Wärmepumpen und hat folgende Eigenschaften:

Er verläuft zwischen der Verdampfungstemperatur und der Kondensationstemperatur im Nassdampfgebiet. Die Zustandsänderungen im T, s-Diagramm verlaufen zwischen zwei Isothermen und zwei Isentropen. Die Zustandsänderung des Kältemittels entlang der Isothermen entspricht der Kondensation bzw. Verdampfung. Die Verdichtung und Expansion des Kältemittels werden durch die Isentropen dargestellt. Die Carnot-Leistungszahl der Wärmepumpe ist **unabhängig** vom Kältemittel.

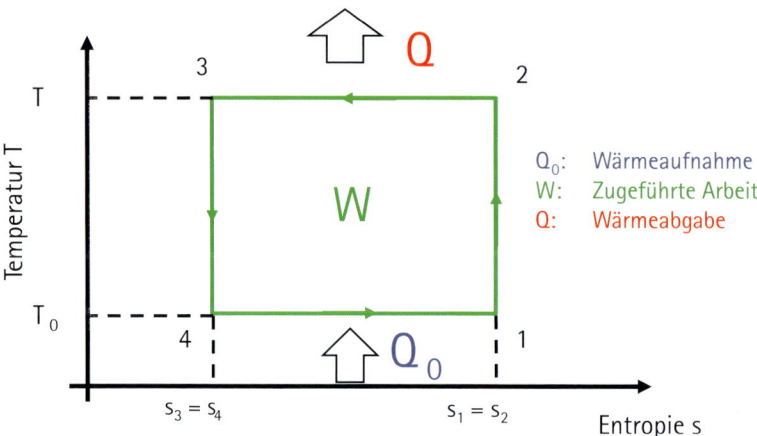

Zustandsänderungen:
1 → 2: Isentrope Verdichtung; 1: Austritt aus dem Verdampfer
2 → 3: Isotherme Verflüssigung; 2: Austritt aus Verdichter
3 → 4: Isentrope Entspannung (es entsteht Arbeit); 3: Austritt aus Kondensator
4 → 1: Isotherme Verdampfung; 4: Austritt aus Expansionsventil
Q_0: Verdampferwärme Q: Kondensatorwärme
W: Verdichterarbeit T_0: Verdampfungstemperatur
T: Kondensationstemperatur

Abb. 1.5: Carnot-Kreisprozess für Wärmepumpen

Die Carnot-Leistungszahl verdeutlicht, wie energetisch effektiv eine Wärmepumpe arbeitet. Sie ist damit vergleichbar mit dem energetischen Wirkungsgrad einer Anlage. Es gilt:

$$\varepsilon_{Ca,WP} = \frac{\text{Nutzen}}{\text{Aufwand}} = \frac{Q}{W} = \frac{Q}{Q - Q_0} = \frac{m \cdot T \cdot \Delta s}{m \cdot T \cdot \Delta s - m \cdot T_0 \cdot \Delta s} = \frac{T}{T - T_0} \qquad \text{(Gl. 1.2)}$$

Die Carnot-Leistungszahl gibt die maximal mögliche Leistungszahl einer Wärmepumpe an, bei vorgegebener Verdampfungs- und Kondensationstemperatur.
Beispiel für Wärmepumpe:
$t_0 = -10\ °C;\ t = +30\ °C$

$$\varepsilon_{Ca,WP} = \frac{\text{Nutzen}}{\text{Aufwand}} = \frac{T}{T - T_0} = \frac{(273{,}15 + 30)\ K}{(30 - (-10))\ K} = 7{,}58 \qquad \text{(Gl. 1.3)}$$

Die Carnot-Leistungszahl gibt an, dass mit **einer Einheit** aufgenommener Arbeit im Idealfall **7,6 Einheiten** Wärme bereitgestellt werden. Die aufgenommene Arbeit ist der Aufwand. Der Nutzen ist die abgegebene Wärme an einen Heizkreislauf. Dieser errechnete Wert für die Carnot-Leistungszahl wird in praktisch ausgeführten Wärmepumpenanlagen nicht erreicht; effektive Wärmepumpen erreichen je nach Betriebsbedingungen 40 bis 65 % der Carnot-Leistungszahl.

Bei einer Heiz-Kühl-Anlage werden zeitlich parallel die Verdampferwärme und die Kondensatorwärme der Wärmepumpe einem Nutzen zugeführt. Dieser Spezialfall ist oftmals bei gewerblich/industriell eingebundenen Wärmepumpenanlagen anzutreffen. Für die Carnot-Leistungszahl einer Heiz-Kühl-Anlage gilt:

$$\varepsilon_{Ca,WP} = \frac{\text{Nutzen}}{\text{Aufwand}} = \frac{Q_K + Q_V}{W} = \frac{Q_K + Q_V}{Q_K - Q_V} = \frac{T_K + T_V}{T_K - T_V} \quad \text{(Gl. 1.4)}$$

Q_K: Kondensatorwärme
Q_V: Verdampferwärme
W: Arbeit
T_K: Kondensationstemperatur in Kelvin
T_V: Verdampfungstemperatur in Kelvin

Beispiel für Heiz-Kühl-Anlage:
$t_V = -10\ °C$; $t_K = +30\ °C$

$$\varepsilon_{Ca,WP} = \frac{\text{Nutzen}}{\text{Aufwand}} = \frac{T_K + T_V}{T_K - T_V} = \frac{(273,15 + 30)K + (273,15 + (-10))K}{(273,15 + 30)K - (273,15 + (-10))K}$$

$$= \frac{566,30 K}{40 K} = 14,15 \quad \text{(Gl. 1.5)}$$

1.8.2 Theoretischer Vergleichsprozess

Wesentliche Unterschiede zwischen dem idealen und dem theoretischen Vergleichsprozess sind:
- Keine Expansionsmaschine, sondern ein Expansionsventil wird eingesetzt.
- Die Druckabsenkung findet durch Drosseln (h = konstant) statt.
- Der Kältemitteldampf wird auf der Sättigungslinie angesaugt.

Der Vergleichsprozess wird als theoretisch bezeichnet, weil die Zustandsänderung im Verdichter entlang einer Isentropen (s = konstant) verläuft. Der theoretische Vergleichsprozess nähert sich durch die definierten Voraussetzungen stärker an den real durchlaufenen Kreisprozess einer Wärmepumpe an. Der theoretische Vergleichsprozess kann auch mit einer Unterkühlung des Kältemittelkondensats am Austritt des Kondensators und/oder mit einer Überhitzung des Kältemittels am Austritt des Verdampfers dargestellt werden.

1.8.3 Wirklicher Vergleichsprozess

Beim wirklichen Vergleichsprozess wird der Verdichtungsprozess im Wärmepumpenverdichter entlang einer Polytropen (Änderung der Entropie bei der Verdichtung) dargestellt. Die erhaltene Verdichteraustrittstemperatur stimmt mit der gemessenen Temperatur am Druckstutzen des Verdichters überein. Die Höhe der Entropieänderung ist abhängig von der Verdichterbauart (teilweise gekühlt oder ungekühlt), der Druckerhöhung während der Verdichtung, dem Kältemittel und von der Güte der Verdichterkonstruktion.

Abbildung 1.6 zeigt den wirklichen Vergleichsprozess ohne Überhitzung des Kältemittels im Verdampfer der Wärmepumpe.

<u>Anmerkung:</u> Die Zustandsänderung von 5 nach 6 entspricht einer direkten Verdampfung von flüssigem Kältemittel und wird nur in Kälteanlagen angetroffen, d. h., hat für die Wärmepumpentechnik beim Einsatz der trockenen Verdampfung keine Bedeutung.

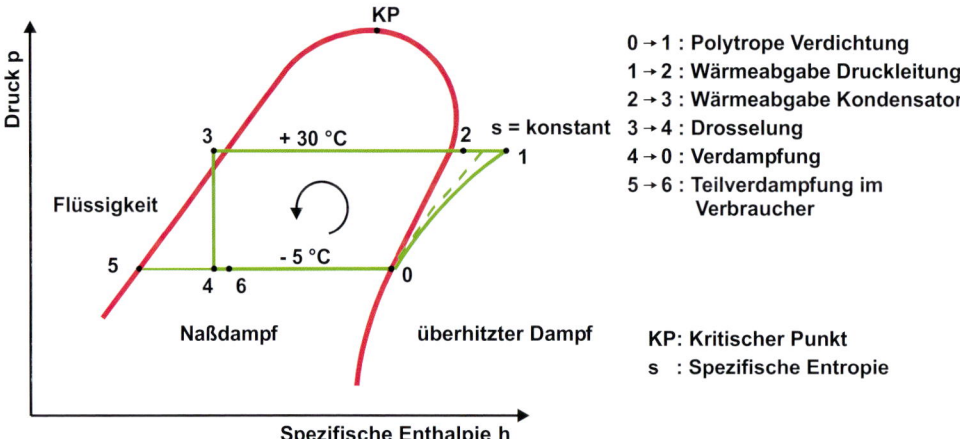

Abb. 1.6: Wirklicher Vergleichsprozess im p, h-Diagramm (ohne Überhitzung im Verdampfer)

1.8.4 Kreisprozess mit Druckverlusten

Beim realen Kreisprozess einer Wärmepumpe werden Druckverluste in den Hauptkomponenten und in den Rohrleitungen auftreten. Diese werden bei der Dimensionierung und bei den Berechnungen des Kreisprozesses berücksichtigt. Im Verdampfer kommt es zu einem Druckabfall auf der Kältemittelseite, sodass die Verdampfung nicht bei konstantem Druck abläuft. Am Kältemitteleintritt in den Verdampfer herrscht ein höherer Druck als am Verdampferaustritt. Im Kondensator der Wärmepumpe kommt es ebenfalls zu einem Druckabfall auf der Kältemittelseite, sodass die Verflüssigung nicht bei konstantem Druck abläuft. Am Kältemitteleintritt in den Kondensator herrscht ein höherer Druck als am Kondensatoraustritt. Druckverluste von Rohrleitungen bei Wärmepumpen als Seriengeräten mit kleiner Leistung sind im p, h-Diagramm nicht darstellbar. Die Abbildung 1.7 zeigt einen Wärmepumpen-Kreisprozess mit Berücksichtigung der Druckverluste, die jedoch aus Gründen der Darstellung übertrieben dargestellt sind.

Durch die polytrope Verdichtung wird das Kältemittel eine höhere Temperatur erhalten als die kältemittelberührenden Flächen des Verdichters. Im oberen Teil des Verdichtungsvorgangs wird das Kältemittel Wärme an die kältemittelberührenden Flächen des Verdichters abgeben und damit ist eine spezifische Entropieabnahme des Kältemittels verbunden. Am Anfang des Verdichtungsvorganges erhöht sich die spezifische Entropie des Kältemittelgases, da es mit der

Sauggastemperatur in den Verdichter eintritt, die kälter ist als die Temperatur der kältemittelberührenden Flächen des Verdichters.

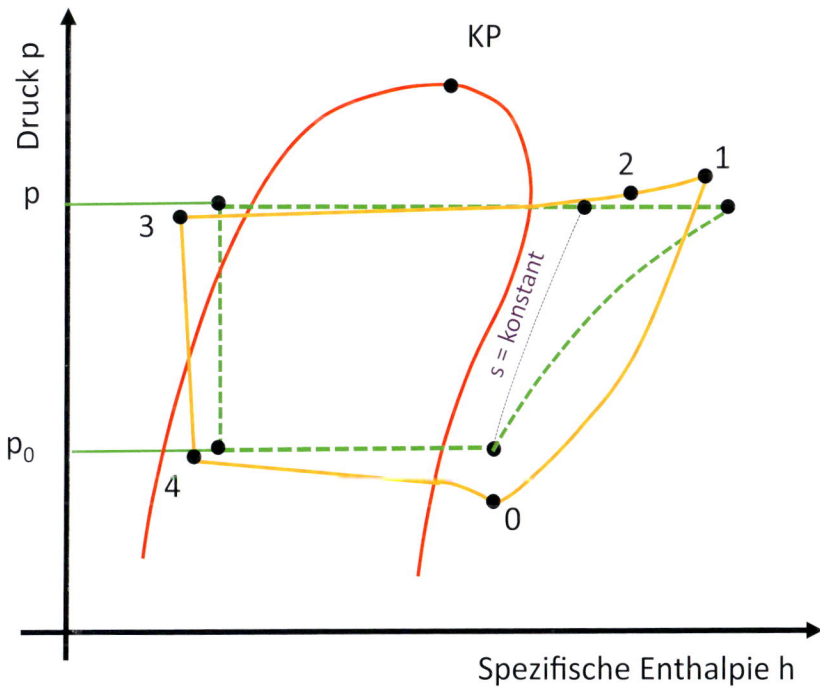

grün (gestrichelt): wirklicher Kreisprozess, gelb: Kreisprozess mit Druckverlusten

Abb. 1.7: Kreisprozess mit Druckverlusten

1.8.5 Kreisprozess für CO_2-Wärmepumpe im transkritischen Bereich

Abbildung 1.8 zeigt schematisch den Vergleichsprozess für eine CO_2-Wärmepumpe im trans(über)-kritischen Bereich.

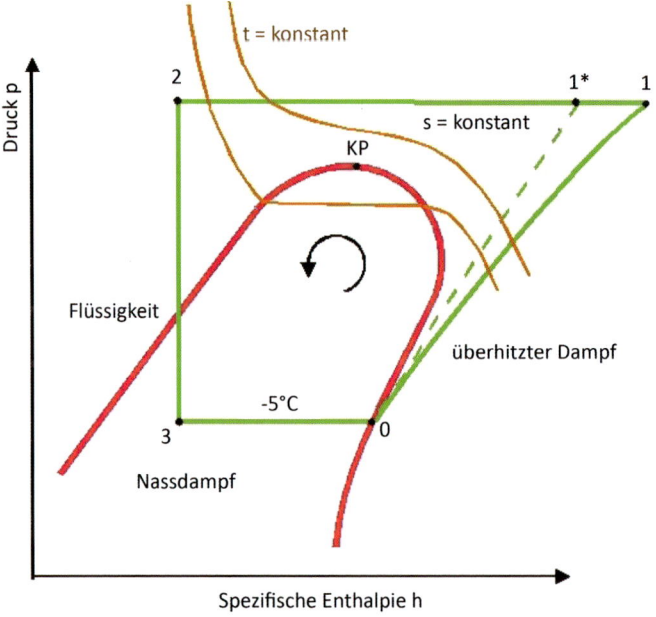

Transkritischer Prozess

KP: Kritischer Punkt
0 → 1: Polytrope Verdichtung; 1 → 2*: Isentrope Verdichtung
1 → 2: Wärmeabgabe im Gaskühler
2 → 3: Drosselung im Expansionsventil
3 → 0: Wärmeaufnahme im Verdampfer

Abb. 1.8: Vergleichsprozess im transkritischen Bereich

Die kritische Temperatur von Kohlendioxid von +31 °C bedingt, dass bei Wärmepumpen die gesamte Wärmeabfuhr in einem Gaskühler vom Zustandspunkt 1 nach 2 im transkritischen Bereich erfolgt. Da im Gaskühler sensible Wärme abgegeben wird, ändert sich die Temperatur des Kältemittels stetig von der Eintrittstemperatur im Gaskühler bis zur Austrittstemperatur. Die Carnot-Leistungszahl als ideale Leistungszahl für einen Wärmepumpenprozess mit den Zustandsänderungen der Verdampfung und der Kondensation ist durch den thermodynamischen Wirkungsgrad des Lorenz-Prozesses zu ersetzen, bei dem die thermodynamische Mitteltemperatur der Wärmezufuhr und der Wärmeabfuhr verwendet wird.

1.8.6 Kreisprozess für mechanische Brüdenverdichtung

Die Abbildung 1.9 zeigt schematisch den wirklichen Vergleichsprozess für eine einstufige mechanische Brüdenverdichtungsanlage. Das Arbeitsmittel (Kältemittel Wasser) durchläuft nur einmal den Prozess vom Zustandspunkt null bis zum Zustandspunkt vier. Es handelt sich um einen offenen thermodynamischen Kreisprozess. Die Funktionsweise einer mechanischen Brüdenverdichtungsanlage wird im Kapitel 2 näher beschrieben.

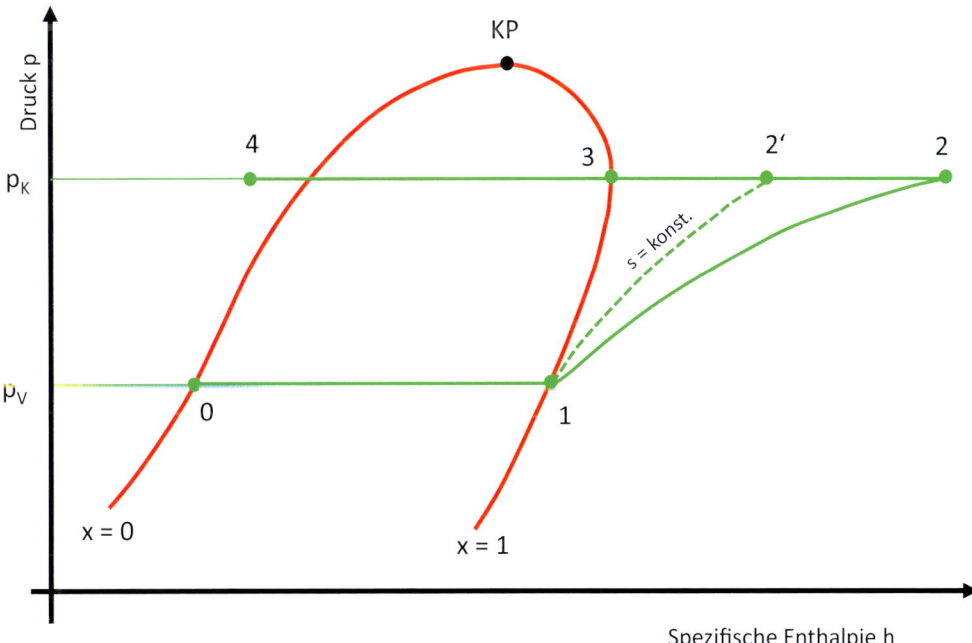

KP: Kritischer Punkt; x = 0: Siedelinie; x = 1: Taulinie; p_V: Verdampfungsdruck; p_K: Kondensationsdruck
0 → 1: Verdampfung
1 → 2: Polytrope Verdichtung; 1 → 2': Isentrope Verdichtung
2 → 3: Wärmeverluste bzw. Wassereinspritzung auf der Druckseite
3 → 4: Wärmeabgabe im Kondensator (Kondensations- und Unterkühlungswärme)

Abb. 1.9: Wirklicher Vergleichsprozess für mechanische Brüdenverdichtungsanlage

Mechanische Brüdenverdichter, Gebläse und Ventilatoren sind vorwiegend bei Anlagen im Einsatz, die eine hohe jährliche Benutzungsstundenzahl und eine große Eindampfleistung haben. Nachteilig wirken sich die hohen spezifischen Investitionskosten für zusätzliche Anlagenkomponenten aus, für die notwendige Wartung des Verdichters sowie die Erhöhung der elektrischen Leistungsspitze des Betriebs im Vergleich zu einer Anlage ohne Brüdenverdichter. Bei kleinen zu überwindenden Sattdampftemperaturerhöhungen von 3 bis 6 K werden Ventilatoren verwendet.

1 Grundlagen, Kreisprozesse und Kennzahlen

1.8.7 Kreisprozess für thermische Brüdenverdichtung

Abbildung 1.10 zeigt schematisch den wirklichen Vergleichprozess für eine einstufige thermische Brüdenverdichtungsanlage mit Dampfstrahlverdichter. Das Arbeitsmittel (= Kältemittel Wasser) durchläuft nur einmal den Prozess, d. h., es liegt ein offener thermodynamischer Kreisprozess vor. Die Funktionsweise einer thermischen Brüdenverdichtungsanlage wird im Kapitel 2 näher beschrieben.

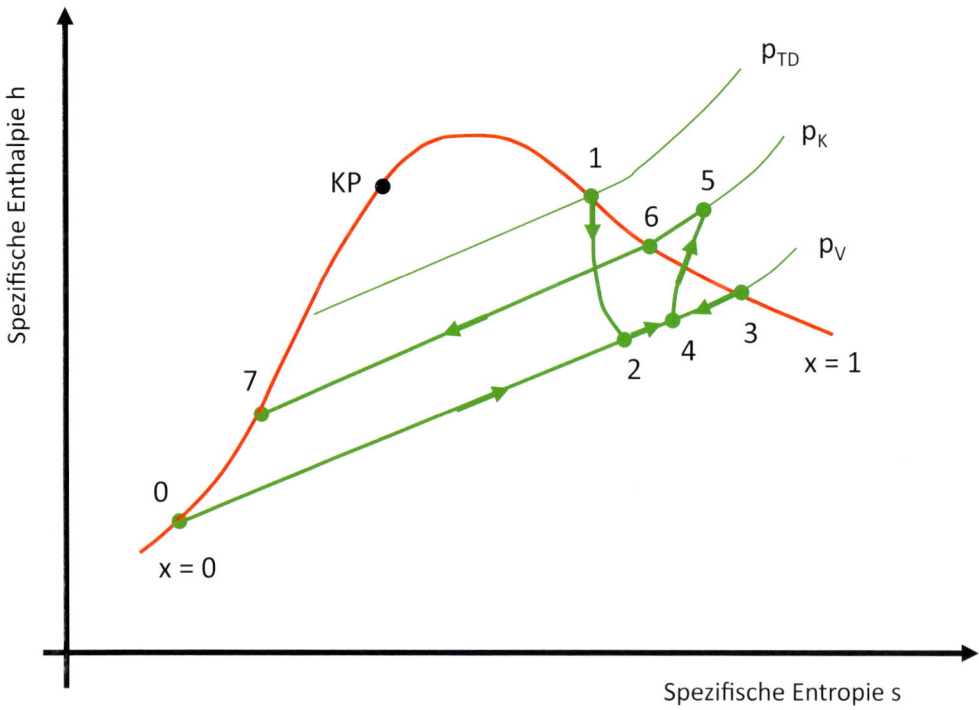

KP: Kritischer Punkt; x = 0: Siedelinie; x = 1: Taulinie; p_V: Verdampfungsdruck;
p_K: Kondensationsdruck; p_{TD}: Treibdampfdruck
0 → 3: Verdampfung
1 → 2: Wirkliche Entspannung des Treibdampfes
2 → 4: Mischungsvorgang im Dampfstrahlverdichter
3 → 4: Mischungsvorgang im Dampfstrahlverdichter
4 → 5: Verdichtung des Mischdampfes
5 → 6: Wärmeverluste in der Druckleitung
6 → 7: Wärmeabfuhr im Kondensator

Abb. 1.10: Vergleichsprozess für einstufige Brüdenverdichtungsanlage mit Dampfstrahlverdichter

Für die thermische Brüdenverdichtung mit Dampfstrahlverdichter kommen Anlagen in Betracht, bei denen sowohl kleine als auch große Eindampfleistungen gefordert werden. Die Verdichtung mit einem Dampfstrahlverdichter ist energetisch sinnvoll bei kleinen jährlichen Benutzungsstundenzahlen der Anlage, geringem Platzbedarf, Sattdampftemperaturerhöhungen bis zu 15 K und durch niedrige spezifische Investitionskosten für die Produktionsanlage. Nachteilig für die Verwendung in einer Produktionsanlage ist das anfallende Brüdenkondensat, das mit Inhaltsstoffen der eingedampften Lösung versetzt ist und ohne Reinigung nicht mehr der Dampfkesselanlage zugeführt werden darf.

1.9 Energiefluss im Elektromotor und im Wärmepumpenverdichter

Der Energiefluss im Elektromotor und im Wärmepumpenverdichter ist abhängig von der Bauart und von der konstruktiven Anordnung der beiden Komponenten. Zu unterscheiden sind offene Verdichter, halbhermetische Verdichter und vollhermetische Verdichter. Bei den offenen Verdichtern verfügt der Verdichter über ein eigenes Gehäuse, der Elektromotor wird an die Verdichterwelle angeflanscht. Bei den halbhermetischen und vollhermetischen Verdichtern befinden sich der Verdichter und der Elektromotor in einem gemeinsamen geschlossenen Gehäuse, sodass sich durch die Kühlung des Elektromotors mittels des Kältemittelmassenstroms der Energiefluss ändert.

Die aufgenommene elektrische Leistung am Verdichtermotor wird nur zu einem Teil an die Motorwelle abgegeben. Es gilt für den elektrischen Wirkungsgrad des Motors:

$$\eta_{el} = \frac{P_{eff}}{P_{el}} \qquad \text{(Gl. 1.6)}$$

η_{el}: Elektrischer Wirkungsgrad des Verdichtermotors
P_{eff}: Effektive Leistung an der Motorwelle
P_{el}: Elektrische Leistung des Verdichtermotors

Die aufgenommene effektive Leistung an der Welle des Wärmepumpenverdichters wird aufgrund der mechanischen Verluste des Verdichters nur zu einem Teil an das Kältemittel übertragen. Es gilt für den mechanischen Wirkungsgrad des Wärmepumpenverdichters:

$$\eta_{mech} = \frac{P_i}{P_{eff}} \qquad \text{(Gl. 1.7)}$$

η_{mech}: Mechanischer Wirkungsgrad des Verdichters
P_i: Innere Verdichterleistung
P_{eff}: Effektive Leistung an der Motorwelle

Die innere Verdichterleistung wird direkt auf das Kältemittel übertragen, um es vom Saugzustand durch eine polytrope Verdichtung in den Verdichtungsendzustand zu bringen.

Wird die Verdichtung des Kältemittels bei ungekühlten Kälteverdichtern (Kolbenmaschinen) entlang einer reversiblen (umkehrbaren) Isentropen betrachtet, kann die theoretische Verdichterleistung berechnet werden. Es gilt für den inneren (isentropen) Wirkungsgrad des Wärmepumpenverdichters:

$$\eta_i = \frac{P_{theo}}{P_i} \qquad \text{(Gl. 1.8)}$$

η_i: Innerer (isentroper) Wirkungsgrad des Verdichters
P_i: Innere Verdichterleistung
P_{theo}: Theoretische Leistung des Verdichters

1 Grundlagen, Kreisprozesse und Kennzahlen

Der innere (isentrope) Wirkungsgrad einer Kolbenmaschine ist abhängig von folgenden Bedingungen:
- Verdampfungs- und Kondensationstemperatur
- Schädlicher Raum des Verdichters
- Saugzustand des Kältemittels
- Liefergrad des Verdichters
- Eingesetztes Kältemittel.

1.10 Berechnungsgrundlagen und Kennzahlen

1.10.1 Druckverhältnis

Das äußere Druckverhältnis einer einstufigen Wärmepumpe ist durch die Verdampfungs- und Kondensationstemperatur vorgegeben. Es gilt nach Ermittlung des jeweiligen Sättigungsdruckes über die Dampfdruckkurve des Kältemittels:

$$\pi = \frac{p_K}{p_V} \tag{Gl. 1.9}$$

Das Druckverhältnis π^* eines Verdichters ist durch den Druck am Saugstutzen p_s und den Verdichtungsenddruck am Druckstutzen p_d vorgegeben. Es gilt:

$$\pi^* = \frac{p_d}{p_s} \tag{Gl. 1.10}$$

Bei der Anwendung in Wärmepumpen erreicht man für Scrollverdichter ein maximales Druckverhältnis bis 10, für Hubkolbenverdichter bis 10, für Schraubenverdichter bis 30 und für Turboverdichter bis 5 [1.23, 1.35].

1.10.2 Treibende Temperaturdifferenz

Bei einer kleinen treibenden Temperaturdifferenz ist eine große Wärmeübertragungsfläche im Verdampfer oder Kondensator nötig, aber ein geringerer elektrischer Energieaufwand für den Verdichter.

Für die treibende Temperaturdifferenz (Grädigkeit) am Verdampfer einer Wärmepumpe gilt:

$$\Delta t_V = t_{Aus} - t_V \tag{Gl. 1.11}$$

t_{Aus}: Austrittstemperatur des Wärmequellenmediums aus Verdampfer
t_V: Verdampfungstemperatur

Für die treibende Temperaturdifferenz (Grädigkeit) am Kondensator einer Wärmepumpe gilt:

$$\Delta t_K = t_K - t_{Aus} \tag{Gl. 1.12}$$

t_{Aus}: Austrittstemperatur des Wärmesenkenmediums aus Kondensator
t_K: Kondensationstemperatur

1.10.3 Verdampferleistung und Wärmequellenleistung

Als Verdampferleistung versteht man das Produkt aus dem Kältemittelmassenstrom und der Differenz der spezifischen Enthalpien des Kältemittels zwischen Austritt und Eintritt am Verdampfer.

$$\dot{Q}_V = \dot{m}_{KM} \cdot (h_A - h_E) \tag{Gl. 1.13}$$

Als Wärmequellenleistung versteht man das Produkt aus dem Massenstrom des Wärmequellenmediums oder des Kältemittels (bei direkter Verdampfung) und der Differenz der spezifischen Enthalpien zwischen zwei definierten Stellen, an denen die Wärmequelle verwendet wird.

1.10.4 Verdichterleistung

Bei der Nennung der Verdichterleistung ist eine zusätzliche Angabe notwendig, auf welche Bilanzgrenze sich diese bezieht. Zu unterscheiden sind:
- Theoretische Verdichterleistung P_{theo}
- Innere (polytrope) Verdichterleistung P_i
- Effektive Verdichterleistung P_{eff}
- Elektrische Verdichterleistung P_{el}.

Zur Berechnung der theoretischen Verdichterleistung wird bei Kolbenmaschinen von der isenthalpen Verdichtung (s = konstant) ausgegangen.

Für eine einstufige Kompressions-Wärmepumpe gilt für die theoretische Verdichterleistung des Verdichters:

$$P_{theo} = \dot{m}_{KM} \cdot \frac{\kappa}{\kappa - 1} \cdot p_s \cdot v_s \cdot \left[\left(\frac{p_d}{p_s} \right)^{\frac{\kappa - 1}{\kappa}} - 1 \right] \tag{Gl. 1.14}$$

P_{theo}: Theoretische Verdichterleistung
$\dot{m}_{KM}$: Kältemittelmassenstrom
p_s: Druck am Saugstutzen (≈ Verdampfungsdruck)
v_s: Spezifisches Volumen am Saugstutzen
p_d: Verdichtungsenddruck (≈ Kondensationsdruck)
κ: Isentropenexponent Kältemittel

Bei Scroll- und Schraubenverdichtern wird auch vom eingebauten (inneren) Volumenverhältnis v_i gesprochen. Das innere Volumenverhältnis v_i kann mit dem Isentropenexponenten des verwendeten Kältemittels in ein inneres Druckverhältnis π_i umgerechnet werden. Im praktischen Betrieb wird das innere Druckverhältnis vom realen Druckverhältnis abweichen, sodass der Verdichter bei Unter- bzw. Überverdichtung arbeitet. Diese Unter- bzw. Überverdichtung wirkt sich auf den Leistungsbedarf des Verdichters und auf die Austrittstemperatur des Kältemittels aus. Die Abbildung 1.11 zeigt den theoretischen Verdichtungsvorgang bei einem Wärmepumpenverdichter mit Unter- bzw. Überverdichtung.

1 Grundlagen, Kreisprozesse und Kennzahlen

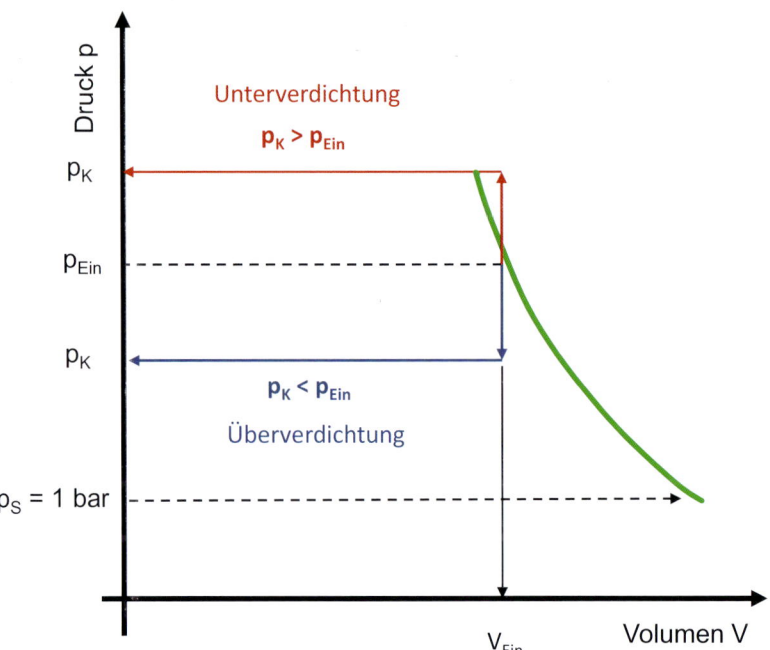

Abb. 1.11: Verdichtung mit Unter- oder Überverdichtung

Unterverdichtung

Liegt der Kondensationsdruck <u>oberhalb</u> des inneren Verdichtungsenddrucks (vorgegeben durch Saugdruck und internes festes Druckverhältnis des Scrolls), strömt komprimiertes Kältemittelgas kurzfristig von außen rückwärts in die Auslassbohrung. Dieser Vorgang kann zu Strömungsgeräuschen führen. Die Weiterbewegung des Scrolls presst das komprimierte Kältemittelgas wieder auf die Hochdruckseite durch eine sogenannte Nachverdichtung. Die Nachverdichtung führt zu erhöhten Verlusten und damit zu einem schlechteren Verdichterwirkungsgrad.

Überverdichtung

Liegt der Kondensationsdruck <u>unterhalb</u> des inneren Verdichtungsenddrucks (vorgegeben durch Saugdruck und internes festes Druckverhältnis des Scrolls), wird sich das komprimierte Kältemittelgas nach dem Austritt aus der Auslassbohrung auf den niedrigeren Kondensationsdruck expandieren. Eine Expansion entspricht einem Verlust, da der Scrollverdichter unter Arbeitsaufnahme das Kältemittelgas auf einen zu hohen Verdichtungsenddruck komprimiert hat. Die Überverdichtung führt zu einem schlechteren Verdichterwirkungsgrad.

Für Verdichter mit eingebautem inneren Volumenverhältnis (Schraube, Scroll) berechnet sich die theoretische Verdichterleistung aus [1.36]:

$$P_{theo} = \dot{m}_{KM} \cdot p_s \cdot v_s \cdot \left[\frac{\kappa}{\kappa - 1} \cdot \left(\frac{1}{\kappa} \cdot v_i^{\kappa-1} - 1 \right) + \pi \cdot \frac{1}{v_i} \right] \qquad (Gl.\ 1.15)$$

P_{theo}: Theoretische Verdichterleistung
$\dot{m}_{KM}$: Kältemittelmassenstrom
p_s: Druck auf Saugseite (≈ Verdampfungsdruck)
v_s: Spezifisches Volumen Kältemittel auf Saugseite
v_i: Eingebautes Volumenverhältnis
π: Äußeres Druckverhältnis
κ: Isentropenexponent Kältemittel

Tabelle 1.8 zeigt für ausgewählte Kältemittel den Isentropenexponent.

Tab. 1.8: Isentropenexponent von Kältemitteln nach [1.37]

Kältemittel	Isentropenexponent
R-134a	1,096
R-410A	1,174
R-744 (Kohlendioxid)	1,3
R-717 (Ammoniak)	1,31
R-290 (Propan)	1,19
R-170 (Ethan)	1,2

Je höher der Isentropenexponent für ein Kältemittel ist, desto höher ist die isentrope Verdichteraustrittstemperatur bei sonst gleichen Kriterien der Verdichtung.

1.10.5 Kondensatorleistung

Als Kondensatorleistung (= Heizleistung) versteht man das Produkt aus dem Kältemittelmassenstrom und der Differenz der spezifischen Enthalpien des Kältemittels zwischen Eintritt und Austritt am Kondensator.

$$\dot{Q} = \dot{m}_{KM} \cdot (h_E - h_A) \qquad (Gl.\ 1.16)$$

Die abgegebene Kondensatorwärme setzt sich maximal aus drei Anteilen zusammen, der Überhitzungswärme, der Kondensationswärme und der Unterkühlungswärme.

1.10.6 Wirkliche spezifische Heizleistung

Die wirkliche spezifische Heizleistung gibt an, wie viel Wärme in kJ pro eingesetzter kWh(el) ein Wärmepumpenverdichter bereitstellt. Sie bestimmt die Wirtschaftlichkeit einer Wärmepumpe. Sie stellt eine Leistungszahl dar, da sie aus dem Verhältnis Nutzen zu Aufwand errechnet wird. Neben der wirklichen spezifischen Heizleistung können die theoretische spezifische Heizleistung und die innere spezifische Heizleistung berechnet werden. Der Unterschied zur wirklichen spezifischen Heizleistung ergibt sich dadurch, dass für den Aufwand anstelle der wirklichen Verdichterarbeit die theoretische Verdichterarbeit W_{theo} bzw. die innere Verdichterarbeit W_i eingesetzt wird. Für die wirkliche spezifische Heizleistung gilt:

1 Grundlagen, Kreisprozesse und Kennzahlen

$$K_W = \frac{Q}{W_{el}}$$ (Gl. 1.17)

Q: Heizwärme
W_{el}: wirkliche Verdichterarbeit

Die spezifische Heizleistung ist abhängig vom verwendeten Kältemittel, den Betriebsbedingungen der Wärmepumpe, der Güte des Verdichters und dem Wirkungsgrad des Antriebs.

1.10.7 Volumetrische Heizleistung

Die volumetrische Heizleistung gibt an, wie viel Wärme in kJ pro m³ angesaugtem Kältemittel des Verdichters am Kondensator als Nutzen zur Verfügung steht.

$$q_{vol} = \frac{\Delta h \text{ am Kondensator}}{v_{spez} \text{ am Saugstutzen}}$$ (Gl. 1.18)

Δh: Enthalpiedifferenz am Kondensator
v_{spez}: Spezifisches Volumen am Saugstutzen

Die volumetrische Heizleistung wird immer auf den Saugzustand des Verdichters bezogen und bestimmt die Baugröße der Wärmepumpe mit. Sie ist abhängig vom Kältemittel und von den Betriebsbedingungen der Wärmepumpe.

1.10.8 Liefergrad eines Verdichters

Im Inneren eines Verdichters gibt es infolge der ablaufenden Zustandsänderung der Rückexpansion (Gesamtprozess: Ansaugen, Verdichten, Rückexpansion, Ausschieben) eine Strömung von Kältemitteldampf mit hohem Druck in Räume mit niedrigerem Druck. Zusätzlich zu berücksichtigen sind der saugseitige Druckverlust, der Wärmetransport auf das Kältemittel und Rückströmungen durch Undichtigkeiten von Kolben und Ventilen. Dadurch ist der tatsächlich geförderte Kältemittelmassenstrom geringer als der sich aus den geometrischen Abmessungen und der Drehzahl n des Verdichters theoretisch ergebende. Dieser Verlustmassenstrom wird durch den Liefergrad λ in Form von Volumenströmen dokumentiert. Der Liefergrad berücksichtigt <u>alle</u> volumetrischen Verluste eines Verdichters.

Der Liefergrad für einen Verdichter ist wie folgt definiert:

$$\lambda = \frac{\dot{V}_{saug}}{\dot{V}_{geo}} = \frac{\dot{m} \cdot v_{spez}}{\dot{V}_{geo}}$$ (Gl. 1.19)

λ: Liefergrad
$\dot{V}_{saug}$: Saugvolumenstrom
$\dot{V}_{geo}$: geometrischer Volumenstrom

Der Liefergrad kann sich im Laufe der Lebensdauer eines Verdichters ändern, z. B. wegen Undichtigkeiten am Verdichter oder auftretendem Verschleiß. Der Liefergrad ist nur gültig für Verdrängermaschinen und hat für Strömungsmaschinen (z. B. Radialturboverdichter) keine Bedeutung. Bei Hubkolbenverdichtern ist der Liefergrad vom schädlichen Raum abhängig. Der Liefergrad ist abhängig vom eingesetzten Kältemittel in der Wärmepumpe und den Betriebsbedingungen.

Als **schädlicher Raum** wird der Teil des Verdichtungsraumes bezeichnet, in dem verdichteter Kältemitteldampf nach der Verdichtung und dem Ausschieben zurückbleibt (Restdampf). Beim folgenden Ansaugen von Kältemitteldampf mit Saugdruckniveau findet die Rückexpansion statt, sodass weniger als dem geometrischen Volumenstrom entsprechend angesaugt werden kann (Verlust!).

Der Liefergrad bei einem Kolbenverdichter wird durch ein Produkt aus den oben genannten Teilverlusten ausgedrückt, wobei im Folgenden der Verlust durch Kondensation vernachlässigt wird. Es gilt nach [1.38]:

$$\eta = \eta_V \cdot \eta_P \cdot \eta_Q \cdot \eta_D \qquad \text{(Gl. 1.20)}$$

η: Liefergrad
η_V: Volumetrischer Wirkungsgrad (Rückexpansion)
η_P: Verluste durch Druckverluste
η_Q: Verluste durch Wärmetransport
η_D: Verluste durch Undichtigkeiten

1.11 Energiestrombilanz für eine Wärmepumpe

Betrachtet man einen geschlossenen stationär arbeitenden Kältemittelkreislauf, so gilt, dass die Summe der zugeführten und der abgeführten Energieströme gleich null ist (Energieerhaltungssatz).

Zugeführt werden dem Kältemittelkreislauf:
- im Verdampfer der Wärmestrom des Wärmequellenmediums an das umlaufende Kältemittel, die Verdampferleistung $\dot{Q}_V$ [kJ/h],
- im Verdichter die innere Leistung P_i [kW] an das Kältemittel,
- auf dem Weg vom Verdampfer zum Verdichter von der Umgebung der Wärmestrom in die Saugleitung $\dot{Q}_S$ [kJ/h].

Abgeführt werden aus dem Kältemittelkreislauf:
- am Kondensator die Kondensatorleistung $\dot{Q}_K$ [kJ/h] an das Wärmesenkenmedium (Wasser),
- auf dem Wege vom Verdichter zum Kondensator von der isolierten warmen Druckleitung der Wärmestrom an die Umgebung: $\dot{Q}_D$ [kJ/h].

Es lässt sich die Energiestrombilanz für den **Kältemittel**kreislauf bei stationärer Betriebsweise wie folgt aufstellen:

$$\dot{Q}_V + P_i + \dot{Q}_S = \dot{Q}_K + \dot{Q}_D \qquad \text{(Gl. 1.21)}$$

Vereinfachte Leistungsbilanz:

$$\dot{Q}_V + P_i = \dot{Q}_K \qquad \text{(Gl. 1.22)}$$

1.12 Sankey-Diagramm

1.12.1 Wärmepumpe mit Elektromotor

In der Abbildung 1.12 werden die Energieflüsse für eine elektromotorisch angetriebene Luft/Wasser-Wärmepumpe dargestellt, die elektrische Energie über fossil betriebene Kraftwerke bezieht. Die angegebenen Zahlenwerte sind exemplarisch.

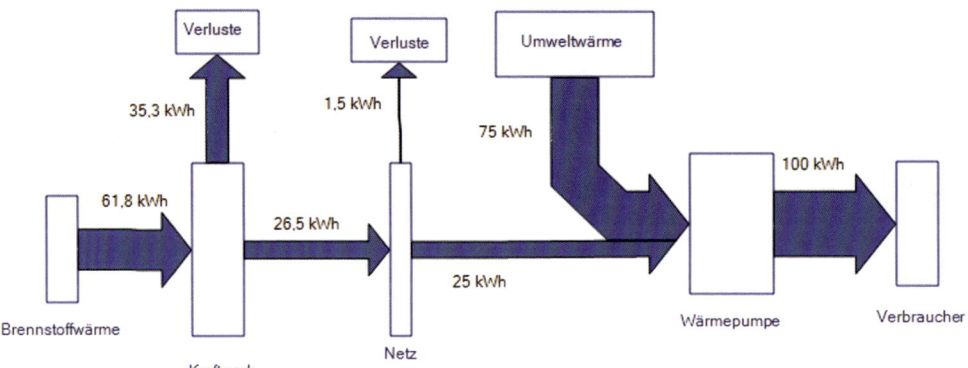

Abb. 1.12: Sankey-Diagramm für Luft/Wasser-Wärmepumpe mit Elektromotor

Aus Abbildung 1.12 ist ersichtlich, dass von einer Leistungszahl der Wärmepumpe von 4,0 ausgegangen wird. Es errechnet sich der Brennstoffnutzungsgrad φ (= Heizzahl φ) von 1,62. Die Heizzahl wird in der Energietechnik definiert als das Verhältnis von bereitgestellter Nutzenergie am Verbraucher zur eingesetzten Brennstoffwärme. Die Heizzahl φ für eine gasgefeuerte Kesselanlage ohne Brennwerttechnik im Gebäudebereich liegt bei rund 0,85. Je höher die Heizzahl ist, desto weniger Brennstoffwärme wird zur Bereitstellung von Nutzwärme aufgewendet.

1.12.2 Wärmepumpe mit Verbrennungsmotor

In der Abbildung 1.13 werden die Energieflüsse für eine verbrennungsmotorisch angetriebene Luft/Wasser-Wärmepumpe dargestellt. Die angegebenen Zahlenwerte sind exemplarisch.

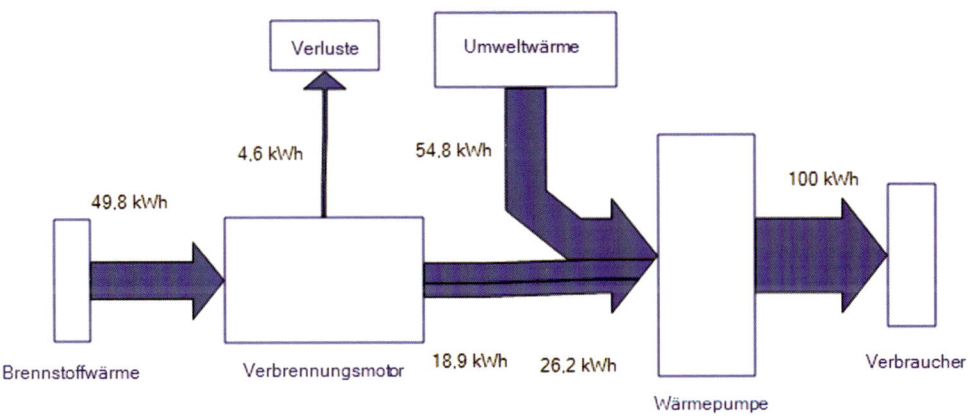

Abb. 1.13: Sankey-Diagramm für eine Luft/Wasser-Wärmepumpe mit Erdgasmotor

Aus Abbildung 1.13 ist ersichtlich, dass von einer effektiven Leistungszahl der Wärmepumpe von 3,8 (effektive Arbeit von 26,2 kWh) ausgegangen wird. Es errechnet sich der Brennstoffnutzungsgrad φ (= Heizzahl φ) von 2,0.

1.13 Energetischer Wirkungsgrad

Eine Bewertung energetischer Prozesse erfolgt über Kennzahlen, beispielsweise über den energetischen Wirkungsgrad, der allgemein als Verhältnis von Nutzen zu Aufwand definiert ist und auftretende Energieverluste eines Prozesses berücksichtigt. Allgemein lässt sich der energetische Wirkungsgrad wie folgt berechnen:

$$\eta = \frac{\text{Nutzen}}{\text{Aufwand}} = \frac{\sum_i \dot{E}_{i,A}}{\sum_j \dot{E}_{j,E}} = 1 - \frac{\sum_k \dot{E}_{k,\text{Ver}}}{\sum_j \dot{E}_{j,E}} \leq 1{,}0 \qquad \text{(Gl. 1.23)}$$

$\dot{E}$: Energiestrom
η: Energetischer Wirkungsgrad

Indices:
i, j, k: Laufvariable
E: Eintritt
A: Austritt
Ver: Verlust

Die bei einer Energieumwandlung auftretenden Verluste bewirken, dass die nach der Umwandlung zur Verfügung stehende Energie kleiner ist als die zugeführte Energie, sodass in der Praxis der maximal mögliche Wirkungsgrad η = 1 nicht erreicht werden kann. Für einen Prozess, der aus einer Reihe von Energieumwandlungen besteht (z. B. Elektromotor und Verdichter), ergibt sich der Gesamtwirkungsgrad aus dem Produkt der energetischen Einzelwirkungsgrade.

1 Grundlagen, Kreisprozesse und Kennzahlen

1.14 Leistungszahl

Die Leistungszahl ε [englisch: Coefficient of Performance (COP)] als Kennzahl für eine elektromotorisch angetriebene Kompressions-Wärmepumpe, die z. B. für einen definierten Betriebszustand während eines Zeitpunktes gilt, berechnet sich aus:

$$\varepsilon_{el} = \frac{\text{Nutzen}}{\text{Aufwand}} = \frac{\dot{Q}}{P_{el}} \qquad \text{(Gl. 1.24)}$$

Der Quotient von Nutzen zu Aufwand sollte bei Wärmepumpen und Kälteanlagen größer als eins werden. Je nach betrachteter Bilanzgrenze können unterschiedliche Wärmepumpen-Leistungszahlen definiert werden, z. B.:
- Theoretische Leistungszahl, bezogen auf die theoretische Verdichterleistung
- Effektive Leistungszahl, bezogen auf die effektive Leistung an der Verdichterwelle.

Die Leistungszahl lässt sich aus den Differenzen der spezifischen Enthalpie unter Zuhilfenahme von Wirkungsgraden des Wärmepumpenverdichters und des Antriebs errechnen.

In der Wärmepumpentechnik unterscheidet man ferner zwischen der Netto-Leistungszahl und der Brutto-Leistungszahl. Die Netto-Leistungszahl bezieht sich nur auf die Wärmepumpe selbst und enthält ausschließlich die elektrische Leistungsaufnahme für den Verdichtermotor. Die Brutto-Leistungszahl bezieht sich auf die gesamte Wärmepumpenanlage mit dem erforderlichen Energieaufwand aller Nebenaggregate wie Pumpen oder Ventilatoren für die Wärmequellenseite und für die Wärmesenkenseite.

1.15 Arbeitszahl

Aus der Leistungszahl, die nur für einen definierten Betriebszustand der Wärmepumpenanlage und für einen Zeitpunkt gilt, wird die Arbeitszahl β, wenn sich die energietechnische Betrachtung einer elektrisch angetriebenen Kompressions-Wärmepumpe auf einen Zeitraum (z. B. Woche, Monat, Jahr) bezieht. Die Arbeitszahl ist das Verhältnis der von einer Wärmepumpenanlage in einem definierten Betrachtungszeitraum bereitgestellten Nutzwärme zu der insgesamt aufgewendeten elektrischen Arbeit.

1.16 Jahresarbeitszahl

Die Jahresarbeitszahl (JAZ) ist eine Kennzahl für elektromotorisch angetriebene Kompressions-Wärmepumpen. Sie dient dazu, um vom Jahreswärmebedarf auf den Endenergiebedarf an der Gebäudegrenze schließen zu können. Es ist zwischen der berechneten Jahresarbeitszahl (SCOP = Seasonal Coefficient of Performance) und der gemessenen Jahresarbeitszahl (SPF = Seasonal Performance Factor) zu unterscheiden. Der SCOP und der SPF können sich in der Praxis beträchtlich unterscheiden [1.39].

$$\text{JAZ} = \frac{\sum Q_{WP,a}}{\sum W_{WP,a}} = \frac{\text{Jährlich abgegebene Nutzwärme}}{\text{Jährlich eingesetzte elektrische Arbeit}} \qquad \text{(Gl. 1.25)}$$

Die jährlich eingesetzte elektrische Arbeit beinhaltet die Summe der Arbeiten für den Antrieb des Verdichters, die Hilfsantriebe und die Regelung. Die Jahresarbeitszahl ist seit Ende 2020 kein Kriterium mehr für die Förderung des Bundesamtes für Wirtschaft und Ausfuhrkontrolle (BAFA).

Die Berechnung der Jahresarbeitszahl ist unter anderem abhängig von [1.39]:
- Standort (Wärmequelle bzw. Wärmequellentemperatur)
- Hilfsenergie der Wärmequelle wird berücksichtigt (z. B. Brunnenwasserpumpen)
- Betriebsweise (z. B. monovalent, bivalent, monoenergetisch)
- Wärmepumpentyp und Anlagenkonfiguration.

1.17 Wärmepumpen mit brennbaren Kältemitteln

Wärmepumpen werden entweder in Innenräumen von Gebäuden aufgestellt oder es erfolgt eine Außenaufstellung. Für die Innenaufstellung bei Verwendung von brennbaren Kältemitteln (z. B. Propan) gibt es heute bereits genaue Vorgaben durch einschlägige Normen. Für die Außenaufstellung werden in [1.40] allgemeine Hinweise für den Umgang mit Wärmepumpen gegeben, die brennbare Kältemittel verwenden.

Literatur

[1.1] *Smith, C. P.*: Proc. Roy. Soc. Edinburgh, Bd. 2, 1851, S. 235
[1.2] *Thomson, W.*: The power required for the thermodynamic heating of buildings, Mathem. Journal, Cambridge and Dublin, Nov. 1853, S. 124
[1.3] *Thomson, W.*: On the economy of the heating and cooling of buildings by means of current of air. Proc. of the Philosophical Soc., Glasgow, Bd. 3, Dez. 1852, S. 269-272
[1.4] *Flügel, G.*: Wärmewirtschaft und Anwendungsformen der Wärmepumpe, Z-VDI, Bd. 64, 1920, S. 954-958 und S. 986-989
[1.5] *Krauss, F.*: Heat-Pump in the Theory and Practice, Power, Bd. 53, Nr. 2, 1921, S. 289-300
[1.6] *Wirth, E.*: Aus der Entwicklungsgeschichte der Wärmepumpe, Schweizerische Bauzeitung Nr.: 42, 1955, S. 647-651
[1.7] Bundesamt für Energie (Hrsg.): Handbuch Wärmepumpen. Bern, Januar 2008
[1.8] N.N.: Das FCKW-Ozon-Problem und die Möglichkeiten der Emissionsreduzierung von Fluorchlorkohlenwasserstoffen für die Kälte-, Klima- und Wärmepumpentechnik, DKV-Statusbericht Nr.: 2, Deutscher Kälte- und Klimatechnischer Verein Stuttgart, 2. Auflage 1988, S. 1
[1.9] DIN 8960:1998-11 Kältemittel – Anforderungen und Kurzzeichen
[1.10] IPCC, et al: Technical Summary, in: Fourth Assessment Report, Climate Change 2007: The Physical Science Basis. Cambridge & New York: Intergovernmental Panel on Climate Change (IPCC) + Cambridge University Press 2007
[1.11] ISO 817:2014-05 Kältemittel – Kurzzeichen und Sicherheitsklassifikation / Refrigerants and safety classification
[1.12] DIN EN 378-1:2021-06 Kälteanlagen und Wärmepumpen – Sicherheitstechnische und umweltrelevante Anforderungen – Teil 1: Grundlegende Anforderungen, Begriffe, Klassifikationen und Auswahlkriterien
[1.13] *Schiffer, H.-W.*: Deutscher Energiemarkt 2021. In: Energiewirtschaftliche Tagesfragen 72. Jahrgang 2022, Heft 3, S. 42 ff.
[1.14] REFPROP 10.0, NIST Standard Reference Data Base 23, 2018

[1.15] Bitzer: Refrigerant Report 21. abgerufen am 23.03.2022
[1.16] Climalife: abgerufen am 23.03.2022
[1.17] *Flohr, F.*: D4.1 Thermophysikalische Stoffwerte gebräuchlicher Kältemittel. In: VDI-Wärmeatlas: Fachlicher Träger VDI-Gesellschaft Verfahrenstechnik und Chemieingenieurwesen. 12. Aufl. Wiesbaden: Springer Vieweg, 2019 – ISBN 9783662529881
[1.18] Kaltra GmbH: abgerufen am 23.03.2022
[1.19] *Pearson, S.F.*: Natural Refrigerants for Heat Pumps, IEA, Vol. 22, No.1/2004
[1.20] REFPROP 10.0, NIST Standard Reference Data Base 23, 2018
[1.21] *Baehr, H.D., Kabelac, S.*: Thermodynamik. 15. Aufl. Berlin: Springer Vieweg
[1.22] *Schramek, E.-R.*: Taschenbuch für Heizung und Klimatechnik. 69. Aufl. München: Oldenbourg
[1.23] *Lüdecke, Ch.; Lüdecke, D.*: Thermodynamik. Berlin: Springer, 2000
[1.24] DKV-Statusbericht. Sicherheit und Umweltschutz bei Ammoniak-Kälteanlagen. Bericht Nr. 5, 6. Aufl. Stuttgart : DKV, 1994
[1.25] *Frieske, D.*: Sicherheit im Umgang mit brennbaren Kältemitteln. Westphalen AG Münster, 10. Juli 2021, Vortrag
[1.26] Westfalen AG – Sicherheitsdatenblatt Propan, 2020
[1.27] *Krinninger, K.-D.*: Kohlendioxid-Kohlensäure-CO2. Landsberg: Verlag Moderne Industrie, 1996
[1.28] *Eckert, M., Kauffeld, M., Siegismund, V.*: Natürliche Kältemittel – Anwendungen und Praxiserfahrungen. Berlin: VDE, 2019
[1.29] *Span, R.*: D2.6 Ammoniak In: VDI-Wärmeatlas: Fachlicher Träger VDI-Gesellschaft Verfahrenstechnik und Chemieingenieurwesen. 11. Aufl. Berlin: Springer Vieweg, 2013
[1.30] *Heintz, A.*: Thermodynamik der Mischungen. Berlin: Springer, 2017
[1.31] *Baehr, H.D., Kabelac, S.*: Thermodynamik. 16. Aufl. Berlin: Springer, 2016
[1.32] WMO (World Meteorological Organization): Scientific Assessment of Ozone Depletion: 2010, Global Ozone Research and Monitoring Project–Report No. 52, Geneva, Switzerland, 2010.
[1.33] Clariant International Ldt., Produktdatenblätter Antifrogen®N und Antifrogen®L, Oktober 2020
[1.34] *Bock, W.; Puhl, Ch.*: Kältemaschinenöle. Berlin: VDE Verlag, 2010
[1.35] *Wolf, S.*: Integration von Wärmepumpen in industrielle Produktionssysteme. Universität Stuttgart, Fakultät Energie-, Verfahrens- und Biotechnik, Dissertation 2017
[1.36] *Janicki, M.*: Modellierung und Simulation von Rotationsverdrängermaschinen. Dissertation Universität Dortmund, 2007
[1.37] *Gernemann, A.*: Konzeption, Aufbau und energetische Bewertung einer zweistufigen CO_2-Kälteanlage zur Kältebereitstellung in gewerblichen Normal- und Tiefkühlanlagen (Supermarkt). Dissertation, Universität Duisburg-Essen, 2003
[1.38] *Eifler, W., Schlücker, E., Spicher, U., Will, G.*: Küttner Kolbenmaschinen. 7. Aufl. Wiesbaden: Vieweg Teubner, 2009
[1.39] VDI-Richtlinie 4650, Blatt 1: 2019 Berechnung der Jahresarbeitszahl von Wärmepumpenanlagen.
[1.40] Bundesverband Wärmepumpen e.V. (BWP): Leitfaden Außenaufstellung von Wärmepumpen mit brennbaren Kältemitteln. Berlin, Stand: 26.07.2021

2 Verfahrenschemata für Kompressions-Wärmepumpen

2.1 Allgemeines

Wärmepumpen werden unabhängig von ihrer Bauart in Niedertemperatur-Wärmepumpen mit einer maximalen Vorlauftemperatur des Wärmesenkenmediums von 55 °C, Mitteltemperatur-Wärmepumpen (maximale Vorlauftemperatur bis 65 °C) und Hochtemperatur-Wärmepumpen (maximale Vorlauftemperatur bis 75 °C) unterteilt. Diese Einteilung ist in gewissen Grenzen variabel zu betrachten und wird auch durch die verfügbaren Kältemittel bestimmt. Welche Wärmepumpenbauart im häuslichen Bereich zu verwenden ist, wird durch den jeweiligen Anwendungsfall bestimmt (z. B. Radiatorheizung, Fußbodenheizung, Altbau, Neubau). Im häuslichen Bereich werden Kompressions-Wärmepumpen elektromotorisch angetrieben, wobei zwischen zweiphasiger und dreiphasiger Ausführung zu unterscheiden ist.

Im gewerblichen und industriellen Bereich werden häufig Hochtemperatur-Wärmepumpen benötigt. Diese Wärmepumpen stellen Nutzwärme mit einem Temperaturniveau bereit, das auch höher als 100 °C liegen kann.

Nachfolgend werden ausgewählte Verfahrensschemata von Kompressions-Wärmepumpen dargestellt und beschrieben, die mit unterschiedlichen Wärmequellen und Kältemitteln arbeiten und solche, die für spezielle Funktionen ausgelegt sind.

2.2 Luft/Wasser-Wärmepumpe

Abbildung 2.1 zeigt ein ausgewähltes vereinfachtes Schaltbild von einer Luft/Wasser-Wärmepumpe mit einem 4-Wege-Umschaltventil.

Luft/Wasser-Wärmepumpen werden eingesetzt für die Raumheizung und zur Bereitung von Warmwasser sowohl im Neubau als auch bei der Renovierung. Der Vorteil dieser Wärmepumpenbauart besteht darin, dass keine aufwendige und genehmigungspflichtige Wärmequellenanlage notwendig wird. Die Wärmequelle ist Außenluft, die mit Hilfe eines Ventilators über die Lamellen des Verdampfers geführt wird. Eine Luft/Wasser-Wärmepumpe ist durch die jahreszeitliche Schwankung der Lufttemperatur und Luftfeuchte bezüglich der erreichbaren Leistungszahl gegenüber von Sole/Wasser-Wärmepumpen oder von Wasser/Wasser-Wärmepumpen immer im Nachteil. Durch den bauartbedingten Einsatz eines Ventilators entsteht ein Geräuschpegel, der jedoch durch den Einsatz von modernen Schaufelradgeometrien und leisen elektrischen Antrieben klein gehalten werden kann. Luft/Wasser-Wärmepumpen werden in Monoblockausführung oder als Split-Anlagen konzipiert. Generell sind Innen- und Außenaufstellung möglich. Bei der Außenaufstellung sind vor allem die Luftführung, die Geräuschemissionen und der Kondensatablauf zu beachten. Luft/Wasser-Wärmepumpen können derart konzipiert werden, dass sie sich durch Kreislaufumkehr zur Kühlung von Räumen einsetzen lassen.

2 Verfahrenschemata für Kompressions-Wärmepumpen

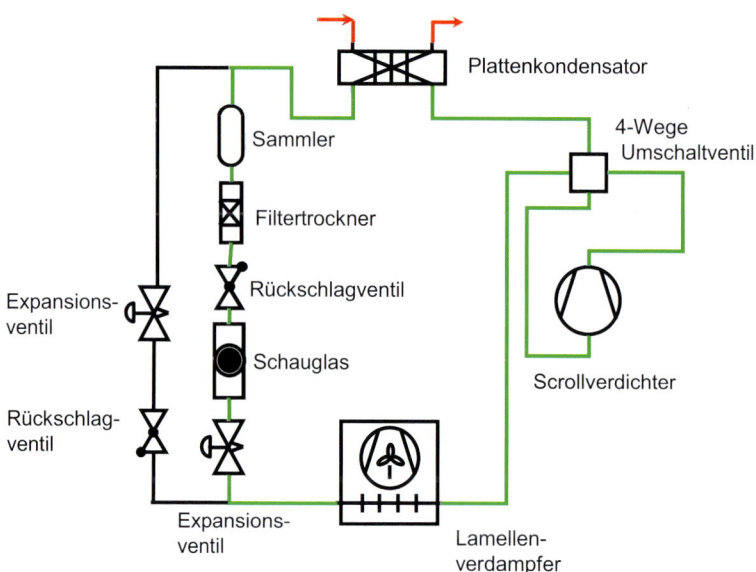

Abb. 2.1: Schaltbild Luft/Wasser-Wärmepumpe mit Abtauen durch Kreislaufumkehr

Ein derzeit typisches Kältemittel für Luft/Wasser-Wärmepumpen für Innen- oder Außenaufstellung ist R-410A. Die Einsatzgrenze einer Luft/Wasser-Wärmepumpe liegt bei einer minimalen Außenlufttemperatur von ca. −25 °C. Werden größere Heizleistungen für die Anwendung benötigt, werden zwei Verdichter parallel zur Leistungsregelung in Stufen geschaltet. Als Heizungswärmepumpen sind auch Hochtemperatur-Wärmepumpen mit zweistufigen Wärmepumpenprozessen verfügbar. Luft/Wasser-Wärmepumpen haben den Nachteil, dass sie bei Außenlufttemperaturen kleiner als +5 °C am Wärmepumpenverdampfer Reif- oder Eisbildung zeigen. Das bivalente-monoenergetische Heizsystem besteht aus einer Luft/Wasser-Wärmepumpe und einem elektrischen Heizstab. Der elektrische Heizstab ist durchschnittlich mit rund 2 % am gesamten jährlichen Wärmebedarf beteiligt. Die nicht erwünschte Eis- oder Reifbildung auf den Lamellen des Wärmepumpenverdampfers führt zu einem schlechteren Wärmedurchgang zwischen Außenluft und Kältemittel mit der Folge, dass die Verdampfungstemperatur der Wärmepumpe reduziert wird und damit der Energiebedarf für den Wärmepumpenverdichter ansteigt. Um eine zunehmende Abnahme der Verdampfungstemperatur zu vermeiden, wird der Lamellenverdampfer je nach Reif- oder Eisbildungsintensität in regelmäßigen Abständen abgetaut.

Prinzipiell können verschiedene Abtauverfahren unterschieden werden, wobei im Folgenden auf das Prinzip des Abtauens mit Kreislaufumkehr eingegangen wird. Zusätzlich ist für dieses Abtauverfahren ein 4-Wege-Umschaltventil in der Druckleitung integriert, das beim Abtauen von der Normalstellung in die Abtaustellung geschaltet wird. Dadurch strömt das Kältemittel in den Kondensator und wird durch das Heizungswasser verdampft, im Verdichter komprimiert und gibt danach im Verdampfer durch Kondensation Wärme an die Lamellen des Verdampfers ab; Reif oder Eis wird abgetaut. Nach ca. 5 bis 10 Minuten ist der Abtauprozess beendet und die Luft/Wasser-Wärmepumpe wird wieder in den Heizbetrieb geschaltet. Eine maximale Heizleistung von bis zu ca. 60 kW je Wärmepumpe wird angeboten.

In Abbildung 2.2 ist eine Luft/Wasser-Wärmepumpe dargestellt mit einigen Hauptbauteilen.

Abb. 2.2: Luft/Wasser-Wärmepumpe mit Hauptbauteilen [Werkbild GDD]

2.3 Sole/Wasser-Wärmepumpe

Abbildung 2.3 zeigt ein vereinfachtes Schaltschema einer Sole/Wasser-Wärmepumpe mit einem Zwischen-Wärmeübertrager.

Eine Sole/Wasser-Wärmepumpe verwendet die im Erdreich gespeicherte Wärme als Wärmequelle und wird eingesetzt für die Raumheizung und zur Bereitung von Warmwasser vorwiegend bei einem Neubau. Diese Wärmepumpenbauart benötigt eine Wärmequellenanlage, die konventionell mit Hilfe von Flachkollektoren oder Erdsonden aufgebaut ist. Bei Erdsonden ist ein aufwendiges Erschließen der genehmigungsbedürftigen Wärmequellenanlage notwendig. Die Erdwärme wird über einen Wärmeträger, z. B. ein Glykol-Wasser-Gemisch, in einem geschlossenen Wärmeträgerkreislauf genutzt oder das Kältemittel der Wärmepumpe wird direkt als Wärmeträger verwendet. Eine Sole/Wasser-Wärmepumpe hat im Vergleich zu einer Luft/Wasser-Wärmepumpe eine gleichmäßigere Leistungszahl, bedingt durch eine geringe jahreszeitliche Schwankung der Erdtemperatur. Sole/Wasser-Wärmepumpen werden in Monoblockausführung konzipiert. Der aufwendige Lamellenverdampfer entfällt, als Wärmeübertrager werden verlötete Plattenapparate eingesetzt.

Sole/Wasser-Wärmepumpen verwenden vorwiegend das Kältemittel R-410A. Die minimale Einsatztemperatur des Wärmequellenmediums (25 %iges Monoethylenglykol-Wasser-Gemisch) beträgt −5 °C. Für benötigte Heizleistungen über ca. 40 kW werden zwei Scrollverdichter parallel-

2 Verfahrenschemata für Kompressions-Wärmepumpen

geschaltet. Mit diesen Niedertemperatur-Wärmepumpen werden Heizwasservorlauftemperaturen von maximal +60 °C und derzeit maximale Heizleistungen bis zu 130 kW erreicht. Zur Verbesserung der energetischen Effizienz des Wärmepumpenkreislaufs dient ein Zwischenwärmeübertrager als innerer Wärmeübertrager. Das flüssige Kältemittelkondensat aus dem Plattenkondensator wird abgekühlt, während sich der Saugdampf des Kältemittels durch die Wärmeaufnahme erwärmt.

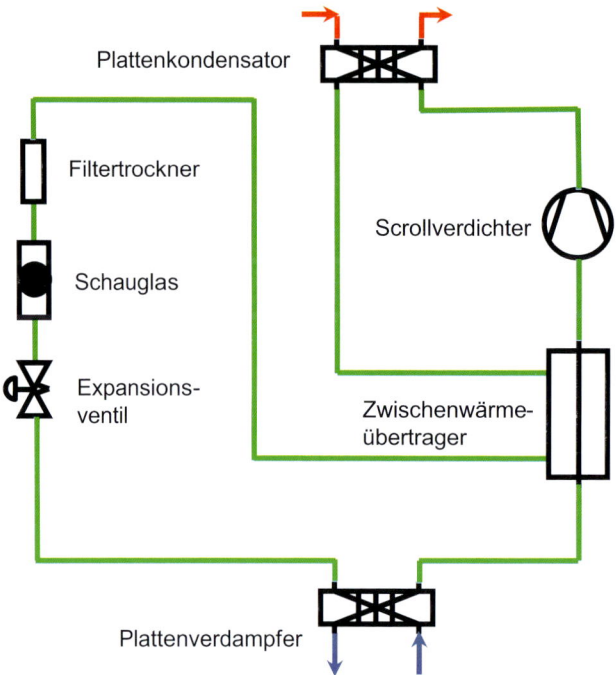

Abb. 2.3: Schaltbild Sole/Wasser-Wärmepumpe

2.4 Wasser/Wasser-Wärmepumpe

Abbildung 2.4 zeigt ein vereinfachtes Schaltbild einer Wasser/Wasser-Wärmepumpe mit einem Spiral-Wärmeübertrager.

Wasser/Wasser-Wärmepumpen in Innenaufstellung werden eingesetzt für die Beheizung von Einfamilienhäusern oder auch von Doppel- und Mehrfamilienhäusern, d. h. ausschließlich zur Erwärmung von Heizungswasser sowohl im Neubau und als auch im Altbau. Voraussetzung für den Betrieb dieser Wärmepumpenbauart ist, dass der Wärmeträger Wasser (Brunnenwasser/ Grundwasser) mit ausreichendem Volumenstrom über einen Brunnen oder über eine sonstige Wärmequellenanlage ganzjährig zur Verfügung steht. Das Wasser wird über einen Förderbrunnen zur Wärmepumpe befördert, dort im Verdampfer abgekühlt und über einen Schluckbrunnen zurück in das Grundwasser gepumpt. Die Grundwassernutzung ist von den örtlichen Behörden

2.4 Wasser/Wasser-Wärmepumpe

genehmigen zu lassen. Das Wärmequellenmedium hat eine definierte Wasserqualität aufzuweisen, damit es verwendet werden kann. Besondere Beachtung ist auf das Korrosionsverhalten von Wasser und von Partikeln (absetzbare Stoffe) im Wasser zu legen. Partikelfilter sind entsprechend einzubauen. Die Erschließung der Wärmequellenanlage ist sowohl zeit- als auch kostenintensiv. Ferner entsteht je nach örtlichen Gegebenheiten ein nicht zu vernachlässigender Bedarf an elektrischer Energie für die Förderpumpen.

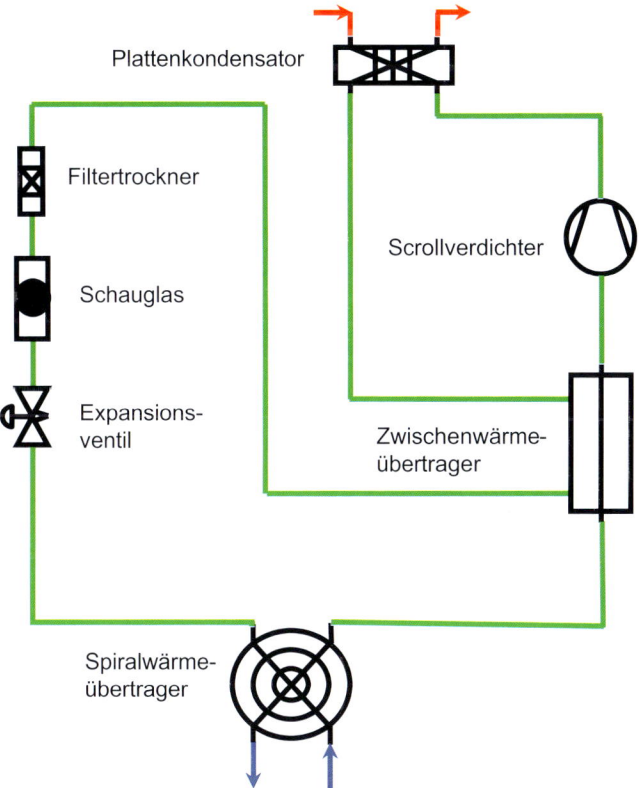

Abb. 2.4: Schaltbild Wasser/Wasser-Wärmepumpe

Derzeit werden Wasser/Wasser-Wärmepumpen für das Kältemittel R-410A ausgelegt. Konzipiert werden sie als einstufige Wärmepumpen mit einem Scrollverdichter bei kleineren Heizleistungen und mit zwei parallel geschalteten Verdichtern für große Heizleistungen. Die minimale Wärmequellentemperatur beträgt +7 °C. Als Verdampfer sind Spiral-Wärmeübertrager, Platten-Wärmeübertrager oder Rohrbündel-Wärmeübertrager aus Edelstahl im Einsatz. Ein Zwischenwärmeübertrager verbessert den Wärmepumpenkreisprozess hinsichtlich geforderter hoher Leistungszahl. Je Wärmepumpe steht derzeit eine Heizleistung von bis zu 180 kW zur Verfügung.

2 Verfahrenschemata für Kompressions-Wärmepumpen

2.5 Luft/Wasser-Wärmepumpe mit Heißgasabtauung

Die Abbildung 2.5 zeigt eine Luft/Wasser-Wärmepumpe, die zur Abtauung die Heißgasabtauung verwendet.

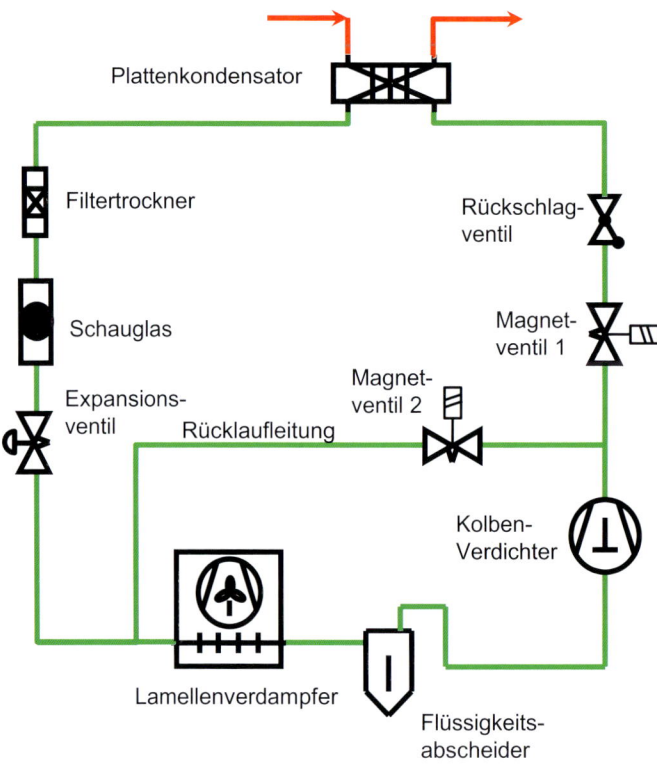

Abb. 2.5: Schaltbild Luft/Wasser-Wärmepumpe und Heißgasabtauung

Zur Abtauung des Lamellenverdampfers wird bei dieser Wärmepumpenbauart die sogenannte Heißgasabtauung verwendet. Im Heizbetrieb der Wärmepumpe ist das Magnetventil 1 offen und das Magnetventil 2 geschlossen, sodass der herkömmliche Wärmepumpenprozess über die Hauptkomponenten stattfindet. Schaltet die Wärmepumpe auf Heißgasabtauung, wird das Magnetventil 1 geschlossen und das Magnetventil 2 geöffnet. Überhitzter Kältemitteldampf wird dadurch über die Rücklaufleitung zum Verdampfereintritt geleitet. Der überhitzte Kältemitteldampf kondensiert im Verdampfer und gibt somit Wärme an die bereiften oder vereisten Lamellen des Verdampfers ab. Der Verdampfer wird abgetaut. Der zusätzliche Flüssigkeitsabscheider in der Saugleitung dient zum Schutz des Kolbenverdichters, um sicherzustellen, dass keine Flüssigkeitstropfen angesaugt werden.

2.6 Warmwasser-Wärmepumpe

Abbildung 2.6 zeigt das Verfahrensschaltbild für einen Wärmepumpenkreislauf einer Warmwasser-Wärmepumpe, die zur Bereitung von warmem Brauchwasser konzipiert ist.

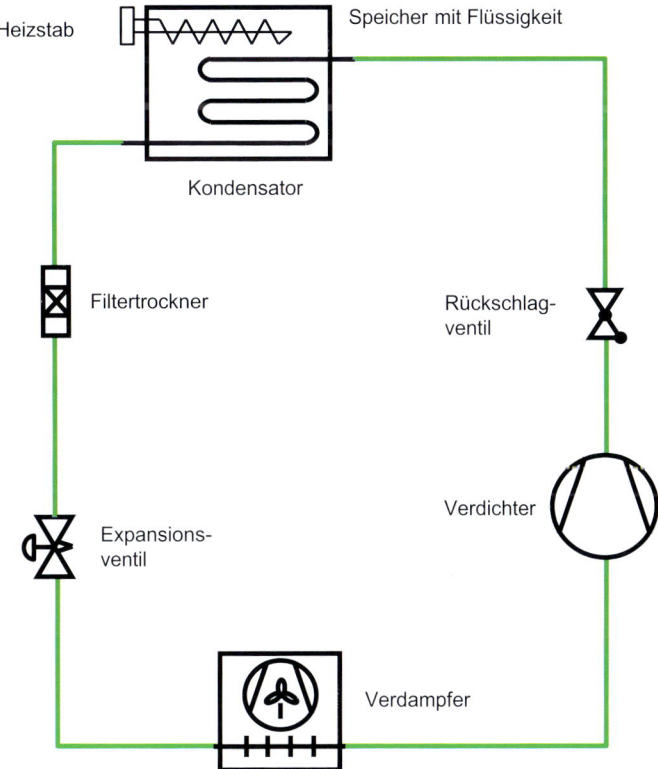

Abb. 2.6: Schaltbild Luft/Wasser-Wärmepumpe als Warmwasser-Wärmepumpe

Die Warmwasser-Wärmepumpe ist ein anschlussfertiges Heizgerät und besteht im Wesentlichen aus dem Warmwasserspeicher, den Komponenten des Kältemittel-, Luft- und Wasserkreislaufes sowie allen für den automatischen Betrieb erforderlichen Steuer-, Regel- und Überwachungseinrichtungen. Eine Warmwasser-Wärmepumpe ist eine Sonderbauform einer Luft/Wasser-Wärmepumpe, die ausschließlich für eine Innenaufstellung konzipiert ist.

Sie verwendet als Wärmequelle Raumluft mit Temperaturen von +8 °C bis +35 °C zur Bereitung von Warmwasser mit maximalen Temperaturen von +60 °C; werden höhere Warmwassertemperaturen gefordert, können diese mit Hilfe des zusätzlichen elektrischen Heizstabes erreicht werden. Derzeit wird bei dieser Wärmepumpenbauart vorwiegend das Kältemittel R-134a verwendet in Verbindung mit einem vollhermetischen Rollkolbenverdichter. Das Speichervolumen des Warmwasserspeichers liegt in der Größenordnung von rund 300 Liter. Ein Anschluss an einen zweiten Wärmeerzeuger, wie z. B. eine Solaranlage oder ein Heizkessel, ist möglich.

2.7 Reversible Luft/Wasser-Wärmepumpe

Abbildung 2.7 zeigt das vereinfachte Schaltschema für eine reversible Luft/Wasser-Wärmepumpe. Dargestellt sind die beiden Betriebsarten „Heizen" und „Kühlen".

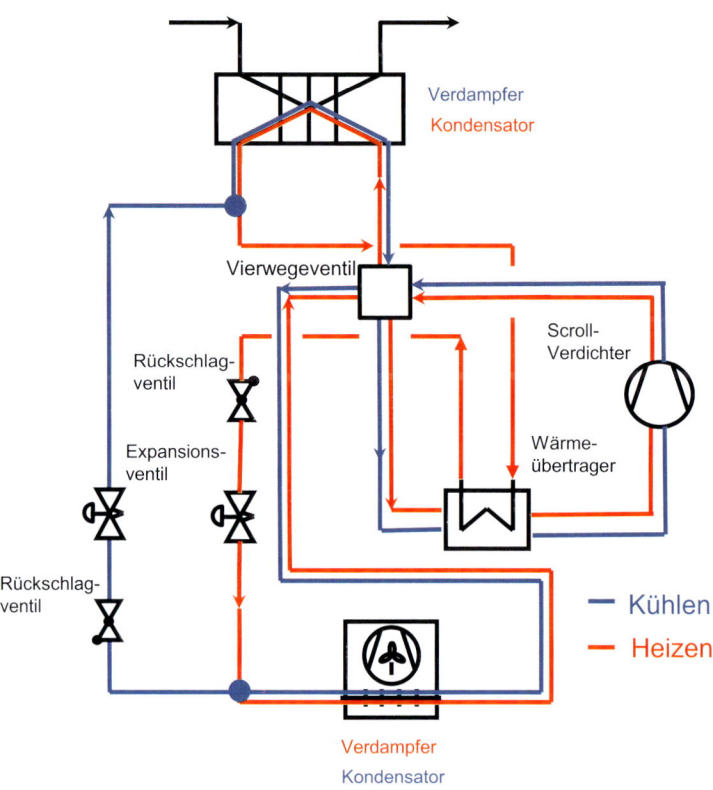

Abb. 2.7: Schaltbild einer reversiblen Luft/Wasser-Wärmepumpe

Eine reversible Luft/Wasser-Wärmepumpe, die üblicherweise mit dem Kältemittel R-410A betrieben wird, kann entweder zum Heizen oder zum Kühlen eingesetzt werden. Über ein 4-Wege-Umschaltventil wird die Wärmepumpe in den Heizbetrieb oder den Kühlbetrieb geschaltet und dabei die Fließrichtung des Kältemittels gewechselt. Im Kühlbetrieb wird der Verdampfer als Kondensator betrieben und der Kondensator als Verdampfer. Da in diesem Beispiel die Wärmepumpe ein Expansionsventil mit einer definierten Fließrichtung verwendet, sind in dieser reversiblen Wärmepumpe zwei Drosselorgane integriert. Reversible Wärmepumpen können bezüglich der Auslegung entweder auf den Kühlbetrieb oder auf den Heizbetrieb optimiert sein. Im Kühlbetrieb wird kaltes Wasser mit Vorlauftemperaturen von +8 bis +18 °C bereitgestellt. Hierzu liegt die Lufteintrittstemperatur zwischen +15 und +40 °C.

2.8 Luft/Wasser-Wärmepumpe in Splitbauweise

Eine Luft/Wasser-Wärmepumpe in Splitbauweise besteht aus einer Inneneinheit mit eigenem Gehäuse und einer Außeneinheit mit eigenem Gehäuse. Die Inneneinheit umfasst typischerweise Verdichter, Kondensator, Kältemitteltrockner, Kältemittelleitungen, Anschlüsse für die Gebäudeheizung, Regelungseinheit und weitere Komponenten. Die Außeneinheit kann bestehen aus dem Verdampfer, dem Expansionsventil und Kältemittelleitungen. Inneneinheit und Außeneinheit sind über Kältemittelleitungen verbunden, deren Länge möglichst gering sein sollte, um Effizienzverluste der Wärmepumpe zu vermeiden. Einer der Vorteile einer Split-Wärmepumpe ist, dass auf eine aufwendige Verlegung von Lüftungskanälen und Mauerdurchbrüchen, wie bei einer Mono-Wärmepumpe in Innenaufstellung, verzichtet werden kann. Die Außeneinheit ist auf eine dauerhaft ebene und waagerechte Fläche zu montieren. Aus Servicegründen ist die Außeneinheit von vorhandenen Gebäudemauern in einem ausreichenden Abstand aufzustellen und es ist sicherzustellen, dass die ausgeblasene, abgekühlte Luft aus dem Verdampfer nicht erneut vom Ventilator des Verdampfers angesaugt wird (Kurzschluss). Zur Inbetriebnahme einer Split-Wärmepumpe ist ein Kältetechniker erforderlich.

2.9 Mechanische Brüdenverdichtungsanlage

Abbildung 2.8 zeigt exemplarisch ein vereinfachtes Verfahrensschaltbild einer mechanischen Brüdenverdichtungsanlage, die zur Eindampfung einer Lösung im Chargenbetrieb verwendet wird.

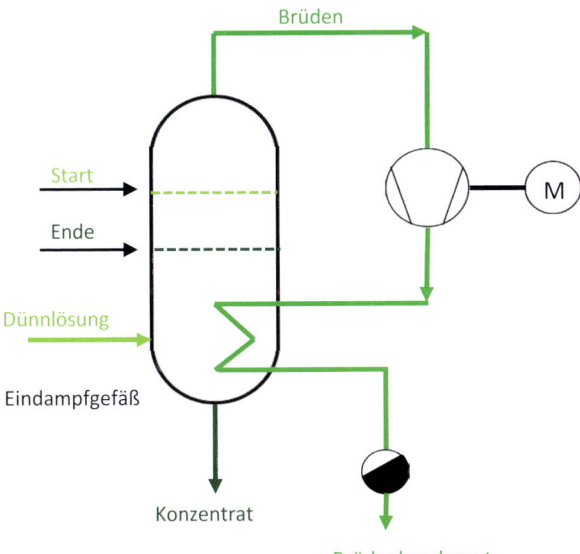

Abb. 2.8: Schaltbild einer mechanischen Brüdenverdichtungsanlage für Eindampfprozesse

2 Verfahrenschemata für Kompressions-Wärmepumpen

Charakteristisch für den in Abbildung 2.8 dargestellten Wärmepumpenprozess ist, dass das Kreislaufmedium der Brüdendampf aus der einzudampfenden Lösung ist und dass der Wärmepumpenprozess ein offener Kreisprozess ist. „Offen" bedeutet in diesem Zusammenhang, dass das Kreislaufmedium nur einmal den Prozess durchläuft und danach die Anlage verlässt. Der gesamte Brüdendampf wird mit Hilfe des elektromotorisch angetriebenen mechanischen Brüdenverdichters komprimiert und zur Beheizung des Eindampfgefäßes verwendet. Auf eine luftfreie Anlage ist besonders zu achten. Als Brüdendampf bezeichnet man den Dampf eines Lösungsmittels (meist Wasser), der mit Inhaltsstoffen der einzudampfenden Lösung (z. B. Bierwürze) versetzt ist.

2.10 Thermische Brüdenverdichtungsanlage

Abbildung 2.9 zeigt exemplarisch ein vereinfachtes Verfahrensschaltbild einer thermischen Brüdenverdichtungsanlage mit Dampfstrahlverdichter, die zur Eindampfung einer Lösung im Chargenbetrieb verwendet wird.

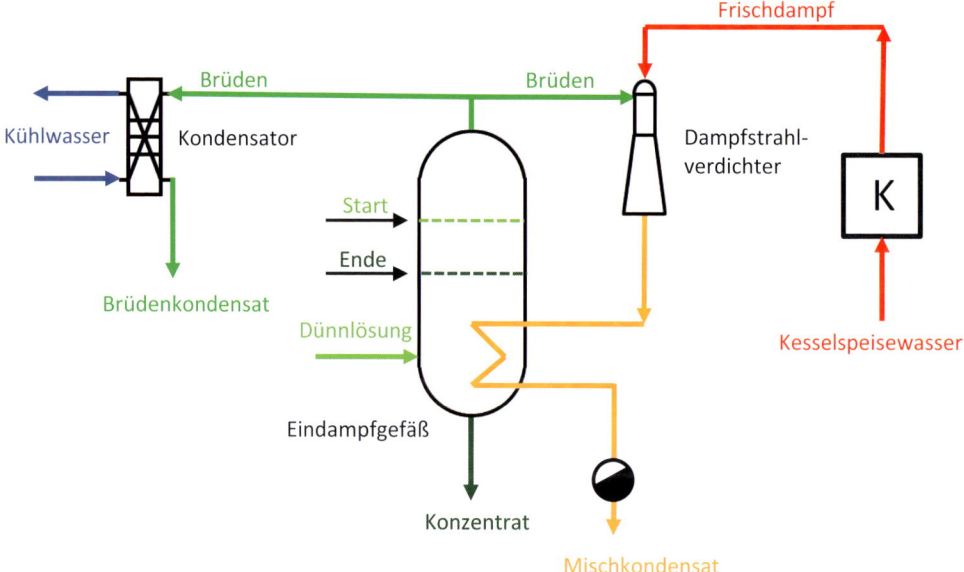

Abb. 2.9: Schaltbild einer thermischen Brüdenverdichtungsanlage mit Dampfstrahlverdichter

Der in Abbildung 2.9 dargestellte Wärmepumpenprozess für industrielle Anwendungen zeigt, dass das Kreislaufmedium Brüdendampf aus der einzudampfenden Lösung resultiert und dass der Wärmepumpenprozess ein offener Kreisprozess ist. „Offen" bedeutet in diesem Zusammenhang, dass das Kreislaufmedium nur einmal den Prozess durchläuft und danach die Anlage verlässt. Der Dampfstrahlverdichter benötigt Treibdampf auf hohem Druckniveau (z. B. 10 bar). Der entstehende Mischdampf aus Brüdendampf und Frischdampf wird mit Hilfe des Dampfstrahlverdichters komprimiert und zur Beheizung des Eindampfgefäßes verwendet. Der Mischdampf kondensiert dabei vollständig und darf ohne Nachbehandlung der Kesselanlage nicht mehr zugeführt werden. Im Mischdampf befinden sich Komponenten der einzudampfenden Lösung, die den Kessel (K) schädigen können. Es wird nur ein Teil des Brüdendampfes für den Dampfstrahlverdichter benötigt, der Rest wird über einen Kondensator mit Kühlwasser verflüssigt und wird als Brüdenkondensat abgeleitet.

2.11 Wärmepumpe mit Verbrennungsmotor

Die erreichbare maximale Vorlauftemperatur des Heizwassers ist bei elektromotorisch angetriebenen Wärmepumpen abhängig vom Kältemittel. Konventionelle Wärmepumpen mit Elektromotor erreichen eine Vorlauftemperatur von rund +65 °C. Wird ein Verbrennungsmotor als Antrieb verwendet, kann durch nachgeschaltete Wärmeübertrager (Motorölkühler, Motor-Kühlwasser-Wärmeübertrager, Abgas-Wärmeübertrager) die Vorlauftemperatur des Heizwassers auf +95 °C bei standardgekühlten stationären Verbrennungsmotoren erhöht werden. Abbildung 2.10 zeigt ein vereinfachtes Verfahrensschaltbild einer verbrennungsmotorisch angetriebenen Wärmepumpe.

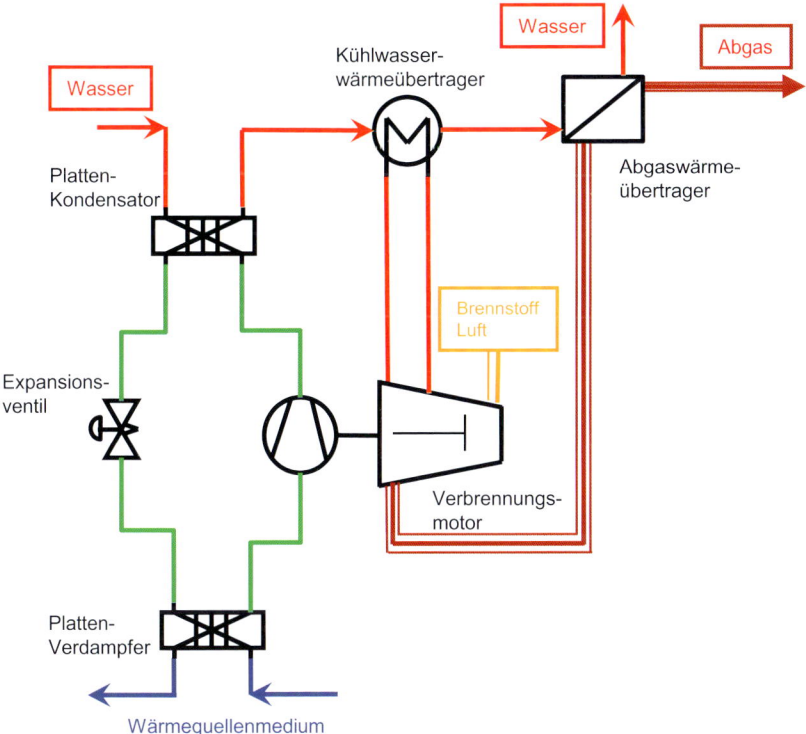

Abb. 2.10: Schaltbild einer verbrennungsmotorisch angetriebenen Wärmepumpe

Aus der Abbildung 2.10 ist ersichtlich, dass das Heizwasser durch zwei nachgeschaltete Wärmeübertrager nutzbare Wärme vom Verbrennungsmotor (Erdgasmotor/Dieselmotor) aufnimmt und sich damit die Vorlauftemperatur erhöht. Dieses Prinzip wird vor allem im gewerblichen und industriellen Bereich angetroffen, da oftmals höhere Wassertemperaturen z. B. für Reinigungsvorgänge benötigt werden.

3 Wärmepumpenkomponenten und Betriebsweisen

3.1 Wärmepumpenverdichter

3.1.1 Allgemeines

Die Verdichtung des Kältemittels in einer Wärmepumpe wird mit Hilfe eines Verdichters, auch Kompressor genannt, durchgeführt. Die grundlegende Aufgabe eines Verdichters ist es, die Verdichtung des Kältemittels im gasförmigen Zustand vom Saugzustand (Druck, Temperatur) auf einen prozessbedingten Verdichtungsenddruck (Kondensationsdruck) unter Zufuhr von Antriebsenergie auszuführen. Während der Verdichtung werden die spezifische Enthalpie, der Druck und die Temperatur des Kältemittels erhöht. Außerdem findet bei diesem Prozessschritt eine Wärmeabgabe an die Umgebung statt (luftgekühlter oder wassergekühlter Verdichter). Im Folgenden werden mechanische Verdichter beschrieben. Bei Absorptions-Wärmepumpen wird ein sogenannter thermischer Verdichter eingesetzt, der aus Absorber, Lösungspumpe, Austreiber und Lösungsdrossel besteht (siehe Kapitel 4). Zu den thermischen Verdichtern gehört ebenfalls der Dampfstrahlverdichter, der in gewerblichen Brüdenverdichtungsanlagen verwendet wird.

Bei mechanischen Verdichtern unterscheidet man prinzipiell zwischen Verdrängermaschinen und Strömungsmaschinen. Abbildung 3.1 zeigt eine mögliche Einteilung der Verdichterbauarten.

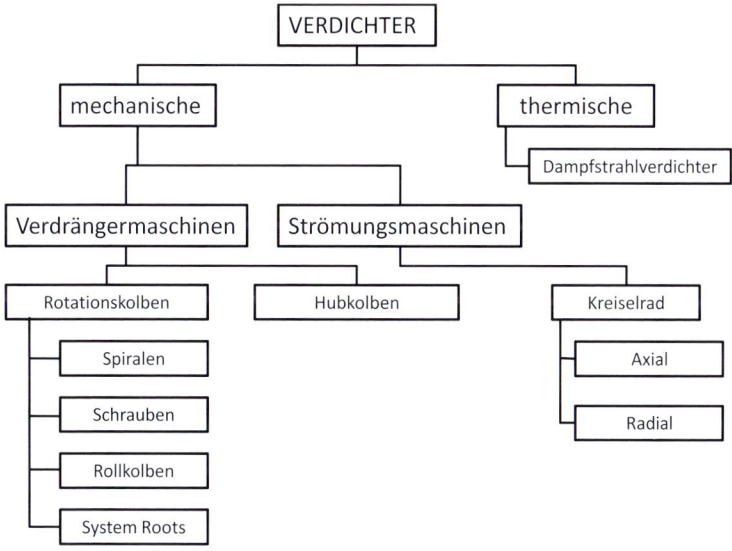

Abb. 3.1: Verdichterbauarten für Kompressions-Wärmepumpen

Aus Abbildung 3.1 erkennt man, dass Verdichter in mechanische und thermische Verdichter unterteilt werden. Bei den thermischen Verdichtern kommen Dampfstrahlverdichter (= Ejektoren) bei Wärmepumpen zur Anwendung. Die mechanischen Verdichter teilen sich auf in die Verdrängermaschinen und in die Strömungsmaschinen. In der Wärmepumpentechnik werden als Strömungsmaschinen vorzugsweise Radialturboverdichter (= radiale Kreiselradverdichter) für Heizleistungen im MW-Bereich eingesetzt. Die Verdrängermaschinen teilen sich auf in Rotationskolbenverdichter und in Hubkolbenverdichter. Bevorzugt werden im häuslichen Bereich bei kleinen Heizleistungen Spiralverdichter (= Scrollverdichter) verwendet. Verdichter der Bauart „System Roots" können in mechanischen Brüdenverdichtungsanlagen eingesetzt werden.

Tabelle 3.1 vergleicht technische Eigenschaften für ausgewählte Verdichterbauarten, die vorwiegend bei geschlossenen Kompressions-Wärmepumpen im Einsatz sind [3.1].

Tab. 3.1: Verdichtervergleich für Wärmepumpen nach [3.1]

Eigenschaften	Scroll	Hubkolben	Schrauben	Turbo
Prinzip	Verdränger	Verdränger	Verdränger	Strömung
Verdichtung	statisch	statisch	statisch	dynamisch
Förderung	stetig	pulsierend	stetig	stetig
Heizleistung [kW]	bis 400	bis 800	80-8000	80-40.000
Volumenstrom [m³/h]	bis 500	bis 1000	100-10.000	100-50.000
Druckverhältnis	bis 10	bis 10	bis 30	bis 5
Leistungsregelbarkeit bei konstanter Drehzahl	in Stufen	in Stufen	stufenlos	stufenlos
Empfindlichkeit bei Flüssigkeit im Sauggas	gering	hoch	gering	mittel
Vibrationen	nein	ja	nein	nein

Aus Tabelle 3.1 wird deutlich, dass Scrollverdichter kleine Wärmepumpenleistungen abdecken, während Turboverdichter als Strömungsmaschinen für den großen Heizleistungsbedarf eingesetzt werden. Die Leistungsregelung bei Scroll- und Hubkolbenverdichtern erfolgt bei sehr vielen Anwendungen in Stufen, d. h., es werden mehrere Verdichter parallel in den Kältemittelkreislauf eingebunden. Der Hubkolbenverdichter verursacht, bedingt durch seine Konstruktion, mehr Vibrationen als der Scrollverdichter.

3.1.1.1 Verdrängermaschinen

Kolbenverdichter, Scrollverdichter und Schraubenverdichter sind Vertreter von Verdrängermaschinen. Die Arbeitsweise einer Verdrängermaschine lässt sich in vier Schritte aufteilen:
- Ansaugen des Kältemittels auf der Saugseite
- Komprimieren des angesaugten Kältemittels durch Volumenverkleinerung
- Ausschieben des Kältemittels auf der Druckseite
- Rückexpansion beim Kolbenverdichter (nicht beim Schraubenverdichter).

3.1.1.2 Strömungsmaschinen

In der industriellen Wärmepumpentechnik werden als Strömungsmaschinen vorwiegend Radialturboverdichter eingesetzt. Die Arbeitsweise einer Strömungsmaschine wird durch folgende Teilschritte charakterisiert:
- Ansaugen des Kältemittels
- Beschleunigung des Kältemittels durch Energiezufuhr über ein Laufrad
- Umwandlung von kinetischer Energie in Druckenergie
- Ausschieben des Kältemittels.

3.1.1.3 Vollhermetischer Verdichter

Vollhermetische Verdichter sind durch Verschweißen oder Verlöten der Gehäuseteile komplett verkapselt. Sowohl der Verdichter als auch der Antriebsmotor befinden sich in einem gemeinsamen Gehäuse. Das Kältemaschinenöl wird bei der Montage in das gemeinsame Gehäuse eingefüllt, sodass ein Ölwechsel während der Betriebszeit nicht möglich ist. Vollhermetische Verdichter werden vor allem im kleinen Leistungsbereich eingesetzt.

3.1.1.4 Halbhermetischer Verdichter

Ein halbhermetischer Verdichter ist eine Maschine, bei der das Gehäuseoberteil und das Gehäuseunterteil mit lösbaren Befestigungselementen (Schrauben, Nieten) miteinander verbunden sind. Damit sind Reparaturarbeiten am Verdichter und am Elektromotor durchführbar. Es entsteht jedoch aufgrund der Verbindung der Gehäuseteile dennoch kein Kältemittelverlust, da aus dem Gehäuse keine Antriebswelle, wie bei offenen Verdichtern, geführt wird. Das Sauggas strömt über den Elektromotor, der Wärme an das Sauggas abgibt und damit gekühlt wird (sogenannte Sauggaskühlung). Anschließend gelangt das vorgewärmte Sauggas zum Verdichtungsraum. Es kann somit kein Nassdampf in den Verdichterraum gelangen, sondern nur überhitztes Gas. Auf eine richtige Materialauswahl bzw. den Schutz der Wicklungen des Elektromotors in Abhängigkeit des eingesetzten Kältemittels ist zu achten. Halbhermetische Hubkolbenverdichter werden überwiegend bei Wärmepumpen mittlerer Leistung eingesetzt.

3.1.1.5 Offener Verdichter

Ein offener Verdichter ist eine Maschine, bei der der luftgekühlte Elektromotor und der Verdichter getrennt auf einem Fundament aufgebaut sind. Sie sind über eine gemeinsame Antriebswelle miteinander verbunden. Da die Antriebswelle aus dem Verdichtergehäuse herausgeführt wird, ist auf eine sehr gute Abdichtung der Antriebswelle gegenüber der Umgebung zu achten, um eine Kältemittelfreisetzung in die Atmosphäre so gering wie möglich zu halten. Offene Verdichter werden bei Wärmepumpen für große Heizleistungen eingesetzt.

3.1.2 Hubkolbenverdichter

Zu unterscheiden sind bei Hubkolbenverdichtern folgende prinzipielle **Bauarten**:
- stehend oder liegend
- ein- oder mehrzylindrisch
- nach Art der Kolbenanordnung (Reihe, V-Anordnung, Stern)
- offen, halbhermetisch oder vollhermetisch.

Bei Hubkolbenverdichtern erfolgt die Verdichtung des Kältemittels in einem Verdichtungsraum, der zum Befüllen und Entleeren mit einem Saugventil und mit einem Druckventil ausgestattet ist. Saug- und Druckventil werden oftmals auch als Ein- und Auslassventile bezeichnet. In dem Verdichtungsraum befindet sich ein beweglicher Kolben, der Kältemittel ansaugt, verdichtet und ausstößt.

Abbildung 3.2 zeigt exemplarisch einen vollhermetischen Hubkolbenverdichter.

Abb. 3.2: Vollhermetischer Hubkolbenverdichter [Werkbild GDD]

Abbildung 3.3 zeigt einen Hubkolbenverdichter in offener Bauweise im Längsschnitt [3.2].

Verdichter benötigen ein Kältemaschinenöl für:
- Schmierung
- Kühlung
- Abführen von Abrieb.

Ventile bei Hubkolbenmaschinen

Die Ventile von Hubkolbenverdichtern vertragen bauartbedingt keine Flüssigkeitsschläge. Der angesaugte Kältemitteldampf kann Flüssigkeitströpfchen enthalten, die mit hoher Geschwindigkeit auf das Saugventil und die Ventilplatten auftreffen und damit fast vollständig abgebremst werden. Die Ventile werden damit im Laufe der Zeit geschädigt. Die Ventile sind somit periodisch zu warten und beeinflussen maßgeblich die Lebensdauer der Hubkolbenmaschinen.

3.1 Wärmepumpenverdichter

Abb.3.3: Offener Hubkolbenverdichter [Werkbild Bitzer Kühlmaschinenbau GmbH] [3.2]

Schädlicher Raum bei Hubkolbenverdichtern

Abbildung 3.4 zeigt schematisch den Verdichtungsraum eines Hubkolbenverdichters mit den Hauptbauteilen.

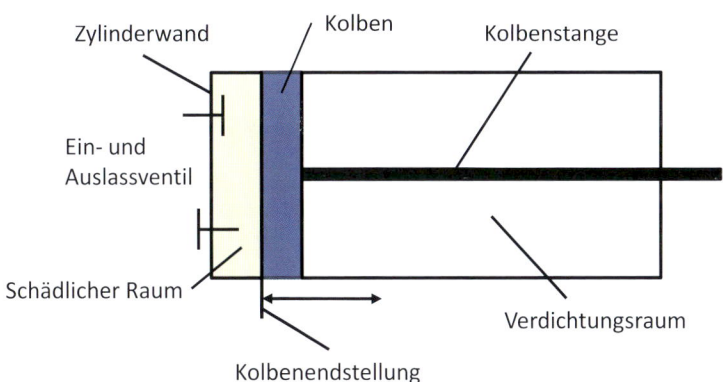

Abb. 3.4: Verdichtungsraum einer Hubkolbenmaschine

Der Kolben (siehe Abbildung 3.4) lässt sich bauartbedingt nicht ganz bis zu den Ventilen bewegen. Nach dem Ausschieben des verdichteten Kältemitteldampfes verbleibt das Volumen zwischen der

Kolbenendstellung und der Zylinderwand im Zylinder mit Kältemittel gefüllt. Wenn der Kolben beim folgenden Arbeitstakt zurückfährt, rückexpandiert das verbliebene Kältemittel und bewirkt einen volumetrischen Verlust. Es kann beim folgenden Ansaugvorgang nur mehr eine kleinere Kältemittelmasse vom Verdichter angesaugt werden. Diese Minderung des Ansaugverhaltens wird bei Berechnungen durch den sogenannten „schädlichen Raum" erfasst und reduziert den Liefergrad des Hubkolbenverdichters. Der schädliche Raum wird bei der Ermittlung des inneren Wirkungsgrades und des Liefergrades von Hubkolbenmaschinen berücksichtigt.

3.1.3 Scrollverdichter

Der Scrollverdichter wurde vom französischen Ingenieur L. Creux erfunden [3.3]. Ein Scrollverdichter zeichnet sich durch seine einfache Konstruktion aus und hat einen Bereich bis rund 60 kW Antriebsleistung. Scrollverdichter sind Verdrängungsmaschinen, die sowohl mit fester als auch mit variabler Drehzahl der Verdichterwelle betrieben werden können. Der Hauptanwendungsbereich liegt bei Kälteanlagen und Wärmepumpen.

Die Abbildung 3.5 zeigt schematisch einen Längsschnitt durch einen Scrollverdichter mit einigen Hauptbauteilen.

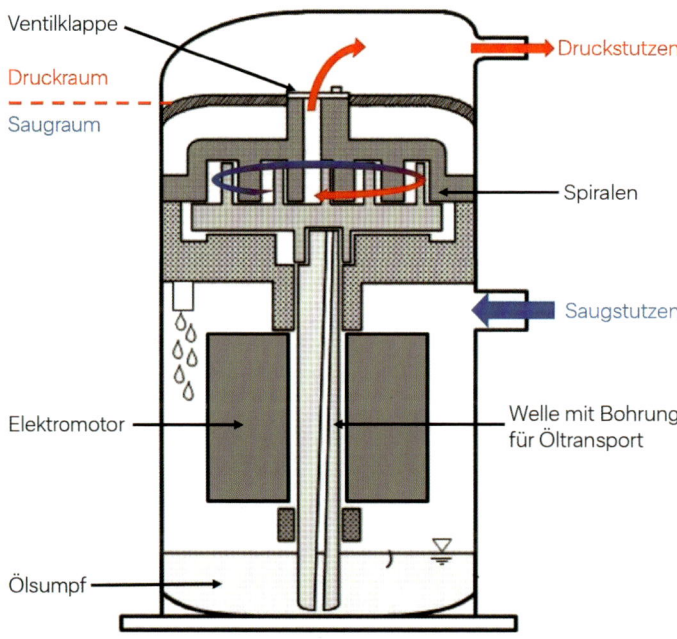

Abb. 3.5: Schematischer Aufbau eines Scrollverdichters nach [3.4]

In einem zylinderförmigen, vollhermetisch verschweißten Gehäuse sitzt auf der zentrisch angeordneten senkrechten Antriebswelle des Verdichters sowohl der elektrische Antrieb als auch die orbitierende Spirale. Das obere Ende der Antriebswelle ist exzentrisch angeordnet, sodass damit die orbitierende Bewegung der Spirale zustande kommt. Die feste Spirale ist an der Innenseite des zylinderförmigen Gehäuses oberhalb der orbitierenden Spirale befestigt. Die beiden Spiralen greifen ineinander. Über den Saugstutzen gelangt überhitztes Kältemittel in den Saugraum des Verdichters und nimmt Wärme vom Elektromotor auf, der dadurch gekühlt wird. Der Saugraum wird vom Druckraum durch eine Trennwand abgetrennt. Das gasförmige Kältemittel wird in den Verdichtungskammern der ineinandergreifenden Spiralen verdichtet und gelangt über eine Auslassöffnung in den Druckraum, bevor es den Verdichter auf hohem Druck- und Temperaturniveau über den Druckstutzen verlässt. Die Ventilklappe als Rückschlagventil verhindert das Rückströmen von verdichtetem Kältemittelgas, wenn der Scrollverdichter ausgeschaltet ist. Das Kältemaschinenöl bildet am Gehäuseboden einen Ölsumpf. Es wird von dort durch eine Längsbohrung in der Antriebwelle bis zu den Spiralen nach oben transportiert.

Die Abbildung 3.6 zeigt die feste und die orbitierende Spirale eines Scrollverdichters.

Abb. 3.6: Orbitierende Spirale (oben) und feste Spirale (unten) [Werkbild GDD]

Das gasförmige Kältemittel wird über den im unteren Bild der Abbildung 3.6 ersichtlichen rechteckigen Schlitz der festen Spirale angesaugt und durch Verkleinerung des Volumens verdichtet und dabei bis in das Zentrum gefördert. Im Zentrum der festen Spirale befindet sich eine kreisförmige Öffnung, über die das verdichtete Kältemittelgas den Verdichtungsraum wieder verlässt.

Die Arbeitsweise eines Scrollverdichters in fünf Arbeitsschritten ist in der folgenden Abbildung 3.7 schematisch ersichtlich.

3 Wärmepumpenkomponenten und Betriebsweisen

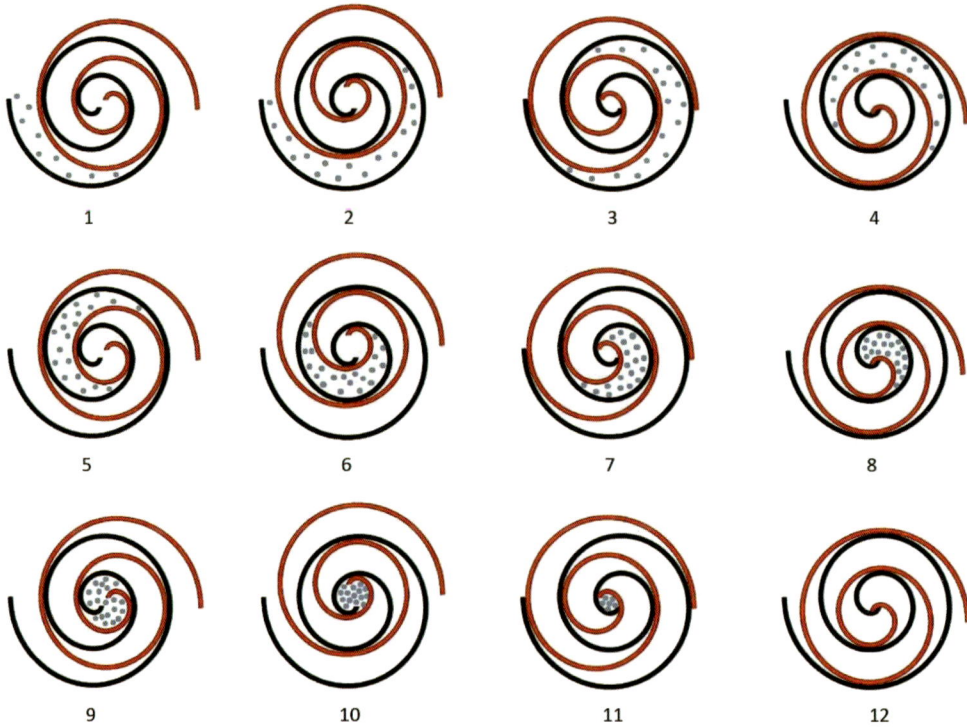

Abb. 3.7: Arbeitsweise eines Scrollverdichters [3.5]

1. In die Einströmöffnungen am Außenrand tritt Sauggas ein (nur linke Seite gezeichnet) (Darstellung 1).
2. Die Einströmöffnungen schließen sich zur Bildung sichelförmiger Verdichtungskammern (Darstellungen 2 und 3).
3. Das Gasvolumen wird verdichtet, indem sich der Verdichtungsraum verkleinert (Darstellungen 4 bis 10).
4. In der Mitte hat das Gas den Verdichtungsenddruck erreicht und entweicht durch die Auslassöffnung (Darstellungen 11 und 12).

Im Betrieb sind stets alle Verdichtungskammern gefüllt. Das Gas wird kontinuierlich angesaugt, verdichtet und ausgestoßen.

Die bewegliche Spirale rollt sich in der festen Spirale auf einer Kreisbahn ab. Die Spiralen nähern sich dabei gegenseitig immer an zwei gegenüberliegenden Flanken. Dadurch entstehen mehrere Kammerpaare, die in radialer Richtung von außen nach innen wandern. Das Volumen der Kammern ändert sich dabei stetig. Das gasförmige Kältemittel wird auf der Saugseite (außen) angesaugt, durch Volumenreduzierung verdichtet und dabei zum Zentrum des Verdichtungsraumes nach innen transportiert. Im Zentrum der Spirale wird das Gas aus dem Arbeitsraum über eine Auslassbohrung zur Hochdruckseite ausgeschoben. Das Volumen der großen äußeren Kammer und das Volumen der innersten kleinen Kammer, der die Auslassbohrung zugeordnet ist, werden durch die Form und die Höhe der Spirale festgelegt. Das Verhältnis dieser beiden Volumina zueinander ist für einen Scrollverdichter immer konstant. Dadurch ergibt sich auch ein konstantes inneres Volumenverhältnis in den Kammern des Scrollverdichters. Die drei Zustände Ansaugen, Verdichten und Ausschieben werden in drei aufeinanderfolgenden vollständigen Umdrehungen der Welle umgesetzt. Nach der ersten Umdrehung der Welle schließen die Spiralen und bilden den Verdichtungsraum. Nach der zweiten Umdrehung der Welle wird der maximale Verdichtungsenddruck erreicht. Nach der dritten Umdrehung der Welle ist der Verdichtungsraum in der Mitte auf null reduziert, es ist kein Restdampf vorhanden.

Der Scrollverdichter hat folgende Eigenschaften:
- Keine Arbeitsventile zur Steuerung des Kältemitteldampfes notwendig
- Weitgehend unempfindlich gegen Flüssigkeitsschläge
- Vorhandene Schwingkupplung erlaubt das Öffnen der Spiralköpfe im Falle von Flüssigkeits- oder Ölschlägen und damit Transport der Flüssigkeit zur Saugseite
- Ölversorgung der Lager mit Zentrifugalpumpe, die in das Kurbelwellengehäuse eintaucht, über durchbohrte Antriebswelle
- Elektromotor wird durch Sauggas gekühlt
- Eingebautes Rückschlagventil verhindert das Rückströmen des verdichteten Kältemitteldampfes, wenn Scrollverdichter ausgeschaltet ist.

Die Auslegung der Spirale gibt sowohl den geometrischen Volumenstrom als auch die minimal mögliche Drehfrequenz vor.

Ein Scrollverdichter arbeitet mit einem festen, konstruktiv bestimmten inneren Volumenverhältnis. Er weist geringere volumetrische Verluste auf (höherer Liefergrad) als Hubkolbenmaschinen bei gleichen Betriebsbedingungen, da fast keine Rückexpansion auftritt.

Der Scrollverdichter dürfte derzeit die fortschrittlichste Verdichterbauart sein. Er wird absehbar den Hubkolbenverdichter im Kleinstleistungsbereich (1 bis 60 kW) immer mehr verdrängen.

Die Abbildung 3.8 zeigt einen typischen Scrollverdichter, der bei Wärmepumpen zum Einsatz kommt.

Abb. 3.8: Scrollverdichter [Werkbild GDD]

3.1.4 Rollkolbenverdichter

Die Abbildung 3.9 stellt schematisch die einzelnen Schritte des Verdichtungsverlaufes für einen Rollkolbenverdichter dar.

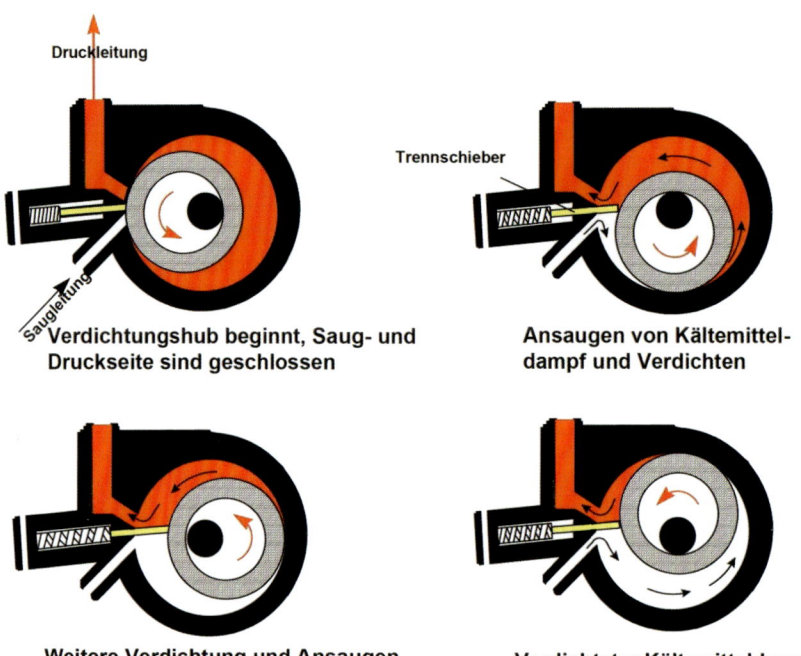

Abb. 3.9: Vereinfachtes Funktionsschema eines Rollkolbenverdichters [3.6]

Ein Rollkolbenverdichter (siehe Abbildung 3.9) umfasst ein zylindrisches Gehäuse, in dem ein zylindrischer Kolben mit einem kleineren Durchmesser exzentrisch frei auf einem Kurbelzapfen abrollt. Auf diese Weise wird zwischen Zylinderaußenmantel des Kolbens und Zylinderinnenmantel des Gehäuses ein sichelförmiger Verdichtungsraum gebildet. Die Aufteilung des Verdichtungsraums in einen Saugraum und in einen Druckraum erfolgt durch die Berührungslinie zwischen dem Kolben und dem zylindrischen Gehäuse sowie durch einen federgelagerten Trennschieber. Beim Drehen des Kolbens (z. B. gegen den Uhrzeigersinn) vergrößert sich der Saugraum ständig, sodass Kältemitteldampf angesaugt wird. Gleichzeitig verkleinert sich während der Drehbewegung des Kolbens um den Kurbelzapfen der Druckraum, sodass Kältemitteldampf komprimiert wird. Wird der fest eingestellte Gegendruck erreicht, öffnet sich ein Druckventil und der Kältemitteldampf wird vollständig ausgeschoben. In der Praxis wird auf ein Saugventil verzichtet. Durch die ständige Trennung von Saug- und Druckraum gibt es keine Rückexpansion wie bei einer Kolbenmaschine. Der geometrische Volumenstrom wird zu fast 100 % ausgenutzt. Der Rollkolbenverdichter hat bei Erhöhung des Verdichtungsdruckverhältnisses einen fast gleichbleibenden Liefergrad im Vergleich zu anderen Verdichterbauarten. Er zeichnet sich durch einen ruhigen Lauf aus.

3.1 Wärmepumpenverdichter

3.1.5 Leistungsregelung von Verdichtern

Zur Leistungsregelung von Verdichtern werden unterschiedliche Verfahren eingesetzt. Einen Überblick zur Leistungsregelung zeigt die Abbildung 3.10.

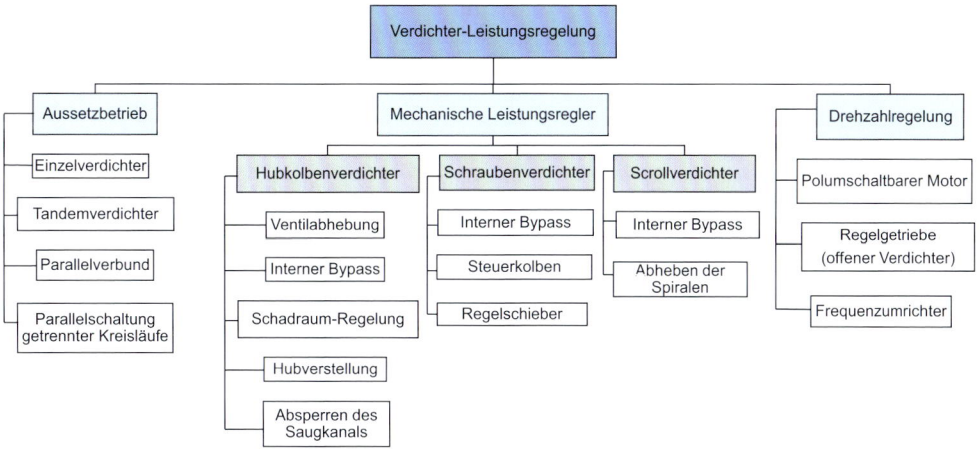

Abb. 3.10: Leistungsregelung von Verdichtern nach [3.7]

Aus Abbildung 3.10 ist ersichtlich, dass allgemein zwischen einer Leistungsregelung in Stufen (Aussetzbetrieb) und einer stufenlosen Leistungsregelung (Drehzahlregelung) zu unterscheiden ist. Bei den mechanischen Leistungsreglern für Hubkolbenverdichter, Schraubenverdichter und Scrollverdichter kommen je nach Art der Regelung ebenfalls Verfahren in Stufen oder stufenlose Verfahren zum Einsatz.

3.1.5.1 Heißgas-Bypass-Regelung

Bei nicht regelbarem Verdichter kann mit einer Heißgas-Bypass-Schaltung ein Teillastbetrieb erreicht werden, indem ein Teil des heißen Druckgases aus dem Verdichter über ein Drosselventil direkt auf die Saugseite des Verdichters zurückgeführt wird, ohne an einer Wärmeübertragung im Kondensator und im Verdampfer teilzunehmen. Die Antriebsleistung ändert sich hierbei nur in dem Verhältnis, in dem sich die zu überwindende Temperaturdifferenz durch eine geringere Belastung der Wärmeübertragungsflächen ändert. Der Teillastwirkungsgrad ist niedrig, die thermische Leistung im Kondensator wird etwas geringer, da die innere Verdichterleistung fast gleichbleibt.

3.1.5.2 Invertertechnologie

Die Invertertechnologie wird bei Scrollverdichtern bereits seit einigen Jahrzehnten angewandt. Bei der Invertertechnologie wird über einen Frequenzumrichter die Drehzahl des Verdichtermotors stufenlos geregelt. Damit ist es möglich, die Wärmebereitstellung durch die Wärmepumpe im Bereich von 30 bis 100 % kontinuierlich an den Wärmebedarf des Verbrauchers anzupassen. Die Inverter-Technologie hat folgende weitere **Eigenschaften**:

- Einsparung von elektrischer Arbeit für den Wärmepumpenverdichter von bis zu 10 %.
- Anzahl der Ein- und Ausschaltzyklen wird geringer, damit wird die Lebensdauer des Verdichters erhöht.
- Der Verdichter wird während einer Heizperiode über längere Zeit nur in Teillast betrieben. Die Wärmeübertrager sind ordnungsgemäß für die Maximalleistung der Wärmepumpe ausgelegt, sodass die Wärmeübertrager im Teillastbetrieb ausreichend Flächenreserve haben. Eine Flächenreserve bedeutet, dass die Wärmepumpe bei höherer Verdampfungstemperatur und niedrigerer Kondensationstemperatur betrieben wird und damit die Leistungszahl der Wärmepumpe ansteigt.
- Ein Standardverdichter wird üblicherweise bei einer Frequenz von 50 Hz betrieben. Die Variationsbreite der Frequenz von 30 bis 120 Hz beim Einsatz der Invertertechnologie bedeutet, dass die Verdichter technisch aufwendiger sind. Damit liegen die Investitionskosten höher als bei einem Standardverdichter.
- Es entfällt der Sanftanläufer für den Start des Verdichters.

3.1.5.3 Digital-Technologie

Bei einem Scrollverdichter mit digitaler Leistungsregelung werden die beiden ineinandergreifenden Spiralen zeitweise in Axialrichtung mittels einer Steuereinrichtung voneinander getrennt. Während der Trennung der beiden Spiralen erfolgt keine Verdichtung. Die Leistungsregelung wird über eine von der Steuereinrichtung vorgegebene Zykluszeit und mittels eines Magnetventils erreicht. Wird das Magnetventil geöffnet, expandiert der Kältemitteldampf in dem Bereich oberhalb des Steuerkolbens vom Verdichtungsenddruck auf den Druck auf der Saugseite. Dadurch wird die obere Spirale mit dem Steuerkolben axial nach oben bewegt, sodass kein geschlossener Verdichtungsraum mehr vorhanden ist. Der Verdichter befindet sich im entlasteten Zustand, es findet keine Verdichtung von Kältemitteldampf statt. Bei geschlossenem Magnetventil steigt der Druck in dem Bereich über dem Steuerkolben an. Der Steuerkolben mit der oberen Spirale bewegt sich in axialer Richtung nach unten in die normale Arbeitsposition zur Kompression von Kältemitteldampf [3.8].

3.2 Kondensatoren

3.2.1 Allgemeines

Unter Kondensieren (= Verflüssigen) versteht man eine thermodynamische Zustandsänderung, bei der ein gasförmiger (dampfförmiger) Stoff oder ein Stoffgemisch in den flüssigen Aggregatzustand unter gleichzeitiger Wärmeabgabe (spezifische Kondensationswärme) übergeht. Durch den strömenden Stoff wird der Stofftransport verursacht. Eine Kondensation ist somit ein gekoppelter Wärme- und Stofftransport. Der gesamte Wärme- und Stofftransport von der gasförmigen Phase in die flüssige Phase wird durch in Reihe geschaltete Teilvorgänge bestimmt. Infolge einer Strömung (konvektiver Transport) und einer Molekularbewegung (diffusiver Transport) gelangt Dampf an die Phasengrenzfläche zwischen Dampf und Kondensat. An der Phasengrenzfläche findet die eigentliche Kondensation statt. Eine Temperaturdifferenz zwischen der Dampfseite und der Kondensatseite von einigen Hundertstel Kelvin ist hierfür notwendig. Für technische Zwecke ist es ausreichend, der Phasengrenze die Kondensationstemperatur zuzuordnen. Die freiwerdende

Kondensationswärme wird über Wärmeleitung und Wärmekonvektion durch das Kondensat an eine gekühlte Wärmeübertragungsfläche transportiert. Bildet das entstehende Kondensat einen zusammenhängenden Film, spricht man von **Filmkondensation**. Der Kondensatfilm kann ruhen, laminar oder turbulent strömen. Bildet das entstehende Kondensat Tropfen auf der Wärmeübertragungsfläche, spricht man von **Tropfenkondensation**, die in der Praxis nicht stabil erhalten werden kann.

Die treibende Kraft der Kondensation ist eine notwendige Temperaturdifferenz zwischen der Temperatur des zu kondensierenden Dampfes und der niedrigeren Temperatur der Wärmeübertragungsfläche. Die Temperatur der Wärmeübertragungsfläche liegt unterhalb des Taupunktes des Stoffes, damit eine Kondensation stattfindet.

Die Wärmeübertragung bei der Kondensation eines reinen Stoffes wird konventionell durch den Widerstand auf der Kühlmittelseite kontrolliert und nicht durch den Widerstand auf der Seite der Kondensation, d. h., der Wärmeübergangskoeffizient ist auf der Kühlmittelseite der kleinere der beiden betrachteten Widerstände.

Thermische Apparate, in denen reine Dämpfe oder Dampfgemische, die auch Beimengungen von Inertgasen enthalten können, verflüssigt werden, bezeichnet man als Kondensatoren oder auch als Verflüssiger. Kondensatoren bzw. Verflüssiger sind spezielle Bauarten von Wärmeübertragern. In diesen Wärmeübertragern ist die abzuführende Wärme von einem Kühlmittel aufzunehmen, dessen Temperatur unterhalb des Taupunktes des Dampfes oder Dampfgemisches liegt.

Der Kondensator einer Wärmepumpe hat die Aufgabe, die im Verdampfer vom Kältemittel aufgenommene Wärme aus der Wärmequelle und die zusätzlich aufgenommene innere Verdichterarbeit des Kältemittels durch Wärmeabgabe an die Wärmesenke abzuführen (ohne Wärmeverluste). Das eintretende dampfförmige Kältemittel geht in flüssiges Kältemittelkondensat über. Die Abbildung 3.11 zeigt an einem Kondensator die einzelnen abgegebenen Wärmeanteile im p, h-Diagramm.

Die gesamte abgegebene Wärme eines Kondensators teilt sich bei gleichem Druck auf in:
1. Überhitzungswärme bei p = konstant abführen: Überhitztes Kältemittel wird abgekühlt, bis die Sattdampflinie (x = 1) erreicht ist $\Rightarrow$ der erste Flüssigkeitstropfen wird gebildet.
2. Kondensationswärme bei konstantem Druck abführen: Zwischen Sattdampflinie und Siedelinie (x = 0), d. h. im Nassdampfgebiet.
3. Unterkühlungswärme bei p = konst. abführen: Nur bei wassergekühlten Kondensatoren.

Die Kondensatorwärme ist die Summe aus Überhitzungswärme, Kondensationswärme und Unterkühlungswärme. Überschlägig entspricht anteilig die Überhitzungswärme rund 10 %, die Kondensationswärme rund 85 % und die Unterkühlungswärme rund 5 % der Kondensatorwärme.

Der Kondensator ist bei einer Auslegung in die drei o. g. unterschiedlichen Zonen aufzuteilen. Für jede Zone ist der Wärmedurchgangskoeffizient (k-Wert) und die jeweilige benötigte Wärmeübertragungsfläche getrennt zu errechnen. Die gesamte Wärmeübertragungsfläche des Kondensators ist die Summe aus den Teilflächen für jede Zone. Für Simulationsmodelle ist die Aufteilung in drei Zonen auch sinnvoll, wobei die einzelnen Zonen eine zu definierende Anzahl an Volumenelementen haben können und sich je nach Betriebsbedingungen der Wärmepumpe diese Anzahl auf die einzelnen Zonen unterschiedlich aufteilt.

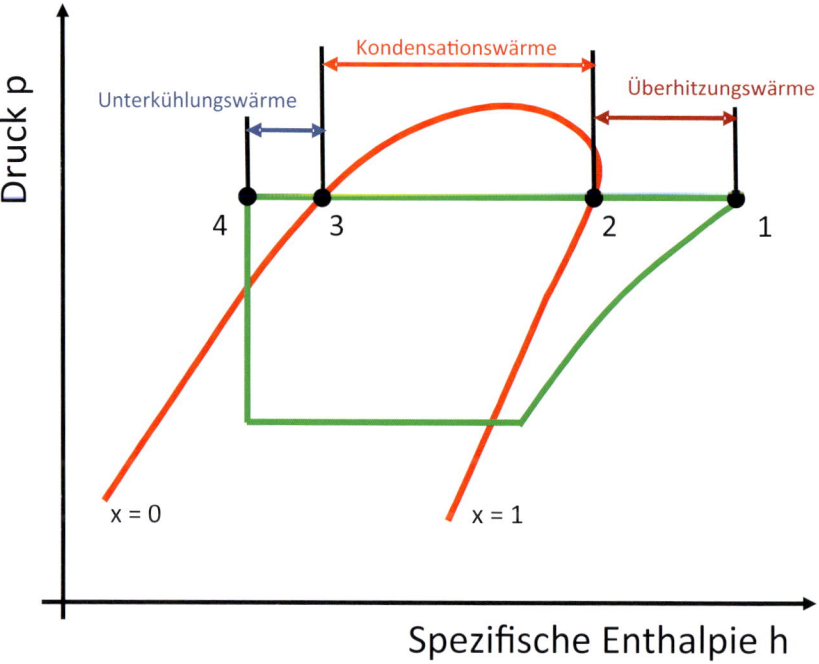

Abb. 3.11: Abgegebene Wärmeanteile eines Kondensators im p, h-Diagramm

Weitere Anforderungen an Kondensatoren sind das unbehinderte Ableiten des gebildeten Kältemittelkondensats (Anstieg des Kondensationsdruckes), eine Unterkühlung des Kältemittelkondensats (Verbesserung des Kreisprozesses) und eine gute Wärmedämmung gegenüber der Umgebung.

Überschlägige Berechnungen zum Kondensator werden in der Praxis oftmals derart ausgeführt, dass nur die reine Kondensation des Kältemittels betrachtet wird. Damit lassen sich über die Leistungscharakteristik des Kondensators wichtige physikalische Größen berechnen. Mit Hilfe der Leistungscharakteristik des Kondensators wird die Austrittstemperatur des Wärmesenkenmediums (hier Wasser) berechnet:

$$t_{WA} = \frac{t_{WE} + t_{K} \cdot \left[\exp\left(\dfrac{k \cdot A}{\dot{m}_W \cdot c_W} \right) - 1 \right]}{\exp\left(\dfrac{k \cdot A}{\dot{m}_W \cdot c_W} \right)} \qquad (\text{Gl. 3.1})$$

Für die thermische Leistung des Kondensators erhält man:

$$\dot{Q} = \dot{m}_W \cdot c_W \cdot (t_{WA} - t_K) \cdot \left[1 - \exp\left(\frac{k \cdot A}{\dot{m}_W \cdot c_W}\right)\right] \tag{Gl. 3.2}$$

$\dot{Q}$: Thermische Leistung
t_{WA}: Wasseraustrittstemperatur
t_{WE}: Wassereintrittstemperatur
t_K: Kondensationstemperatur
$\dot{m}_W$: Wassermassenstrom
c_W: Spezifische Wärmekapazität Wasser
k: Wärmedurchgangskoeffizient
A: Wärmeübertragungsfläche

Weitere ähnliche Gleichungen lassen sich durch mathematische Umformungen leicht herleiten.

3.3 Kondensatorbauarten

3.3.1 Plattenwärmeübertrager

Plattenwärmeübertrager werden je nach Anwendungsfall in der abgedichteten, halbverschweißten oder verschweißten/vollverlöteten Bauweise eingesetzt.

In der Wärmepumpentechnik werden gelötete Plattenwärmeübertrager als Kondensatoren verwendet (siehe Abbildung 3.12). Er besteht aus einer definierten Anzahl geprägter Edelstahlplatten, die eine geprägte Struktur aufweisen, und die zu einem Plattenpaket zusammengefügt werden. Die einzelnen Edelstahlplatten werden mit Kupferlot hartverlötet. Die einzelnen Edelstahlplatten berühren sich an Stützstellen und erhalten damit die benötigte mechanische Stabilität. Der Plattenrand ist nach unten geformt und hat dadurch Kontakt zur angrenzenden Platte. Beim Hartlöten werden die Platten an den Stützstellen verbunden und an den Plattenrändern nach außen abgedichtet. Die thermischen Eigenschaften (Wärmedurchgang) und die hydraulischen Eigenschaften (Druckverlust) der geprägten Platten werden durch die Prägungstiefe, die Prägewinkel und die Abmaße bestimmt. Die Winkel in den Edelstahlplatten verlaufen in den beiden angrenzenden Platten jeweils in entgegengesetzter Richtung. An einer Stirnseite des Plattenwärmeübertragers befinden sich Anschlussstutzen für den Kältemitteldampf, das Kondensat und für den Zu- und Ablauf des Wärmesenkenmediums. Der Kältemitteldampf wird oben in den stehenden Plattenapparat geleitet und dort gleichmäßig über das Plattenpaket verteilt. Der Kältemitteldampf strömt in Richtung der Schwerkraft von oben nach unten und kondensiert dabei. Das gebildete Kondensat wird etwas unterkühlt. Dem Plattenwärmeübertrager wird das Wärmesenkenmedium unten mit niedriger Temperatur zugeführt und verlässt oben den Apparat mit höherer Temperatur. Kondensierender Kältemitteldampf und Wärmesenkenmedium strömen hierbei im Gegenstrom zueinander.

3 Wärmepumpenkomponenten und Betriebsweisen

Abb. 3.12: Plattenwärmeübertrager als Kondensator [Werkbild GDD]

Bei der Plattenkonstruktion dieser Wärmeübertragerbauart unterscheidet man allgemein Platten mit einem spitzen Prägewinkel (L-Typ) und solche mit einem stumpfen Prägewinkel (H-Typ). Für wärmetechnische Aufgaben mit einem geringen Volumenstrom und einem hohen Wärmeübergangskoeffizienten werden Kanäle aus Platten des H-Typs bevorzugt, ebenfalls bei Phasenänderungen mit Kältemitteln.

Der Betriebsdruck von gelöteten Plattenwärmeübertragern liegt im Bereich vom Vakuum bis zu 40 bar, der Temperaturbereich von −195 °C bis +225 °C. Gelötete Plattenwärmeübertrager können für eine thermische Leistung von einigen kW bis mehrere MW zum Einsatz kommen.

3.3.2 Rohrbündel-Wärmeübertrager

Der Rohrbündel-Wärmeübertrager ist die älteste Bauart eines Wärmeübertragers mit unterschiedlichen Anwendungsmöglichkeiten. Er wird konzipiert zur Übertragung von sensibler Wärme, als Verdampfer oder als Kondensator für fast alle thermischen Leistungen und Abmessungen. Ein Rohrbündel-Wärmeübertrager besteht in der Standardausführung aus einem zylindrischen Mantel, der liegend oder stehend angeordnet ist. In diesen Mantel wird ein Rohrbündel eingeschoben und mit dem zylindrischen Mantel an den Rohrböden verschweißt. Dadurch entstehen zwei voneinander getrennte Volumen, der Mantelraum und der Rohrraum. Im Mantelraum und im Rohrraum strömt jeweils ein Fluid, das entweder Wärme aufnimmt oder abgibt bzw. seinen Aggregatzustand ändert. Die Rohrböden haben gleichzeitig die Funktion eines Apparateflansches. An jeder Seite des zylindrischen Mantels entsteht für das strömende Fluid im Rohrraum eine Kammer durch Anbringen einer konstruktiv unterschiedlich geformten Haube, die auch einen Apparateflansch trägt. Die Haube wird über eine Flachdichtung, die zwischen den Apparateflanschen eingelegt wird, und eine definierte Anzahl an Schraubverbindungen mit dem Rohrboden fixiert. Eine Haube ist entweder als reine Umlenkhaube konzipiert oder sie verfügt zusätzlich über einen oder zwei Rohrstutzen für den Ein- und/oder Austritt des strömenden Fluids auf der Rohrseite. In die Haube sind Trennbleche eingebaut, die für eine definierte Strömungsrichtung sorgen und damit die Anzahl der Wege (= Gänge) des Wärmeübertragers festlegen. Ferner sind Mantelstutzen für den Ein- und Austritt des strömenden Fluids auf der Mantelseite mit dem zylindrischen Mantel verschweißt. Weitere Stutzen können sowohl auf den Hauben als auch auf dem Mantelrohr angebracht sein. Diese dienen entweder zur Entlüftung oder Entleerung des Wärmeübertragers. Das Rohrbündel besteht aus einer genau definierten Anzahl an Rohren, die zueinander eine vorgegebene Anordnung aufweisen. Die Rohre des Bündels werden in Längsrichtung durch einige Umlenksegmentbleche geführt und damit gegen auftretende Schwingungen und Biegungsbeanspruchungen stabilisiert. Ferner haben die Umlenksegmentbleche die Aufgabe, die Richtung der Strömung im Mantelraum vorzugeben.

Bei einem Kondensator in Rohrbündelausführung (siehe Abbildung 3.13) wird Wasser durch die Rohre geleitet, das Kältemittel befindet sich im Mantelraum. Das Kältemittel tritt hierbei von oben in den Kondensator ein, das Kältemittelkondensat verlässt unten den Apparat. Der Kondensator wird rohrseitig sowohl in einwegiger Bauart als auch in mehrwegiger Bauart, meist in horizontaler Anordnung des Rohrbündels, gefertigt.

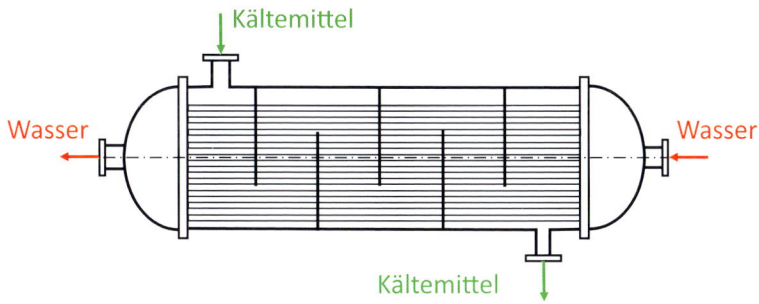

Abb. 3.13: Rohrbündel-Wärmeübertrager als Kondensator

Vergleicht man Plattenwärmeübertrager mit Rohrbündel-Wärmeübertragern, lassen sich folgende Vor- und Nachteile zusammenfassen:

Vorteile von Plattenwärmeübertragern in der Wärmepumpentechnik
- Geringes Eigenvolumen und damit wenig Kältemittel im Apparat und damit reduzierte Füllmenge der Wärmepumpe
- Geringer Platzbedarf und reduziertes Gewicht um bis zu 80 %
- Hoher Wärmedurchgangskoeffizient, k-Wert von bis zu rund 3500 W/(m²·K)
- Angepasste Strömungsführung durch unterschiedliche Schaltung der Plattenpakete.

Nachteile von Plattenwärmeübertragern in der Wärmepumpentechnik
- Höherer Druckverlust als Rohrbündelverdampfer
- Maximaler Betriebsdruck auf 40 bar begrenzt.

3.4 Expansionsventile

3.4.1 Allgemeines

Expansionsventile (= Drosselventile; = Drosselorgane) haben im Wärmepumpenkreisprozess die Funktion, eine definierte Masse flüssiges Kältemittel vom Kondensationsdruck p_K (genau: vom Druck vor dem Expansionsventil) auf den Verdampfungsdruck p_V (genau: auf den Druck nach dem Expansionsventil) zu transportieren.

Das Expansionsventil ist die Schnittstelle zwischen der Hoch- und Niederdruckseite der Wärmepumpe. Die Druckabsenkung erfolgt theoretisch entlang einer Isenthalpen (h = konstant, d. h., im Expansionsventil findet die Zustandsänderung einer Drosselung statt), wobei es zwangsläufig zu einer teilweisen Verdampfung des flüssigen Kältemittels (rund 10 bis 20 % des eintretenden Kältemittels) kommt. Das flüssige Kältemittel auf Kondensationstemperaturniveau wird bei der Drosselung auf die niedrigere Verdampfungstemperatur abgekühlt. Die benötigte Wärme für die teilweise Verdampfung wird der Kältemittelflüssigkeit selbst entzogen, die sich dadurch abkühlt. Nach dem Expansionsventil befindet sich in der Flüssigkeitsleitung zum Verdampfer ein Nassdampfgemisch (= Zweiphasengemisch), bestehend aus siedendem Kältemittel und gesättigtem Kältemitteldampf.

Neben der Druckabsenkung haben Expansionsventile eine Regelfunktion. Ihre Aufgabe besteht darin, nur denjenigen Kältemittelmassenstrom in den Verdampfer einzuspritzen, der durch die vorgegebene Verdampferleistung vollständig verdampfen kann. Wird zu wenig Kältemittel eingespritzt, kommt es zu einer zu hohen Überhitzungstemperatur am Verdampferaustritt. Wird zu viel Kältemittel in den Verdampfer eingespritzt, wird nicht die gesamte Kältemittelmasse verdampft und es kommt zu einem nassen Ansaugen des Verdichters. Beide Grenzzustände sind unerwünscht.

Die Leistungscharakteristik eines Expansionsventils ist auf die Verdampfer- und Verdichterleistung sowie auf das eingesetzte Kältemittel abzustimmen.

Expansionsventile werden bezüglich der Bauart eingeteilt in diejenigen für einen trockenen Verdampferbetrieb und solche für einen nassen (= überfluteten) Verdampferbetrieb. Die Abbildung 3.14 zeigt den Unterschied zwischen der trockenen und der nassen Verdampfung.

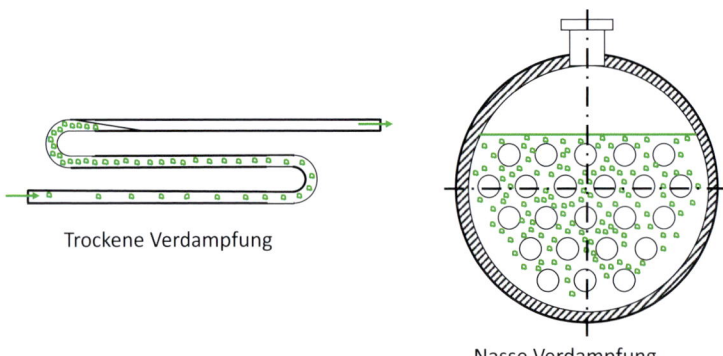

Abb. 3.14: Trockene und nasse Verdampfung

Bei der trockenen Verdampfung verdampft das Kältemittel unter Wärmeaufnahme in den Rohren des Verdampfers, während das Wärmequellenmedium sich im Mantelraum oder auf der Außenseite des Verdampfers befindet und dort abgeleitet wird. Bei der trockenen Verdampfung tritt das Kältemittel aus dem Verdampfer im überhitzten Zustand aus. Im Gegensatz dazu wird bei der nassen Verdampfung das Kältemittel im Mantelraum verdampft und das Wärmequellenmedium durchströmt die Verdampferrohre. Bei der nassen Verdampfung entsteht ein Kältemittelnassdampf, der aus dem Verdampfer austritt.

3.4.2 Thermostatisches Expansionsventil

Das in Wärmepumpen sehr häufig eingesetzte Drosselventil ist das thermostatische Expansionsventil (TEV). TEV sind Überhitzungsregler, die die Aufgabe haben, dem Verdampfer immer diejenige Kältemittelmenge zuzuführen, die unter den jeweiligen Betriebsbedingungen vollständig verdampft. Dies ist dann erreicht, wenn eine am Verdampferaustritt gemessene Überhitzungstemperatur des Kältemitteldampfes konstant gehalten wird. Ein Kältemittelsammler auf der Hochdruckseite ist erforderlich. Die Abbildung 3.15 zeigt den prinzipiellen Aufbau eines TEV.

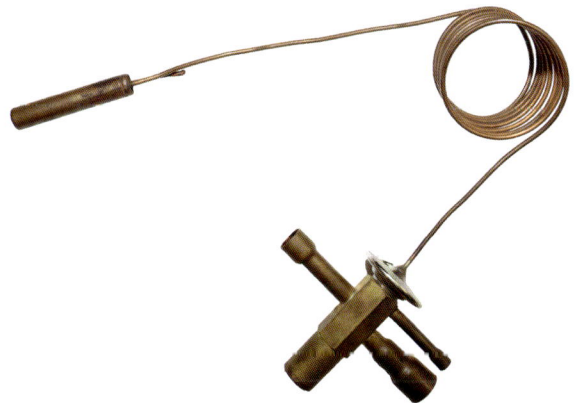

Abb. 3.15: Prinzipieller Aufbau eines thermostatischen Expansionsventils [Werkbild GDD]

Die gesamte Überhitzung wird als **Arbeitsüberhitzung** bezeichnet und setzt sich aus zwei Anteilen zusammen:
- Statische Überhitzung: Überhitzung zur Überwindung der eingestellten Federschließkraft, das Ventil beginnt gerade zu öffnen, es fließt noch kein Kältemittel.
- Öffnungsüberhitzung: Überhitzung zur Überwindung der Reibung im Ventil und um das Ventil in die maximale Öffnungsstellung zu bringen.

Die zur Überwindung der eingestellten statischen Überhitzung notwendige Überhitzungstemperatur gegenüber der Verdampfungstemperatur beträgt 3 bis 5 K, aus Sicherheit für den Verdichter oftmals auch mehr.

TEV sind mechanische Proportionalregler (P-Regler) mit eingebautem Stellglied (Ventil) ohne Hilfsenergie. Der Regelkreis besteht aus dem Verdampfer (Regelstrecke) und dem TEV als Regler. Die Arbeitsüberhitzung des Kältemitteldampfes in Kelvin ist die Regelgröße und der eingespritzte Kältemittelmassenstrom in den Verdampfer die Stellgröße. Die charakteristischen Größen der Regelstrecke des Verdampfers sind die Bauart und die Wärmeübertragungsfläche des Verdampfers. Als Störgrößen beeinflusst eine Vielzahl gleichzeitig wirkender physikalischer Größen die Regelgröße:
- Wärmequellenaustrittstemperatur
- Unterkühlungstemperatur des flüssigen Kältemittels vor dem Expansionsventil
- Kondensationsdruck
- Verdampfungsdruck

- Reif- bzw. Eisdicke auf der Luftseite des Verdampfers
- Luftmassenstrom.

Der Kältemittelmassenstrom, der sich bei der Drosselung einer reinen Flüssigkeit in einem Ventil einstellt, kann durch die Differenz zwischen dem Druck vor und nach dem Ventil sowie durch die Dichte der Kältemittelflüssigkeit vor dem Ventil berechnet werden. Dieser nach der Bernoulli-Gleichung errechnete Kältemittelmassenstrom gilt nur für den Fall, dass eine adiabate Strömung, ein inkompressibles Fluid und keine Reibungsverluste vorliegen. In der Praxis bildet sich nach dem Expansionsventil ein Zweiphasengemisch, bestehend aus siedendem Kältemittel und gesättigtem Kältemitteldampf. Deshalb wird der Kältemittelmassenstrom nach Bernoulli mit einem Korrekturfaktor K angepasst, der die Eigenschaften des Kältemittels und die Art der Expansionsströmung in das Zweiphasengebiet enthält. Der Korrekturfaktor K ist experimentell unter definierten Kriterien zu ermitteln. Für den Kältemittelmassenstrom erhält man:

$$\dot{m}_{KM} = K \cdot A_D \cdot \sqrt{(p_K - p_V) \cdot \rho_{KM}} \qquad (Gl.\ 3.3)$$

$\dot{m}_{KM}$: Kältemittelmassenstrom
K: Korrekturfaktor
A_D: Strömungsquerschnitt in der Düse des Expansionsventils (abhängig von Ventilstellung)
p_K: Kondensationsdruck
p_V: Verdampfungsdruck
ρ_{KM}: Dichte des Kältemittels vor dem Expansionsventil

3.4.3 Elektronisches Expansionsventil

Das elektronische Expansionsventil (EEV) (siehe Abbildung 3.16) benötigt Hilfsenergie und zeigt ein proportional-integrales Verhalten (PI-Regler) oder ein proportional-integral-differenziales Verhalten (PID-Regler). Es hat die Aufgabe derart zu regeln, dass Kältemitteldampf mit rund 5 Kelvin Überhitzung den Verdampfer verlässt. Als Messgrößen verwendet das EEV den Druck (= Saugdruck) und die Temperatur des Kältemittels am Verdampferaustritt, die beide über Sensoren erfasst werden. Über eine dem Mikroprozessor zugeordnete Steuerungseinheit ist es möglich, Abweichungen der beiden gemessenen Messgrößen zu erfassen und über definierte Regelalgorithmen dem schrittmotorgesteuerten Stellantrieb entsprechende Signale für die Ventilstellung des EEV zu übertragen. Die Vorteile des EEV gegenüber dem TEV liegen in einer konstanten Überhitzungstemperatur, der schnellen Anpassung an wechselnde Betriebsbedingungen der Wärmepumpe (verbessertes Teillastverhalten) sowie die sich daraus ergebende Anhebung der Verdampfungstemperatur (energetischer Vorteil) der Wärmepumpe. Ein EEV ist sowohl für den Heizbetrieb als auch für den Kühlbetrieb einer Wärmepumpe geeignet, da es bidirektional durchströmt werden kann.

Abb. 3.16: Elektronisches Expansionsventil [Werkbild GDD]

3.4.4 Kapillarrohr

Zur Vollständigkeit wird im Folgenden kurz auf das Kapillarrohr als Expansionsorgan eingegangen, das bei Kühl- und Kälteanlagen in der Kleinkältetechnik zum Einsatz kommt. Um das Kapillarrohr ordnungsgemäß verwenden zu können, hat das Kältemittel eine hohe Reinheit aufzuweisen, es ist die trockene Verdampfung anzuwenden und das Kapillarrohr ist für das Kältemittel auszulegen. Ist die Temperatur im Kühlraum erreicht, schaltet der Thermostat im Kühlraum den Verdichter ab. Es findet ein Druckausgleich über das Kapillarrohr statt. Der Verdampfungsdruck steigt, der Kondensationsdruck fällt. Herrscht gleicher Druck auf der Kondensator- und Verdampferseite, fließt kein Kältemittel über das Kapillarrohr. Steigt die Temperatur im Kühlraum, schaltet der Thermostat den Verdichter ein, Kältemittel wird angesaugt und verdichtet zum Kondensator geleitet, wo es kondensiert. Als Resultat des Druckunterschieds zwischen Kapillarrohreintritt und Kapillarrohraustritt strömt Kältemittel.

3.5 Verdampfer

3.5.1 Allgemeines

Unter Verdampfen (= Sieden) versteht man die thermodynamische Zustandsänderung eines Stoffes oder eines Stoffgemisches vom flüssigen in den dampfförmigen Aggregatzustand durch Wärmezufuhr. Der auftretende Stofftransport wird durch den strömenden Stoff hervorgerufen. Sieden ist ein gekoppelter Stoff- und Wärmetransport. Beim Sieden haben neben den physikalischen Eigenschaften des Stoffes/Stoffgemisches und den geometrischen Größen weitere Variablen einen Einfluss, die mit der Aggregatzustandsänderung verbunden sind. Hierzu gehören die spezifische Verdampfungswärme, die Dampfdichte, die Heizflächentemperatur und die Grenzflächenspannung. Ferner ist das Siedeverhalten eines Stoffes abhängig sowohl von der Oberflächenrauigkeit als auch vom Material der Wärmeübertragungsfläche. Bei Wärmepumpen kleiner Leistung ist vor allem das Strömungssieden des Kältemittels in Rohren von Bedeutung. Die Verdampfung von Kältemittel durch Behältersieden wird erst bei Wärmepumpen mit größeren Leistungen in der industriellen Technik angewandt.

3 Wärmepumpenkomponenten und Betriebsweisen

Für den örtlichen Wärmeübergangskoeffizienten bei der Verdampfung im waagerechten Rohr sind zwei Bereiche zu unterscheiden. Im ersten Abschnitt des Verdampferrohres kann der Bereich des Blasensiedens auftreten. Dabei ist der Wärmeübergangskoeffizient vor allem von der Wärmestromdichte (= Wärmestrom pro Wärmeübertragungsfläche) abhängig, während die Massenstromdichte (= Massenstrom pro Rohrquerschnittsfläche) nur einen geringen Einfluss hat.

Mit steigendem Dampfgehalt bei der Verdampfung im waagerechten Rohr nimmt auch die Strömungsgeschwindigkeit des Dampfes zu. In diesem konvektiven Bereich des Siedens wird der örtliche Wärmeübergangskoeffizient für die Verdampfung hauptsächlich von der Massenstromdichte bestimmt. Die Steigerung der Massenstromdichte durch eine Erhöhung der Strömungsgeschwindigkeit ist der entscheidende Faktor, um den Wärmeübergangskoeffizienten für die Verdampfung beim konvektiven Sieden zu erhöhen.

Sowohl beim Blasensieden als auch beim konvektiven Sieden im Rohr ist der innere Rohrdurchmesser als zusätzliche Einflussgröße auf den Wärmeübergang von Bedeutung. Innenstrukturierte Verdampferrohre erhöhen den Wärmeübergangskoeffizienten deutlich.

Der Verdampfer einer Wärmepumpe ist ein Wärmeübertrager. Über ihn gibt das Wärmequellenmedium Wärme an das Kältemittel des Primärkreislaufes der Wärmepumpe ab. Der vom Expansionsventil kommende, in den Verdampfer eintretende Kältemittelnassdampf geht bei konstanter Verdampfungstemperatur vollständig in dampfförmiges Kältemittel über und wird nach dem Austritt aus dem Verdampfer vom Verdichter angesaugt. Der Verdampfer ist gegenüber der Umgebung vollständig isoliert.

Überschlägige Berechnungen zum Verdampfer werden in der Praxis in der Form ausgeführt, dass nur die reine Verdampfung betrachtet wird. Damit lassen sich über die Leistungscharakteristik des Verdampfers wichtige Größen berechnen. Über die Leistungscharakteristik des Verdampfers wird z. B. die Austrittstemperatur des Wärmequellenmediums (hier Luft) berechnet:

$$t_{LA} = \frac{t_{LE} - t_V \cdot \left[1 - \exp\left(\frac{k \cdot A}{\dot{m}_L \cdot c_L}\right)\right]}{\exp\left(\frac{k \cdot A}{\dot{m}_L \cdot c_L}\right)} \quad \text{(Gl. 3.4)}$$

Für die thermische Leistung des Verdampfers erhält man:

$$\dot{Q} = \dot{m}_L \cdot c_L \cdot (t_{LE} - t_V) \cdot \left[1 - \exp\left(\frac{-k \cdot A}{\dot{m}_L \cdot c_L}\right)\right] \quad \text{(Gl. 3.5)}$$

$\dot{Q}$: Thermische Leistung
t_{LA}: Luftaustrittstemperatur
t_{LE}: Lufteintrittstemperatur
t_V: Verdampfungstemperatur
$\dot{m}_L$: Luftmassenstrom
c_L: Spezifische Wärmekapazität Luft
k: Wärmedurchgangskoeffizient Verdampfer
A: Wärmeübertragungsfläche Verdampfer

3.5 Verdampfer

Verdampfer können nach verschiedenen Kriterien eingeteilt werden:
- Flüssigkeitskühlung, Luftkühlung
- Rohrbündelapparate, Plattenapparate, Lamellenapparate, Rippenrohrapparate
- Für trockene Verdampfung oder für nasse Verdampfung.

3.5.2 Verdampfer zur Flüssigkeitskühlung

3.5.2.1 Plattenverdampfer

Heute werden im häuslichen oder gewerblichen Bereich fast ausschließlich Plattenwärmeübertrager als Verdampfer für Wärmepumpen eingesetzt, wenn als Wärmequellenmedium ein Glykol-Wasser-Gemisch oder Wasser verwendet wird. Ein Plattenverdampfer hat prinzipiell einen ähnlichen Aufbau wie ein Plattenkondensator, jedoch unterscheiden sich beide in einigen konstruktiven Details.

Das Kältemittel wird unten in Form eines Flüssigkeits-Dampf-Gemisches (= Zweiphasengemisch) in den stehenden Plattenwärmeübertrager geleitet und dort gleichmäßig über das Plattenpaket verteilt. Das Kältemittel strömt entgegen der Schwerkraftrichtung von unten nach oben und verdampft dabei. Der gebildete Kältemitteldampf wird etwas überhitzt. Dem Plattenwärmeübertrager wird das Wärmequellenmedium oben mit der Eintrittstemperatur zugeführt und es verlässt unten abgekühlt den Plattenapparat. Verdampfendes Kältemittel und Wärmequellenmedium strömen im Gegenstrom zueinander.

3.5.2.2 Rohrbündelverdampfer

Ein Rohrbündelverdampfer entspricht im Wesentlichen einem Rohrbündelkondensator, wie er in Abschnitt 3.3.2 beschrieben ist. Bei einem als Trockenexpansionsverdampfer (= Einspritzverdampfer) ausgeführten Rohrbündelverdampfer (Abbildung 3.17) wird das Kältemittel ein- oder mehrwegig im Rohr geführt, das Wärmequellenmedium (Wasser oder Sole) wird im Mantelraum abgekühlt. Das Kältemittel tritt als überhitzter Dampf aus dem Verdampfer aus. Trockenexpansionsverdampfer werden meist für organische Kältemittel eingesetzt. Die klassische Regelung eines Trockenexpansionsverdampfers erfolgt mit einem thermostatischen Expansionsventil. Mitgeführtes Kältemaschinenöl in den Verdampferrohren kann sich bei ausreichend hoher Dampfgeschwindigkeit nicht ansammeln. Zur Verbesserung des Wärmeübergangs auf der Rohrinnenseite werden innenstrukturierte Verdampferrohre eingesetzt. Das Wärmequellenmedium wird im Mantelraum durch eingebaute Umlenksegmente in seiner Strömungsrichtung und damit in seiner Verweilzeit beeinflusst.

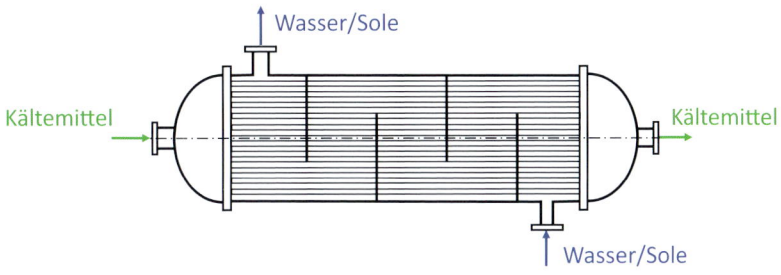

Abb. 3.17: Trockenexpansionsverdampfer

3 Wärmepumpenkomponenten und Betriebsweisen

Bei der nassen Verdampfung (überflutete Verdampfung) befindet sich das Kältemittel im Mantelraum des Verdampfers, das abzukühlende Wärmequellenmedium wird ein- oder mehrwegig in den Rohren geführt (Abbildung 3.18). Die Rohre sind in zwei festen Rohrböden eingeschweißt. Das Wärmequellenmedium wird entgegen der Schwerkraft von unten nach oben geführt. Auf der Kältemittelseite wird das Flüssigkeits-Dampf-Gemisch meistens von unten dem Mantelraum zugeführt. Der gebildete Kältemitteldampf wird von oben aus dem Mantelraum abgesaugt. Vollberohrte überflutete Verdampfer werden hauptsächlich mit dem Kältemittel Ammoniak (NH_3) betrieben und weisen zur Flüssigkeitsabscheidung einen Dampfdom oder einen liegenden Abscheider auf. Bei teilberohrten Mantelräumen, hauptsächlich mit organischen Kältemitteln betrieben, wirkt der freie Raum oberhalb des Rohrbündels als Flüssigkeitsabscheider. Die Entfernung des Kältemaschinenöls bei z. B. Betrieb mit dem Kältemittel Ammoniak erfolgt in einfacher Art und Weise von unten aus dem Mantelraum, da flüssiges Ammoniak eine geringere Dichte aufweist als das Kältemaschinenöl. Nachteilig wirkt sich die sehr große Kältemittelfüllmenge aus, da bei allen Betriebszuständen das liegende Rohrbündel mit siedendem Kältemittel bedeckt sein muss.

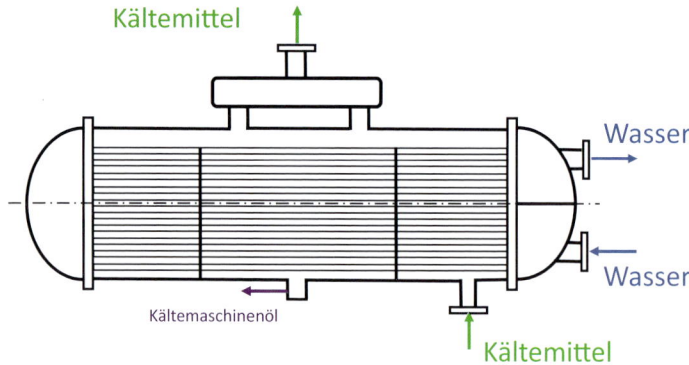

Abb. 3.18: Liegender Verdampfer

3.5.3 Verdampfer zur Luftkühlung

Bei der Benutzung von Luft als Wärmequellenmedium wird ausschließlich die trockene Verdampfung verwendet, bei der das Kältemittel in den Rohren vollständig verdampft und als überhitzter Dampf austritt. Die Luft umströmt die Außenseite der glatten oder berippten Verdampferrohre. Verdampfer zur Luftabkühlung werden oftmals als Luftkühler bezeichnet und sind als Rippenrohr- oder Lamellenverdampfer konstruktiv ausgeführt.

3.5.3.1 Rippenrohrverdampfer

Ein Rippenrohrverdampfer umfasst eine Anzahl von Rohren, auf die zur Vergrößerung der Wärmeübertragungsfläche Blechscheiben (z. B. Kreisscheiben = Rippen) in verschiedenen Formen aufgeschoben und mit den Rohren z. B. kraftschlüssig verbunden sind. Die Rippen werden auf der Seite des schlechteren Wärmeübergangs, nämlich auf der luftbeaufschlagten Außenseite aufgebracht. Die wärmeleitende Verbindung zwischen Kernrohr und den Rippen wird durch Verzinken bei Stahl oder durch Verzinnen bei Kupfer gesichert.

3.5.3.2 Lamellenverdampfer

Ein Lamellenverdampfer (siehe Abbildung 3.19) umfasst eine Vielzahl von rechteckigen, dicht nebeneinander angeordneten dünnen Blechen, die Bohrungen zur Aufnahme von Kernrohren aufweisen. In diese Bohrungen werden die Kernrohre (glatte oder innenstrukturierte Rohre) eingesteckt und an den Endseiten durch Krümmer kältemittelseitig miteinander verbunden. Für NH_3 als Kältemittel sind die Rohre und Lamellen aus feuerverzinktem Stahl, für organische Kältemittel aus verzinntem Kupfer oder aus Aluminium gefertigt.

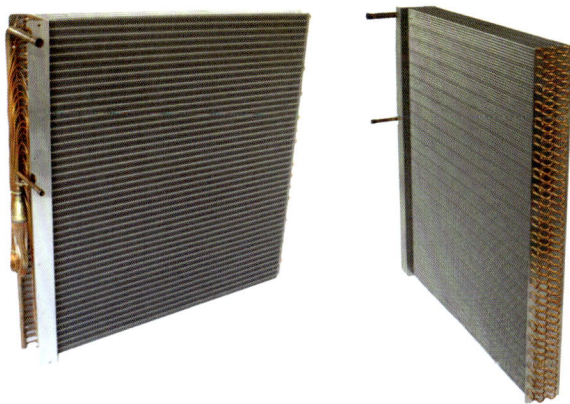

Abb. 3.19: Lamellenverdampfer [Werkbild GDD]

Ein Lamellenverdampfer ist kältemittelseitig mit einem Flüssigkeitsverteiler am Eintritt und einem Saugsammelrohr am Austritt ausgerüstet. Der Lamellenabstand wird abhängig von der gewünschten Lufttemperatur gewählt. Tritt Reif- oder Eisbildung auf, ist der Lamellenabstand zu vergrößern. Der Lamellenverdampfer wird über einen Axialventilator mit atmosphärischer und damit feuchter Luft beaufschlagt. In Strömungsrichtung strömt die feuchte Luft erst durch den Lamellenverdampfer und gelangt dann auf die Saugseite des Axialventilators. Auf eine gleichmäßige Luftverteilung über die Strömungsquerschnittsfläche des Lamellenverdampfers ist zu achten.

Bei den energietechnischen Berechnungen oder bei den Berechnungen zur Wärmeübertragung ist zwischen dem trockenen Teil des Luftkühlers (keine Kondensatausscheidung) und dem nassen Teil des Luftkühlers (mit Kondensatausscheidung) zu unterscheiden. Zusätzlich weicht der Rechengang bei reinen Glattrohrverdampfern und Lamellen-/Rippenrohrverdampfern voneinander ab.

3.6 Reif- und Eisansatz

Ein Nachteil der Luft/Wasser-Wärmepumpe ist, dass sich bei der Abkühlung feuchter atmosphärischer Luft im Verdampfer Kondensat, Reif und Eis bilden können. Prinzipiell treten drei Betriebsweisen am Verdampfer auf:
- Trockener Betrieb, es scheidet sich keine Feuchte aus der Luft ab
- Vollständig nasser Betrieb, es scheidet sich überall Feuchte aus der Luft ab
- Teilweise trockener und teilweise nasser Betrieb.

Die Feuchte kann als ausgeschiedener Wasserdampf in Form eines Kondensatfilms (Partialkondensation) oder in gefrorener oder in desublimierter Form auftreten.

Vom energetischen Standpunkt ist zwischen reinem Eis und Reif zu unterscheiden, da der Energieinhalt des Reifes durch die unterschiedlichen Porenstrukturen bei den Berechnungen (Stoffdaten) zu berücksichtigen ist. Unter Desublimieren versteht man den direkten Übergang eines Stoffes vom gasförmigen in den festen Aggregatzustand. Diese Zustandsänderung der Desublimation tritt bei Wasser erst dann auf, wenn die Temperatur der Kühlflächen sowohl den Taupunkt der feuchten Luft als auch den Tripelpunkt von Wasser unterschritten hat.

Fällt die Oberflächentemperatur auf der Luftseite bei einem Luftkühler auf 0 °C ab, bildet sich luftseitig ein Reif- bzw. Eisansatz. Die Ansatzbildung hat zwei nachteilige Folgen auf die Betriebsweise eines Luftkühlers. Der Reif- bzw. Eisansatz wirkt wie eine Isolierschicht. Bei Ventilatorluftkühlern bewirkt zudem der Ansatz eine Minderung des Luftvolumenstromes durch Zunahme des Druckverlustes und damit eine Reduzierung des Wärmedurchgangskoeffizienten (k-Wert) sowie eine Zunahme der treibenden Temperaturdifferenz. Die Folge ist eine Abnahme der Verdampfungstemperatur der Wärmepumpe. Eine Reduzierung der Verdampfungstemperatur bewirkt einen Energiemehrbedarf am Wärmepumpenverdichter.

Bei der physikalischen Beschreibung der Kondensat-, Reif- und Eisbildung sind mehrere Temperaturen von entscheidender Bedeutung: die Eintrittstemperatur der feuchten Luft in den Verdampfer der Wärmepumpe, die Taupunkttemperatur der feuchten Luft und die Oberflächentemperatur der wärmeübertragenden Flächen auf der Luftseite des Verdampfers (z. B. am Kernrohr des Verdampfers). Die Oberflächentemperatur auf der Luftseite des Verdampfers ist abhängig von der Verdampfungstemperatur des Kältemittels. Theoretisch ist zwischen folgenden **Grenzfällen bezüglich der Zustandsänderung der feuchten Luft** zu unterscheiden:

- Es wird kein Kondensat aus der feuchten Luft gebildet, wenn die Oberflächentemperatur des Verdampfers auf der Luftseite größer als 0 °C ist und die Oberflächentemperatur des Verdampfers größer ist als die Taupunkttemperatur der feuchten Luft.
- Es wird sich Kondensat aus der feuchten Luft ausscheiden, wenn die Oberflächentemperatur des Verdampfers auf der Luftseite größer als 0 °C ist und die Oberflächentemperatur des Verdampfers kleiner ist als die Taupunkttemperatur der feuchten Luft.
- Es wird kein Eis aus der feuchten Luft gebildet, wenn die Oberflächentemperatur des Verdampfers auf der Luftseite kleiner als 0 °C ist und die Oberflächentemperatur des Verdampfers größer ist als die Taupunkttemperatur der feuchten Luft.
- Es wird sich Eis/Reif aus der feuchten Luft bilden, wenn die Oberflächentemperatur des Verdampfers auf der Luftseite kleiner als 0 °C ist und die Oberflächentemperatur des Verdampfers kleiner ist als die Taupunkttemperatur der feuchten Luft.

Aus den o.g. Grenzfällen ergeben sich in der Praxis näherungsweise **drei Betriebsbedingungen des Verdampfers** bei der Abkühlung von feuchter Luft:

- Lufttemperatur $t_L > 0$ °C, Verdampfungstemperatur $t_0 > 0$ °C $\Rightarrow$ Abtauen ist nicht nötig, das gebildete Kondensat ist ordnungsgemäß abzuleiten.
- Lufttemperatur $t_L > 0$ °C, Verdampfungstemperatur $t_0 < 0$ °C (–4 bis –2 °C) $\Rightarrow$ Es ist abzutauen, da sich auf der kalten Verdampferoberfläche Reif bildet.
- Lufttemperatur $t_L < 0$ °C, Verdampfungstemperatur $t_0 < 0$ °C $\Rightarrow$ Es ist abzutauen.

3.6 Reif- und Eisansatz

Zur thermodynamischen Beschreibung der Reifbildung ist der Taupunkt der eintretenden feuchten Luft am Verdampfer zu ermitteln. Zusätzlich geht der Sättigungsdampfdruck von Wasser bzw. der Sublimationsdampfdruck über Eis in die Berechnungen mit ein.

In den folgenden Abbildungen wird die effektive Dicke der Reifschicht auf Verdampferlamellen in Abhängigkeit von der Lamellentemperatur dargestellt [3.9].

Abbildung 3.20 zeigt bei Lamellentemperaturen von mehr als −3 °C die Kondensatbildung als einzelne Tropfen oder als Film, der an den Lamellen in Richtung der Schwerkraft abläuft, ohne dass eine Eisbildung stattfindet. Der luftseitige Strömungsdruckverlust wird durch die Filmbildung erhöht.

Abb. 3.20: Kondensatbildung als Tropfen und Film nach [3.9]

In der Abbildung 3.21 ist ersichtlich, dass bei Lamellentemperaturen von rund −4 bis −3 °C kein Kondensatablauf mehr stattfindet. Das Kondensat gefriert mit einer leichten zeitlichen Verzögerung in Form einer kompakten Eisschicht auf den Lamellen an. Der luftseitige Strömungsdruckverlust wird durch die Eisbildung stark erhöht.

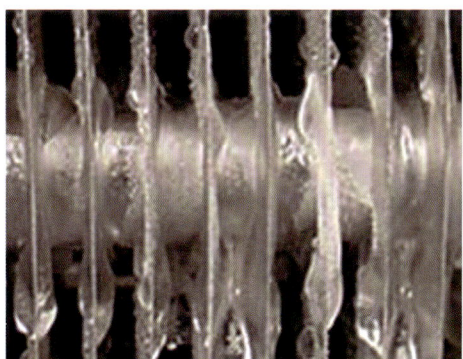

Abb. 3.21: Eisansatz in kompakter Schicht nach [3.9]

In Abbildung 3.22 ist ersichtlich, dass bei Lamellentemperaturen von rund −5,5 bis −4 °C eine kombinierte Eis- und Reifbildung entsteht, bedingt durch geringe lokale Temperaturunterschiede.

Abb. 3.22: Eis- und Reifbildung auf Lamellen nach [3.9]

3.7 Abtauprozesse bei Wärmepumpen

Der Abtauprozess kann zeitgesteuert sein, d. h., nach definierter Zeitdauer wird die Luft-/Wasser-Wärmepumpe in einen Abtaumodus geschaltet. Der Abtauprozess kann bedarfsorientiert gesteuert werden. Je nach Unter- bzw. Überschreiten einer definierten physikalischen Größe im Wärmepumpenkreisprozess wird die Wärmepumpe in den Abtaumodus geschaltet. Grundsätzlich gibt es drei Möglichkeiten, Luftkühler abzutauen.

3.7.1 Kreislaufumkehr

Bei der Kreislaufumkehr wird der Kältemittelkreislauf mit Hilfe eines 4-Wege-Ventils umgekehrt. Das verdichtete Kältemittelgas aus dem Verdichter wird mit hohem Druck und hohem Temperaturniveau dem vereisten Verdampfer zugeführt, kondensiert dort und überträgt Wärme auf das Eis auf der Außenseite des Verdampfers. Das Eis nimmt die Wärme auf und schmilzt. Das kondensierte Kältemittel wird in einem Ventil gedrosselt und gelangt in den Kondensator der Wärmepumpe, um dort durch Wärmeaufnahme aus dem Heizkreislauf oder einem Pufferspeicher zu verdampfen. Das Kältemittel wird vom Verdichter angesaugt und verdichtet.

Der gesamte elektrische Energieaufwand für das Abtauen setzt sich zusammen aus dem Energieaufwand für den Betrieb des Wärmepumpenverdichters und dem Energieaufwand für die entzogene Wärme aus dem Heizkreislauf/Pufferspeicher, die nach dem Abtauen erneut zuzuführen ist (siehe Kapitel 2). Die Abbildung 3.23 zeigt ein 4-Wege-Ventil zur Kreislaufumkehr.

Abb. 3.23: 4-Wege-Ventil [Werkbild GDD]

3.7.2 Heißgasabtauung

Bei der Heißgasabtauung wird der Wärmepumpenverdampfer durch verdichtetes Kältemittel aus dem Verdichter angetaut. Ein in der Druckleitung angeordnetes Magnetventil öffnet eine Bypassleitung, sodass heißer Kältemitteldampf über diese Bypassleitung in den Verdampfer strömen kann und dort durch Kondensation Wärme für den Abtauprozess bereitstellt. Ein zusätzliches eingebautes Ventil verhindert die Beaufschlagung des Kondensators mit Kältemittel. Bei der Heißgasabtauung entsteht kein zusätzlicher Energieverbrauch zur Kompensation entzogener Wärme aus dem Heizkreislauf. Die gesamte Zeitdauer für das Abtauen ist jedoch länger als bei der Kreislaufumkehr (siehe Kapitel 2).

3.7.3 Elektrische Widerstandsheizung

Im Verdampfer ist eine definierte Anzahl an elektrischen Widerstandsheizungen eingebaut, die Eis und Reif abtauen (100 W/m² Verdampferfläche). Eine Zeitschaltuhr übernimmt automatisch den Abtauvorgang nach definierten Zeiträumen.

3.8 Energiespeicher

Energiespeicher haben die Aufgabe, vorübergehend nicht verwendbare Energie so lange zu speichern, bis eine Nutzung möglich ist. Energiespeicher als thermische Speicher können in sensible Speicher (z. B. Warmwasserspeicher, Kälteträgerspeicher) oder in Latentspeicher (z. B. Paraffinspeicher, Salzhydratspeicher) eingeteilt werden. In der Speichertechnik wird auch nach der Zeitdauer der Energiespeicherung unterschieden zwischen Kurzzeitspeicher und Langzeitspeicher. Warmwasser- und Heißwasserspeicher werden im Haushalt, im Gewerbe und in der Industrie in Form von Entleerungsspeichern oder Verdrängungsspeichern verwendet. Das Energiespeichermedium Wasser weist sehr gute Speichereigenschaften auf. Die Herstellung derartiger Energiespeicher ist kostengünstig.

3.8.1 Pufferspeicher

In vielen Anwendungsfällen wird in der Wärmenutzungsanlage ein sogenannter Pufferspeicher als Kurzzeitspeicher verwendet. Gründe für den Einsatz eines Pufferspeichers sind:

- Durchflussvolumenstrom des Wärmeträgers (hier Heizungswasser) unterliegt starken Schwankungen im Heizsystem. Der Kondensator der Wärmepumpe benötigt zur ordnungsgemäßen Funktion einen definierten, leistungsabhängigen Wasservolumenstrom, der größer ist als der Volumenstrom an Heizungswasser in den Verbrauchern.
- Bei bestehenden Heizungsanlagen sind die hydraulischen Eigenschaften des Systems nicht bekannt.
- Bei Heizungssystemen mit wenig ausgeprägten Energiespeichereigenschaften (geringe Speicherkapazität) können mögliche Sperrzeiten der Stromversorgung für Wärmepumpen kompensiert werden (Ausnahme: Fußbodenheizung).
- Bei Luft/Wasser-Wärmepumpen ist eine zeitliche Überbrückung der Abtauphase notwendig. Für die Abtauung ist eine Mindestlaufzeit des Wärmepumpenverdichters von ca. 6 Minuten aufzuwenden.
- Verbesserung der Jahresarbeitszahl einer elektrisch angetriebenen Wärmepumpe.

Durch die Verwendung eines Pufferspeichers ist die Wärmepumpe nicht direkt mit den Wärmeverbrauchern verbunden. Der Pufferspeicher gewährleistet allgemein eine Vergleichmäßigung des Wärmepumpenbetriebs. Bei Wärmepumpen, die im monoenergetischen Betrieb arbeiten, ist im Pufferspeicher ein Elektroheizstab als Zusatzheizung angeordnet. Für die Installation des Pufferspeichers ist eine zusätzliche Absicherung (Sicherheitsventil, Ausdehnungsgefäß) erforderlich. Die Abbildung 3.24 zeigt einen mit einer Isolierung ummantelten Stand-Pufferspeicher zum Heizen und Kühlen mit einem Nettovolumen von 200 Litern.

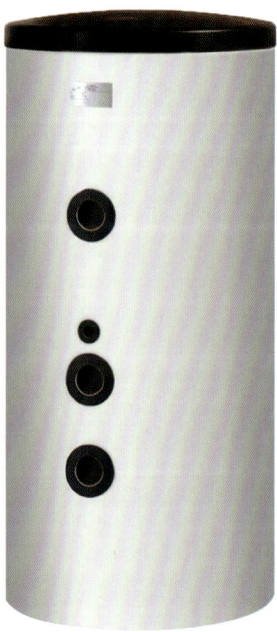

Abb. 3.24: Isolierter Stand-Pufferspeicher [Werkbild GDD]

3.8 Energiespeicher

In der Praxis gibt es zwei unterschiedliche Varianten zur hydraulischen Einbindung des Pufferspeichers in das Verbrauchernetz. Zu unterscheiden sind der Reihenpufferspeicher und der Parallelpufferspeicher. Bei Reihenpufferspeichern besteht ferner die Möglichkeit, den Speicher entweder in die Vorlaufleitung oder in die Rücklaufleitung des Verbrauchers einzubauen.

3.8.1.1 Reihenpufferspeicher

Abbildung 3.25 zeigt schematisch die Einbindung eines Reihenpufferspeichers in den Vorlauf zum Verbraucher sowie eines Überströmventils.

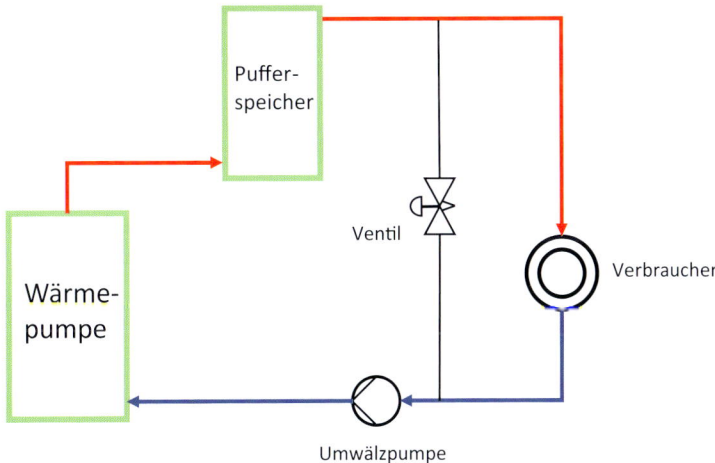

Abb. 3.25: Reihenpufferspeicher

Der Reihenpufferspeicher ist in Fließrichtung des Heizungswassers in den Vorlauf in Reihe zum Wärmeverbraucher eingebunden, sodass das gesamte Heizungswasser zuerst den Reihenpufferspeicher durchströmt, bevor es den Verbraucher erreicht. Der Reihenpufferspeicher ist vollständig mit Heizungswasser gefüllt, das die Vorlauftemperatur aufweist.

3.8.1.2 Parallelpufferspeicher

Abbildung 3.26 zeigt schematisch die Einbindung eines Parallelpufferspeichers in eine Heizungsanlage.

Der Parallelpufferspeicher und die Wärmepumpe sind hydraulisch parallel zueinander geschaltet. Damit sind zwei Wasserkreisläufe vorhanden; der Primärkreislauf zwischen Parallelpufferspeicher und Wärmepumpe und der Sekundärkreislauf zwischen Verbrauchern und dem Parallelpufferspeicher. Der Parallelpufferspeicher stellt eine hydraulische Weiche dar. Im Parallelpufferspeicher stellt sich im praktischen Betrieb eine Mischzone ein.

3 Wärmepumpenkomponenten und Betriebsweisen

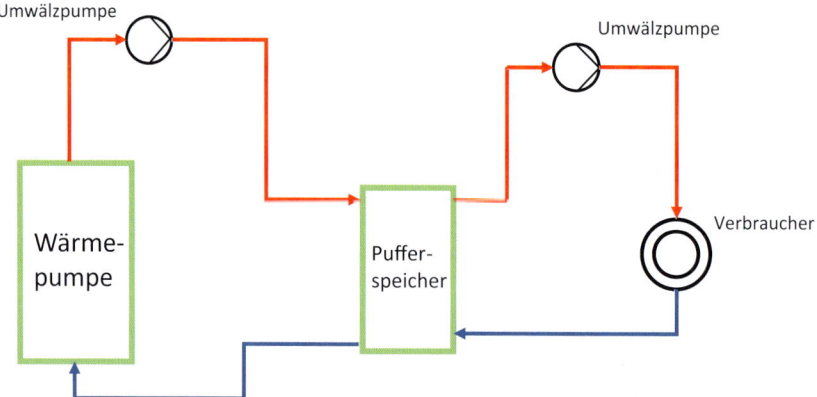

Abb. 3.26: Parallelpufferspeicher

Abbildung 3.27 zeigt einen Stand-Pufferspeicher im Längsschnitt mit den erforderlichen Anschlüssen.

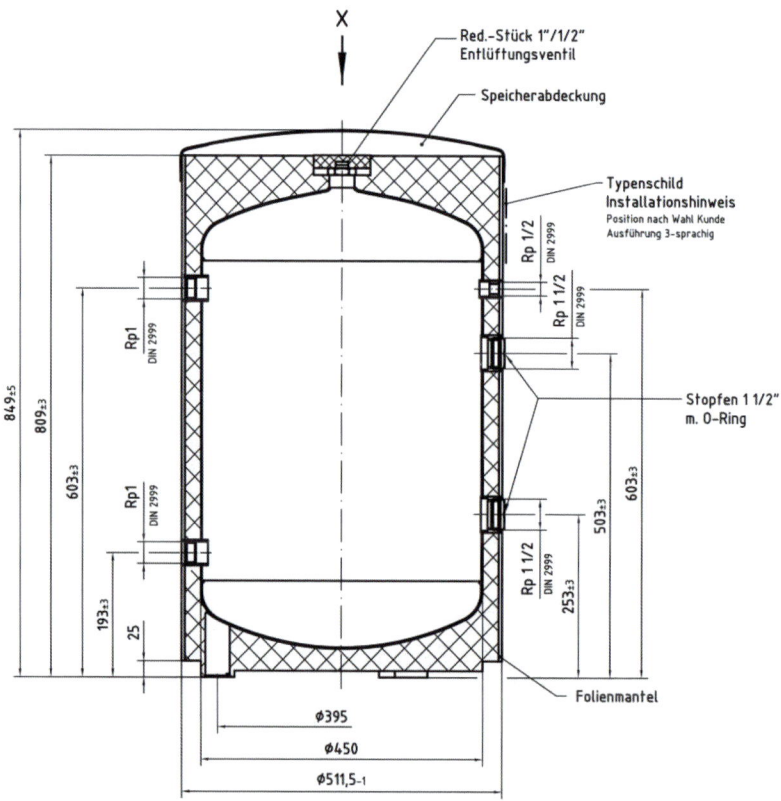

Abb. 3.27: Stand-Pufferspeicher mit Anschlüssen [3.10]

Abbildung 3.27 zeigt einen Pufferspeicher als Energiespeicher mit einem Nennvolumen von 100 bis 500 dm³, der als isolierter Druckbehälter konzipiert und mit einem Elektroheizstab ausgerüstet ist.

Ein Pufferspeicher dient nicht zur Bereitung von Warmwasser und ist bei der Verwendung einer Luft/Wasser-Wärmepumpe zwingend in den Heizkreislauf einzubinden, um einen fast kontinuierlichen Betrieb bei der Abtauung zu gewährleisten.

3.8.2 Warmwasserspeicher für Heizungswärmepumpen

Ein Warmwasserspeicher dient der Erwärmung von Wasser für den sanitären Bereich. Im Warmwasserspeicher wird Brauchwasser oder Trinkwasser bevorratet. In den Warmwasserspeicher ist ein Wärmeübertrager, der eine Wärmeübertragungsfläche in Form einer Rohrwendel aufweist, eingebaut. Mit dem Wärmeübertrager wird der Speicherinhalt durch Heizwasser erwärmt. Auf eine ausreichend große Wärmeübertragungsfläche ist zu achten (rund 0,25 m² pro kW Heizleistung). Zusätzlich kann ein Elektroheizstab zur gezielten Nacherwärmung im Warmwasserspeicher angeordnet sein.

Abbildung 3.28 zeigt den prinzipiellen Aufbau eines Warmwasserspeichers für Heizungs-Wärmepumpen.

Nach der Richtlinie des Deutschen Vereins des Gas- und Wasserfachs (DVGW) sind Brauchwasserspeicher in Großanlagen mit einem Speichervolumen von mehr als 400 Liter derart zu betreiben, dass am Warmwasseraustritt stets eine Temperatur $\geq 60\,°C$ eingehalten wird und dass der gesamte Wasserinhalt von Vorwärmstufen mindestens einmal täglich auf $\geq 60\,°C$ erwärmt wird [3.11]. Damit wird das Auftreten von Legionellen im Warmwasser vermieden. Legionellen können über das Warmwasser beim Einatmen im Sprühnebel die sogenannte Legionärskrankheit hervorrufen. Diese Legionärskrankheit tritt sehr selten auf. Sie kann sich als leichte grippeähnliche Erkrankung oder als schwere atypische Lungenentzündung zeigen, die bei vielen Erkrankten tödlich endet. Optimale Vermehrungsbedingungen von Legionellen liegen im Temperaturbereich zwischen 32 und 42 °C.

Warmwasserspeicher sind oftmals derart konzipiert, dass die Anbindung an eine thermische Solaranlage möglich ist. In diesem Fall ist ein zusätzlicher Wärmeübertrager im Warmwasserspeicher vorhanden, um die solare Energie einspeisen zu können.

Durchschnittlich kann von einem spezifischen Warmwasserverbrauch im Haushalt von 30 Liter pro Person und Tag (mit 45 °C) ausgegangen werden, sodass sich bei einem 4-Personenhaushalt ein Warmwasservolumen von 120 Litern errechnet. Ein Warmwasserspitzenbedarf von bis zu 100 Liter pro Person und Tag, bezogen auf eine Warmwassertemperatur von 45 °C, ist möglich.

3 Wärmepumpenkomponenten und Betriebsweisen

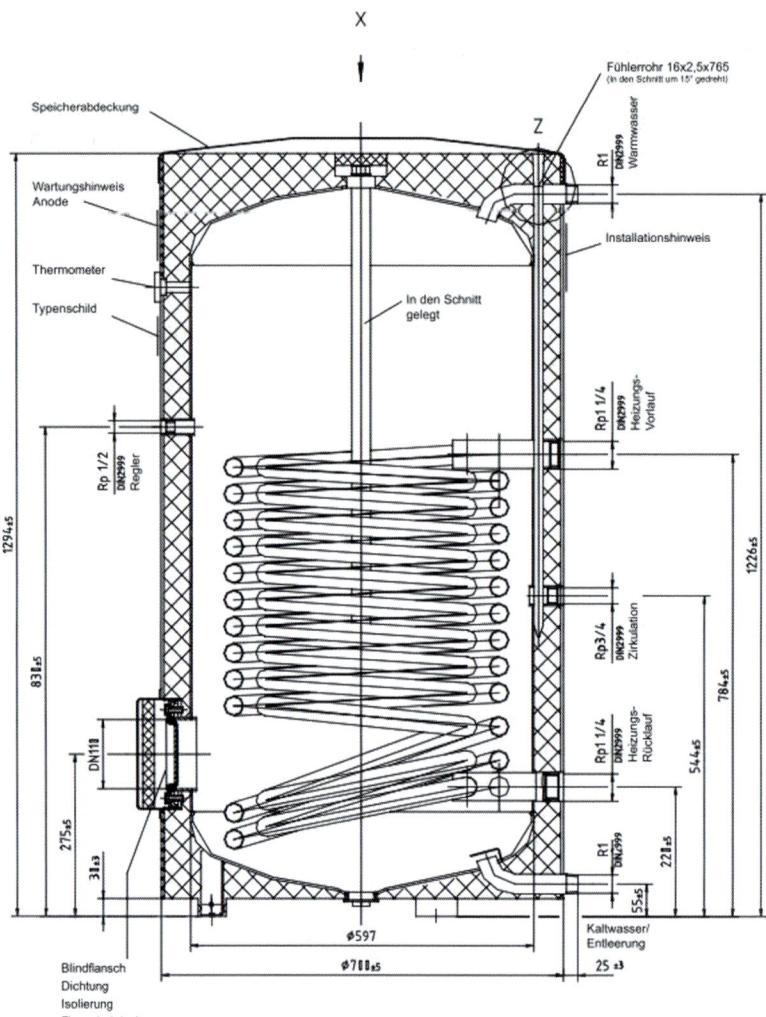

Abb. 3.28: Warmwasserspeicher [3.10]

3.9 Sicherheitseinrichtungen

Die DIN EN 378 unterscheidet Druckwächter, Druckbegrenzer und Sicherheitsdruckbegrenzer [3.12].

Zu unterscheiden sind:
- Druckwächter: Druckwächter sind baumustergeprüfte Sicherheitseinrichtungen, die durch selbsttätiges Öffnen des elektrischen Stromkreises eine Drucküberschreitung in der Wärmepumpe oder deren Bauteilen verhindern und den elektrischen Stromkreis erst nach einer Druckabsenkung wieder schließen.

- Druckbegrenzer: Druckbegrenzer sind baumustergeprüfte Sicherheitseinrichtungen, die durch selbsttätiges Öffnen des elektrischen Stromkreises eine Drucküberschreitung in der Wärmepumpe oder deren Bauteilen verhindern und die Druckerzeuger (z. B. Wärmepumpenverdichter) abschalten und gegen selbsttätiges Wiedereinschalten verriegeln.
- Sicherheitsdruckbegrenzer: Sicherheitsdruckbegrenzer sind baumustergeprüfte Druckbegrenzer, die nach dem Ansprechen nur durch Zuhilfenahme eines Werkzeugs das erneute Einschalten des Druckerzeugers (z. B. Wärmepumpenverdichter) zulassen.

Neben den Überdruckschaltern, die bei steigendem Druck den elektrischen Stromkreis unterbrechen, dienen Unterdruckschalter dazu, den elektrischen Stromkreis bei reduziertem Druck zu unterbrechen. Unterdruckschalter werden z. B. eingesetzt, um bei Wärmepumpenverdichtern den minimalen Saugdruck zu begrenzen.

Als Sicherheitsorgane sind ferner Temperaturschalter in Wärmepumpen eingebaut, um bei reduzierter oder steigender Temperatur den elektrischen Stromkreis zu unterbrechen. Bei Wärmepumpen ist die maximale Austrittstemperatur des Kältemittels am Wärmepumpenverdichter durch einen Temperaturschalter zu begrenzen.

3.10 Wärmemengenzähler

Der Einbau eines Wärmemengenzählers zur Erfassung der von der Wärmepumpe bereitgestellten Nutzwärme für die Verbraucher ist energiewirtschaftlich und umwelttechnisch sinnvoll. Zur Erfassung sind zwei Messeinrichtungen vorgesehen, eine im Heizungswasservorlauf und die andere im Heizungswasserrücklauf. Im Heizungswasservorlauf befinden sich eine Durchflussmessstelle sowie eine Temperaturmessstelle und im Heizungswasserrücklauf eine weitere Temperaturmessstelle. Die Messwerte der beiden Messeinrichtungen werden an eine übergeordnete Steuereinheit übermittelt. Aus dem gemessenen Volumenstrom und der gemessenen Temperaturdifferenz zwischen Vorlauf und Rücklauf sowie aus in der Steuereinheit hinterlegten temperaturabhängigen Stoffdaten ermittelt die Steuereinheit die von der Wärmepumpe erzeugte Nutzwärme in kWh.

Literatur

[3.1] *Wolf, S.*: Integration von Wärmepumpen in industrielle Produktionssysteme. Universität Stuttgart, Fakultät Energie-, Verfahrens- und Biotechnik, Dissertation 2017
[3.2] Bitzer Kühlmaschinen GmbH (Hrsg.): Reciprocating Compressors. Sindelfingen, 07.2010
[3.3] Schutzrecht US 801182 (03.10.1905)
[3.4] *Navarro-Peris, E.; Corberan Salvador, JM.; Martínez-Galvan, IO.; Gonzalvez Marcia, J.*: Oil sump temperature in hermetic compressors for heat pump applications. In: International journal of refrigeration, Bd. 35, Nr. 2, S. 397–406, 2012.
[3.5] *Taubenreuther, P.*: Interne Mitteilung. Glen Dimplex Deutschland GmbH, 23.06.2022
[3.6] *Breidenbach, K.*: Der junge Kälteanlagenbauer, Band 2. 2. Aufl. Karlsruhe: C.F. Müller, 1985
[3.7] Bitzer Kühlmaschinenbau GmbH (Hrsg.): Competence in Capacity Control. Sindelfingen, 80050403, 09.2016
[3.8] Emerson Climate Technologies: Copeland Digital Scroll. Produktschrift DSC 107-DE-1410, 2014

[3.9]   *Albert, M., et.al.*: Prediction of ice and frost formation in the fin tube evaporators for an air/water heat pump. 9th International IEA Heat Pump Conference, 20 – 22 May 2008, Zürich, Switzerland

[3.10] Dimplex: Wärmepumpen für Heizung und Warmwasserbereitung – Projektierungs- und Installationshandbuch. Kulmbach: Glen Dimplex Deutschland GmbH, 2009

[3.11] Deutsche Vereinigung des Gas- und Wasserfaches e.V. (DVGW): Technische Regel W 551, April 2004

[3.12] DIN EN 378-1:2021-06 Kälteanlage und Wärmepumpen – Teil 1: Grundlegende Anforderungen, Begriffe, Klassifikationen und Auswahlkriterien

4 Weitere Wärmepumpenbauarten

4.1 Absorptions-Wärmepumpe

Unter **Absorption** versteht man in der Verfahrenstechnik die Aufnahme und Auflösung eines Gases in einer Flüssigkeit. Die Absorption ist ein thermisches Trennverfahren, bei dem ein zu absorbierendes Gas, ein Hilfsstoff (Gasgemisch, in dem sich das zu absorbierende Gas befindet) und ein Lösungsmittel (= Absorptionsmittel) einen Wärme- und Stoffaustausch durchführen. Die Absorption wird zur selektiven Trennung eines Gases aus einem Gasgemisch verwendet. Das Lösungsmittel nimmt das zu entfernende, selektive Gas auf, sodass es vom Gasgemisch abgetrennt wird. Die Auflösung des Gases in dem Lösungsmittel wird durch tiefe Temperaturen und erhöhten Druck begünstigt. Die Absorption eines Gases in einem Lösungsmittel ist ein exothermer Vorgang. Die hierbei freiwerdende Wärme wird Absorptionswärme genannt und ist abzuführen. Die treibende Kraft der Absorption ist eine Druck- bzw. Konzentrationsdifferenz, die einen Stoffübergang bewirkt.

Die **Desorption** ist der umgekehrte Vorgang zur Absorption, bei dem ein gelöstes Gas aus einem Lösungsmittel ausgetrieben wird, sodass das Lösungsmittel erneut selektiv Gase aufnehmen kann.

Zu unterscheiden ist die Lösung mit geringer Arbeitsmittelkonzentration ξ_a (= arbeitsmittelarme Lösung; kurz „arme" Lösung genannt) und die Lösung mit hoher Arbeitsmittelkonzentration ξ_r (arbeitsmittelreiche Lösung; kurz „reiche" Lösung genannt). Im Gegensatz zu den Kompressions-Wärmepumpen sind bei Absorptions-Wärmepumpen (AWP) zusätzlich Konzentrationen bei allen verfahrens- und energietechnischen Betrachtungen zu berücksichtigen.

Betrachtet man eine Lösung, die eine geringe Konzentration an gelöstem Gas (z. B. Ammoniak) enthält (= arme Lösung mit geringer Konzentration an gelöstem Gas), so kann nur unter ganz bestimmten thermodynamischen Verhältnissen eine Absorption bzw. Desorption von Ammoniakgas in die bzw. aus der Dampfphase stattfinden. Folgendes allgemeines Beispiel soll diese Tatsache verdeutlichen.

Die arme, unterkühlte Lösung mit der Temperatur t_{aL} wird einem Absorber bei Druck p_V zugeführt. Hätte die arme Lösung die Sättigungstemperatur vom Druck p_V, würde die Lösung verdampfen. Wird der Sättigungsdruck p_{Ls} der armen Lösung aus der Temperatur t_{aL} und der Arbeitsmittelkonzentration x_{aL} berechnet und mit dem Partialdruck p_A des Arbeitsmittels in der Gasphase verglichen, so findet nur dann eine Absorption statt, wenn die Druckdifferenz zwischen p_A und p_{Ls} größer null ist, d. h., der Partialdruck des Arbeitsmittels p_A in der Gasphase ist größer als der Sättigungsdruck p_{Ls} der armen Lösung. Ist die Druckdifferenz negativ, findet eine Desorption statt.

Der Absorptions-Kreisprozess ist der älteste Kälteprozess und seit dem Jahr 1777 bekannt. Erstmalig gelang es im Jahr 1859 dem Wissenschaftler Ferdinand Carré, eine kontinuierlich arbeitende Absorptions-Kältemaschine herzustellen, die das Stoffpaar Ammoniak/Wasser verwendete [4.1].

4.1.1 Aufbau und Funktion einer Absorptions-Wärmepumpe

Die Funktion und der Aufbau einer Absorptions-Wärmepumpe (AWP) wird im Folgenden für eine Anlage beschrieben, die das Stoffpaar NH_3 (Arbeitsmittel)/H_2O (Lösungsmittel) verwendet. Eine AWP wird zwischen zwei Druckniveaus und theoretisch drei Temperaturniveaus betrieben. Diese sind:
- Verdampfungsdruck p_V; Verdampfungstemperatur t_V = Temperatur im Absorber t_{Ab}
- Kondensationsdruck p_K; Kondensationstemperatur t_K
- Heiztemperatur im Austreiber t_H.

Die Abbildung 4.1 zeigt schematisch den vereinfachten Aufbau einer Absorptions-Wärmepumpe.

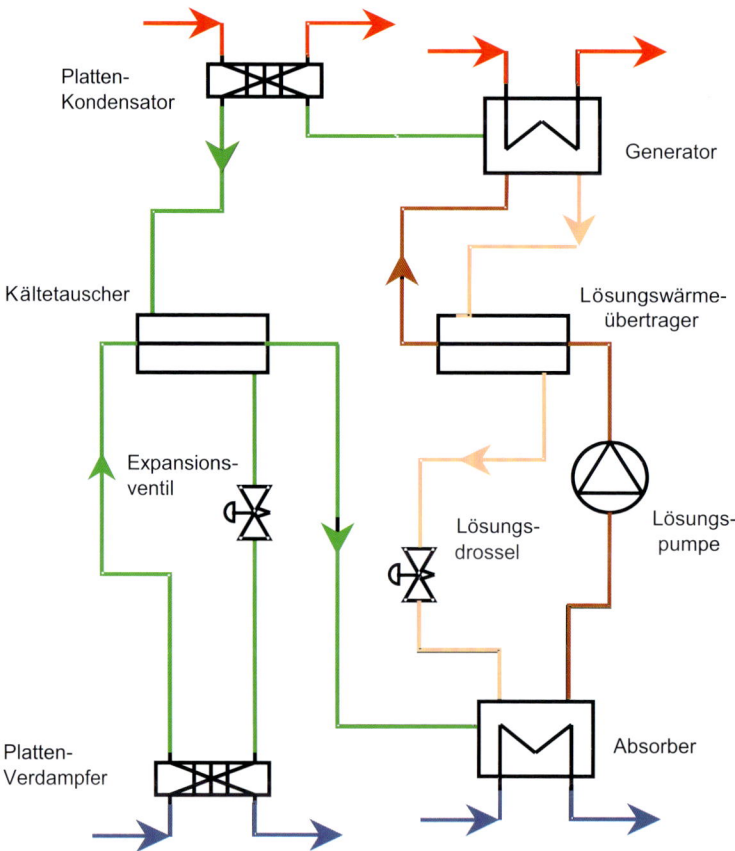

Abb. 4.1: Schematische Darstellung einer einfachen Absorptions-Wärmepumpe

Eine AWP besteht prinzipiell aus den folgenden Hauptbauteilen:
- Verdampfer
- Absorber
- Austreiber (Generator)
- Kondensator

- Expansionsventil
- Lösungsdrossel
- Lösungspumpe.

Der zusätzliche Lösungswärmeübertrager sowie der Kältetauscher dienen zur Erhöhung des Wärmeverhältnisses einer Absorptions-Wärmepumpe.

Die Zusammenschaltung von Absorber, Lösungspumpe, Austreiber und Lösungsdrossel wird als „thermischer Verdichter" bezeichnet. Der Lösungskreislauf wird durch diese AWP-Komponenten gebildet.

In einer AWP strömt ein Stoffpaar, bestehend aus einem Arbeitsmittel und einem Lösungsmittel. Im industriellen Bereich finden Verwendung das Stoffpaar Wasser/Lithiumbromid im Klimabereich und zur Kaltwasserbereitung oder das umweltfreundliche Stoffpaar Ammoniak/Wasser zur Prozesskälte- oder Wärmeerzeugung. Bei der Angabe des Stoffpaares wird vereinbarungsgemäß das Arbeitsmittel als erstes genannt, im Anschluss das Lösungsmittel.

Der Antrieb einer AWP erfolgt über thermische Energie in Form von Dampf, Heißwasser, Warmwasser oder Rauchgasen. Elektrische Energie wird in einer AWP nur für die Lösungspumpe, für die Regelung und eventuell für die Feuerung benötigt.

Das Arbeitsmittel strömt wie bei einer Kompressions-Wärmepumpe durch Kondensator, Expansionsventil und Verdampfer.

Im Verdampfer einer AWP wird ein Wärmequellenmedium abgekühlt. Ein Arbeitsmittel (z. B. NH_3) wird durch Wärmeaufnahme bei niedrigem Druck p_V und niedriger Temperatur t_V (z. B. +1 °C) verdampft. Der gebildete Arbeitsmitteldampf, der geringe Lösungsmittelreste (z. B. H_2O) aufweist, gelangt in den Absorber.

Im Absorber wird der Arbeitsmitteldampf von der flüssigen Lösung mit geringer Arbeitsmittelkonzentration ξ_a unter Wärmeabgabe absorbiert. Diese Eigenschaft eines Zweistoffgemisches, dass der Arbeitsmitteldampf mit niedriger Temperatur von der armen Lösung mit höherer Temperatur absorbiert werden kann, ist für den Absorptionsprozess ausschlaggebend. Dem Absorber wird durch ein Wärmesenkenmedium (= Wasser) die Absorberwärme Q_{Ab} entzogen. Die Absorberwärme besteht aus der Kondensationswärme des Arbeitsmitteldampfes und der Lösungswärme. Aus der armen Lösung entsteht eine Lösung mit hoher Arbeitsmittelkonzentration ξ_r. Die reiche Lösung hat eine Temperatur, die zwischen jener vom Arbeitsmitteldampf und der von der armen Lösung liegt. Der Absorber arbeitet bei niedrigem Druck p_V und einer mittleren Temperatur von z. B. rund 30 °C. Da im Absorber Stoffübertragungsvorgänge stattfinden, die umso intensiver erfolgen, je größer die Kontaktfläche zwischen Arbeitsmitteldampf und Lösung ist, werden Filmabsorber oder Blasenabsorber eingesetzt.

Die Lösungspumpe fördert die „reiche" Lösung vom niedrigen Druck p_V auf den höheren Druck p_K im Austreiber. Der Austreiber wird auch als Kocher oder Generator bezeichnet. Der elektrische Energieverbrauch für die Lösungspumpe ist gering und damit meist in der Energiebilanz einer AWP zu vernachlässigen.

Der Vorteil einer AWP gegenüber einer Kompressions-Wärmepumpe besteht darin, dass eine Flüssigkeit auf ein höheres Druckniveau über eine Lösungspumpe zu heben ist und nicht ein

4 Weitere Wärmepumpenbauarten

Arbeitsmitteldampf durch Kompression. Eine Dampfkompression mit einem Verdichter ist bei gleichen sonstigen Randbedingungen energieintensiver.

Durch Wärmezufuhr Q_H im Austreiber wird Arbeitsmittel in Form von Arbeitsmitteldampf aus der „reichen" Lösung ausgetrieben, sodass sich die „arme" Lösung bildet (= Desorption). Der Austreiber arbeitet bei hohem Druck p_K. Die erforderliche Wärme zum Austreiben des Arbeitsmitteldampfes wird mit hohem Temperaturniveau t_H (z. B. 160 °C) durch verschiedene Wärmeträger, z. B. Heißwasser, Dampf, Brüden, Abgase, zugeführt. Der gebildete Arbeitsmitteldampf, mit geringen Lösungsmittelresten, wird dem Kondensator zugeleitet. Die verbleibende arme Lösung strömt der Lösungsdrossel des Lösungskreislaufes zu. Wegen des Dampfdruckverhaltens werden bei NH_3/H_2O-AWP im Austreiber beide Komponenten in die Dampfphase übergehen. Deshalb ist bei diesen Anlagen eine nachgeschaltete Rektifikation notwendig, mit der eine Dampfreinheit von 99,8 % zu erzielen ist.

In der Lösungsdrossel des Lösungskreislaufes wird der Druck von p_K auf p_V reduziert. Nach der Lösungsdrossel gelangt die arme Lösung in den Absorber zurück und steht dort zur erneuten Absorption von Arbeitsmitteldampf zur Verfügung; der Lösungskreislauf (= Sekundärkreislauf der AWP) ist damit geschlossen.

Der ausgetriebene Arbeitsmitteldampf aus dem Austreiber gelangt in den Kondensator. Der Arbeitsmitteldampf kondensiert unter Wärmeabgabe. Die Wärme wird vom Wärmesenkenmedium aufgenommen. Der Wärmesenkenkreislauf ist derart ausgeführt, dass wasserseitig Absorber und Kondensator in Reihe geschaltet sind. Erst wird die Absorberwärme und danach die Kondensatorwärme aufgenommen. Der Kondensator arbeitet bei hohem Druck p_K und Kondensationstemperaturen von 40 °C bis 65 °C.

Das Expansionsventil im Arbeitsmittelkreislauf dient zur Reduzierung des Kondensationsdrucks p_K auf den Verdampfungsdruck p_V. Es findet eine Bildung von Nachdampf beim Durchströmen des Expansionsventils statt. Der Arbeitsmittelnassdampf strömt dem Verdampfer der AWP zu und steht zur erneuten Verdampfung zur Verfügung; der Arbeitsmittelkreislauf (= Primärkreislauf der AWP) ist geschlossen.

4.1.1.1 Lösungswärmeübertrager

Bei praktisch ausgeführten AWP wird zur energetischen Verbesserung des Prozesses ein Temperaturwechsler (Gegenstrom-Wärmeübertrager) in den Lösungskreislauf integriert. Die kalte, reiche Lösung wird durch die warme, arme Lösung vorgewärmt. Durch den Einbau des Temperaturwechslers wird die erforderliche Heizleistung im Austreiber reduziert.

4.1.1.2 Kältetauscher

Bei praktisch ausgeführten AWP wird zur energetischen Verbesserung des Prozesses ein Kältetauscher (Gegenstrom-Wärmeübertrager) in den Arbeitskreislauf nach dem Kondensator integriert. Das aus dem Verdampfer strömende Arbeitsmittel wird durch das siedende Arbeitsmittelkondensat vorgewärmt. Durch den Einbau des Kältetauschers wird die erforderliche Heizleistung im Austreiber reduziert.

4.2 Adsorptions-Wärmepumpe

Unter der **Adsorption** versteht man die Anlagerung und Bindung definierter Komponenten aus Gas- bzw. Flüssigkeitsgemischen an die Oberfläche poröser grenzflächenaktiver Feststoffe. Der Feststoff wird Adsorbens genannt, die zu adsorbierende Komponente im freibeweglichen Zustand Adsorptiv, im gebundenen Zustand am Feststoff Adsorpt.

4.2.1 Adsorbentien

In der Adsorptions-Wärmepumpentechnik werden als Adsorbentien vor allem Zeolith und Silicagel verwendet. Einige wichtige Eigenschaften dieser Adsorbentien ermöglichen erst den Betrieb einer Adsorptions-Wärmepumpe.

4.2.1.1 Zeolithe

Zeolithe sind kristalline, hydratisierte Alumosilikate mit Elementen der I. und II. Gruppe des Periodensystems der chemischen Elemente, vor allem Natrium, Kalium, Magnesium und Calcium. Zeolith besteht aus einem Alumosilikatgerüst, das aus einer dreidimensionalen Folge von AlO_4 und SiO_4 Tetraedern zusammengesetzt ist. Diese Tetraeder sind durch ihre Sauerstoffatome miteinander verbunden. Aufgrund ihrer Struktur weisen Zeolithe Poren auf, in die Moleküle, insbesondere Wassermoleküle, einlagerbar sind.

Zeolithe können durch die folgende empirische Formel dargestellt werden [4.2]:

$$M_{2/n}O \cdot Al_2O_3 \cdot x\, SiO_2 \cdot y\, H_2O,$$

wobei $x \geq 2$ gilt, n die Ladung der Kationen M und y die Anzahl der adsorbierten Wassermoleküle angibt.

In Tabelle 4.1 sind die chemischen Formeln von zwei industriell hergestellten und für die Wasserdampfadsorption geeigneten Zeolithtypen dargestellt.

Tab. 4.1: Zusammensetzung der Zeolithe vom Typ A und X [4.3]

Zeolith	Zusammensetzung	Porendurchmesser in Nanometer
Zeolith A	$Na_{12}[(AlO_2)_{12}(SiO_2)_{12}] \cdot 27\, H_2O$	0,41
Zeolith X	$Na_{86}[(AlO_2)_{86}(SiO_2)_{106}] \cdot 264\, H_2O$	0,74

Die Abbildung 4.2 zeigt zwei Kristallstrukturen von Zeolith. Der Zeolith X unterscheidet sich vom Typ A durch die unterschiedliche Kristallstruktur, was zu unterschiedlichem Porendurchmesser führt. Beim Typ A handelt es sich um einen 8-atomigen, beim Typ X um einen 12-atomigen Ring; dies entspricht dem Unterschied im Porendurchmesser.

4 Weitere Wärmepumpenbauarten

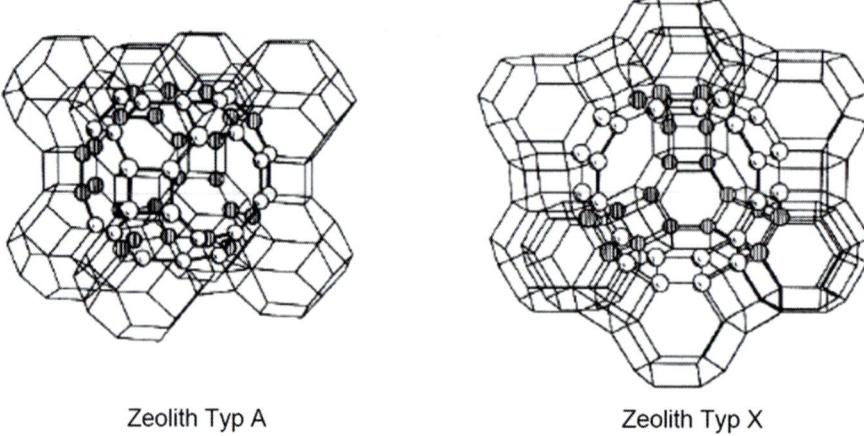

Zeolith Typ A Zeolith Typ X

Abb. 4.2: Kristallstruktur der Zeolithe Typ A und Typ X [4.4]

Vorteile der Zeolithe:
- Große Oberflächenstruktur, die Anlagerung des Arbeitsmittels ist deshalb sehr gut. Es können bis zu 80 % des Eigengewichtes aufgenommen werden.
- Ungiftig, nicht brennbar und nicht korrosiv
- Festes Kristallgerüst, deshalb keine Volumenänderung bei Desorption und Adsorption
- Bis 600 °C stabil.

Nachteile der Zeolithe:
- Schlechte Wärmeleitfähigkeit. Schüttung aus granuliertem Zeolith erreichen mittlere Nutzleistungen von weniger als 100 W/kg Zeolith.
- Verdacht, krebserregend zu sein
- Relativ hohe Regenerationstemperatur (> 100 °C).

4.2.1.2 Silicagel

Das Adsorbens Silicagel, oft auch unter dem Namen Kieselgel bekannt, besteht zu 99 % aus Siliziumdioxid und liegt getrocknet in amorpher Form (keine geordnete Struktur) vor [4.5].

In SiO_2-Kristallen ist jedes Siliziumatom an vier Sauerstoff-Atome gebunden, und jedes Sauerstoff-Atom verbindet zwei Silizium-Atome. Man kann es als Gerüst von SiO_4-Tetraedern beschreiben. Siliziumdioxid ist in sehr geringem Maße in Wasser löslich.

Durch unterschiedliche Herstellungsverfahren, d. h. Unterschiede bei der Waschung (sauer oder alkalisch) und der Trocknung, kann die Porenstruktur beeinflusst werden. Es lassen sich weit- und engporige Silicagele unterscheiden. Silicagel hat keine festgelegte Porengröße, sondern die Porenradien variieren über einen bestimmten Bereich [4.6].

Vorteile der Silicagele:
- Große innere Oberfläche. Es kann große Mengen an Arbeitsmittel aufnehmen und zwar ein Drittel, großporiges Silicagel sogar bis zu zwei Drittel seines Eigengewichts.
- Umweltfreundlich und gesundheitlich unbedenklich

- Großer Einsatzbereich durch hohe Kristallisationsgrenzen, womit auch bei niedrigen Verdampfungstemperaturen noch hohe Heiztemperaturen erreicht werden können.
- Geringere Regenerationstemperatur (< 100 °C) als beim Zeolith.

Nachteile der Silicagele:
- Wegen der starken Volumenvergrößerung bei der Adsorption kommt Silicagel in der Wärmepumpentechnik momentan nicht in Betracht.
- Trotz hoher Verdampfungswärmen der verwendeten Arbeitsmittel sind die benötigten Mengen an Silicagel groß, damit ist ein großes Bauvolumen für entsprechende Geräte verbunden.
- Schlechtere Wärmeleitfähigkeit als Zeolith.

4.2.2 Aufbau und Funktion einer Adsorptions-Wärmepumpe

Nachfolgend wird der ideale Adsorptions-Wärmepumpen-Kreisprozess dargestellt. Bei dieser Adsorptionswärmepumpe wird Zeolith als Adsorbens und Wasser als Arbeitsmittel eingesetzt. Eine einfache ideale Adsorptions-Wärmepumpe besteht aus den folgenden Hauptkomponenten:
- Verdampfer
- Kondensator
- Adsorber (= Zeolith-Modul)
- Desorber (= Zeolith-Modul).

Die Funktion einer ideal betrachteten Adsorptions-Wärmepumpe wird exemplarisch mit Hilfe der Abbildung 4.3 erläutert.

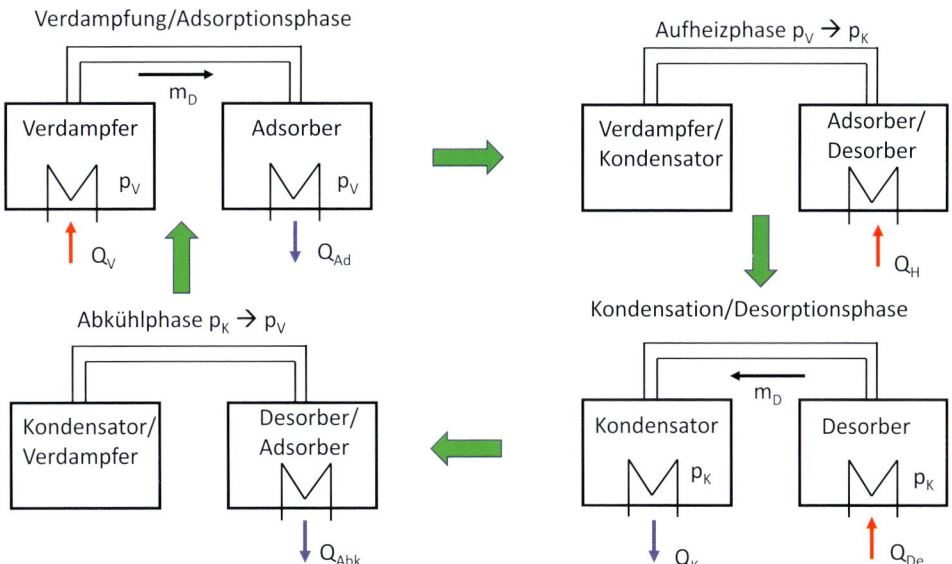

Abb. 4.3: Idealer Prozess für eine Adsorptions-Wärmepumpe nach [4.7]

Der ideale, periodisch ablaufende Adsorptions-Wärmepumpen-Kreisprozess wird nach Abbildung 4.3 durch vier Teilschritte charakterisiert, wobei der Teilprozess 1 aus Verdampfung und Adsorption besteht und der Teilprozess 2 aus Desorption und anschließender Kondensation.

Beide Teilprozesse laufen zeitlich parallel und periodisch ab. Das Adsorbens verbleibt immer im Adsorber/Desorber-Behälter und das Arbeitsmittel (z. B. Wasser) wird dem Adsorber/Desorber-Behälter in Form von Wasserdampf m_D zu- oder abgeführt. Der Adsorptions-Wärmepumpenprozess verläuft zwischen zwei Druckniveaus und drei Temperaturen. Die niedrigste Temperatur hat die Wärmequelle (z. B. +10 °C), die nutzbare Wärme aus der Adsorption und aus der Kondensation befindet sich auf dem mittleren Temperaturniveau (z. B. +50 °C) und die zugeführte Heizwärme auf dem maximalen Temperaturniveau (z. B. +220 °C).

Verdampfung/Adsorptionsphase

Im Ausgangszustand beim Verdampfungsdruck p_V im Adsorber ist Adsorbens mit geringer Beladung an flüssigem Wasser vorhanden. Im Verdampfer befindet sich flüssiges Wasser beim Druck p_V. Dieses wird durch Wärmezufuhr aus einer Wärmequelle (z. B. Umweltwärme) verdampft und als Wasserdampf zum Adsorptionsbehälter transportiert. Im Adsorptionsbehälter wird der Wasserdampf bei gleichem Druck p_V im Adsorbens gebunden. Bei diesem Prozessschritt wird freiwerdende Adsorptionswärme abgeführt und das Adsorbens abgekühlt. Das Wasser erwärmt sich beim Adsorptionsvorgang.

Aufheizphase

In der Aufheizphase wird im Adsorber/Desorber-Behälter das mit hoher Beladung an Arbeitsmittel befindliche Adsorbens durch Zufuhr von Heizwärme mit hohem Temperaturniveau (z. B. Abgas) aufgeheizt. Dabei steigt der Verdampfungsdruck p_V auf den Kondensationsdruck p_K an. Nach der Aufheizphase haben beide Behälter den Kondensationsdruck.

Kondensation/Desorptionsphase

Durch weitere Wärmezufuhr als sogenannte Desorptionswärme wird das flüssig gebundene Wasser aus dem Adsorbens in Form von Wasserdampf desorbiert und in den Kondensator transportiert. Im Kondensator wird der Wasserdampf verflüssigt, wobei die Kondensatorwärme als Nutzwärme abgeführt wird. Beide Behälter haben jetzt den Kondensationsdruck p_K.

Abkühlphase

In der Abkühlphase reduziert sich der Druck von p_K auf p_V. Im Desorber/Adsorber-Behälter wird bei konstanter Beladung das Adsorptiv abgekühlt und dabei die Abkühlungswärme abgeführt. Beide Behälter haben nach der Abkühlphase den Druck p_V. Der Endzustand stimmt mit dem Anfangszustand überein und damit ist der Kreisprozess geschlossen.

In [4.8] wird eine mehrmodulare Adsorptions-Wärmepumpe zur Bereitstellung von Heizwärme beschrieben. Vorhanden sind ein wassergeführter Primärkreis mit einem Niedertemperatur-Wärmeübertrager und einem Hochtemperatur-Wärmeübertrager sowie einem Brauchwasserspeicher. Der Hochtemperatur-Wärmeübertrager und ein zusätzlicher Abgas-Wärmeübertrager sind in Reihe geschaltet, um die Abgaswärme aus einer Erdgasfeuerung zu nutzen. Wärme für die Verbraucher werden über den Heizwasser-Wärmeübertrager ausgekoppelt.

Das Ziel des Primärkreislaufes und der Wärmeübertragerschaltung ist, ein Temperaturprofil aufzubauen, bei dem am Eintritt in den Hochtemperatur-Wärmeübertrager ein hohes Temperaturniveau und entsprechend am Austritt des Niedertemperatur-Wärmeübertragers ein niedriges Temperaturniveau der Wärmeübertragerflüssigkeit herrscht. Über den gesamten Wärmepumpenkreisprozess können somit die Temperaturdifferenzen in den Wärmeübertragern reduziert werden, sodass sich die prozessinternen Verluste verringern. Damit wird eine Steigerung des Wärmeverhältnisses der Adsorptions-Wärmepumpe erreicht.

Weitere Informationen zu Adsorptions-Wärmepumpen bezüglich Wärmepumpenkreislauf, einsetzbaren Stoffpaaren, Komponentenauslegung und Anwendungen finden sich in Borman [4.9].

4.2.3 Eigenschaften von Adsorptions-Wärmepumpen

Zeolith/Wasser-Module sind unproblematisch im Betrieb und wartungsfrei. Die Adsorptions-Wärmepumpe kann mit Erdgas angetrieben werden, ist mit Brennwertnutzung ausgerüstet und die Einbindung von Solar- und Luftkollektoren ist möglich. Beim Betrieb entstehen nur geringe Schallemissionen durch den Erdgasbrenner und die diversen Flüssigkeitspumpen. Ein vibrationsarmer Betrieb der Adsorptions-Wärmepumpe ist sichergestellt.

Eine Adsorptions-Wärmepumpe verursacht hohe spezifische Investitionskosten wegen ihres periodischen (quasikontinuierlichen) Betriebs, der nur durch die doppelte Modulausführung zu realisieren ist. Das Brennersystem ist zu warten und es sind zusätzliche jährliche Reinigungskosten für das Abgassystem aufzubringen. Ein großes Volumen der Anlage entsteht durch große Zeolithmengen (ca. 100 W/kg Zeolith, Schüttdichte 700 bis 800 kg/m^3) [1.10].

Der Wärme- und Stoffübergang in den Modulen erfordert hohes Fachwissen bei der Auslegung. Mehrmodular aufgebaute Schaltungen sind kompliziert verschaltet und haben dann aber ein höheres Wärmeverhältnis als doppeltmodular aufgebaute. Zeolithe stehen in Verdacht, krebserregend zu sein. Diese Wärmepumpenbauart ist nur für kleine Heizleistungen geeignet. Die Adsorption und Desorption finden bei der Verwendung von Wasser als Arbeitsmittel im Vakuum statt, sodass vakuumdichte Module notwendig sind.

Literatur

[4.1] *Plank, R.*: Handbuch der Kältetechnik, Band 1: Entwicklung, Wirtschaftliche Bedeutung, Werkstoffe. Berlin: Springer, 1954, S. 78 ff.
[4.2] *Puppe, L.*: Zeolithe – Eigenschaften und technische Anwendungen. In: Chemie in unserer Zeit, Ausgabe 20 (4), 1986
[4.3] *Schweigler, C.*: Effiziente Energieversorgung von Gebäuden mit Sorptions-Kälteanlagen und -wärmepumpen. Bayerisches Zentrum für Angewandte Energieforschung (ZAE), Garching, 15. Juni 2004
[4.4] *Suzuki, M.*: Adsorption Engineering. In: Chemical Engineering Monographs Amsterdam: Elsevier, Vol. 25/90, 1990. ISBN 0-444-98802-5
[4.5] *Kast, W.*: Adsorption aus der Gasphase. 1. Aufl. Weinheim: VCH, 1988. ISBN 3-527-26719-0
[4.6] *Aktins, P.W.*: Physikalische Chemie. 4. Aufl. Weinheim: VCH, 2006. ISBN 3-527-31546-2
[4.7] *Adam, M.*: Absorptionswärmepumpen. FH Düsseldorf, Regenerative Energiesysteme
[4.8] *Stricker, M.*: Entwicklung einer mehrmodularen Zeolith-Wasser-Adsorptionswärmepumpe. In: Fortschrittsbericht VDI, Reihe 19 Nr. 143, Düsseldorf: VDI, 2003
[4.9] *Borman, B.D., et. al.*: Adsorption Heat Pumps. Cham: Springer, 2021
[4.10] *Cacciola, G.*: Advances on Innovative Heat Exchangers in Adsorption Heat Pumps. In: Solid Sorption Refrigeration 12/92, Paris, 1992, U.S. Nr. 5347828, 1992

5 Wärmepumpen im Vergleich zu anderen Wärmeerzeugern

5.1 Radiatorenheizung

Um eine optimale Einbindung einer Wärmepumpe in einer Wärmepumpenheizungsanlage eines Gebäudes zu erreichen, ist das thermische Verhalten der Wärmeverbraucher (z. B. Radiatoren) bei der Projektierung der gesamten Wärmepumpenheizungsanlage zu berücksichtigen. Für die Auslegung der Wärmepumpenheizungsanlage wird der Heizwasservolumenstrom oder die Heizwasservorlauftemperatur als konstant vorgegeben.

Warmwasserzentralheizungen werden heute für niedrige Heizwasservorlauftemperaturen ausgelegt, dies bedeutet, dass das Volumen der Heizkörper durch die größere benötigte Wärmeübertragungsfläche größer wird. Je größer die Wärmeübertragungsfläche der Radiatoren dimensioniert wird, desto niedriger kann die Vorlauftemperatur des Heizwassers sein, und umso größer wird die Leistungszahl der Wärmepumpe.

Besonders vorteilhaft für den Wärmepumpenbetrieb ist eine Fußbodenheizung, die mit einer maximalen Heizwasservorlauftemperatur von 35 °C betrieben werden kann. Die Spreizung (Differenz zwischen Temperatur des eintretenden Heizwassers und des abgekühlten, austretenden Heizwassers aus dem Verbraucher) beträgt rund 7 Kelvin bei Fußbodenheizungen und 10 Kelvin bei Radiatoren. Bei Niedertemperaturheizungen liegt heute die Vorlauftemperatur des Heizwassers bei 55 °C.

Wird von einer außentemperaturgeführten Heizung ausgegangen, ist die thermische Leistung der Radiatoren hauptsächlich abhängig von der Außentemperatur.

Setzt man eine Warmwasserzentralheizung voraus, die mit konstantem Heizwassermassenstrom betrieben wird, ändern sich die Vorlauftemperaturen und Rücklauftemperaturen des Heizwassers in Abhängigkeit von der Außenlufttemperatur. In der sogenannten Heizkurve werden die Vorlauftemperaturen und die Rücklauftemperaturen des Heizwassers als Funktion der Außenlufttemperatur dargestellt.

Die Vor- und Rücklauftemperatur des Heizwassers im Teillastbetrieb ist von folgenden physikalischen Größen abhängig:
- t_i: Innenraumtemperatur
- t_L: Außenlufttemperatur (Teillast)
- t_{iA}: Innenraumtemperatur Auslegung
- t_{NA}: Norm-Außentemperatur
- t_{VA}: Vorlauftemperatur Heizwasser Auslegung
- t_{RA}: Rücklauftemperatur Heizwasser Auslegung
- n: Heizkörperexponent.

Für die Vorlauftemperatur t_V des Heizwassers im Teillastbetrieb gilt [5.1]:

$$t_V = t_i - \varphi \cdot \Delta t_{max} \cdot \frac{\exp\left[\frac{\Delta t_{max}}{\Delta t_{mA}} \cdot \varphi^{\left(\frac{n-1}{n}\right)}\right]}{1 - \exp\left[\frac{\Delta t_{max}}{\Delta t_{mA}} \cdot \varphi^{\left(\frac{n-1}{n}\right)}\right]} \tag{Gl. 5.1}$$

Aus der Vorlauftemperatur t_V wird die Rücklauftemperatur t_R des Heizwassers im Teillastbetrieb wie folgt errechnet:

$$t_R = t_V - \varphi \cdot \Delta t_{max} \tag{Gl. 5.2}$$

Folgende weitere Gleichungen sind zu verwenden:

Temperaturverhältnis für Wärmeabgabe des Raumes an die Außenluft

$$\varphi = \frac{t_i - t_L}{t_{iA} - t_{NA}} \tag{Gl. 5.3}$$

Maximale Temperaturspreizung Δt_{max} des Heizwassers (im Auslegungspunkt)

$$\Delta t_{max} = t_{VA} - t_{RA} \tag{Gl. 5.4}$$

Logarithmische Auslegungsübertemperatur Δt_{mA}

$$\Delta t_{mA} = \frac{t_{VA} - t_{RA}}{\ln\left(\frac{t_{VA} - t_{iA}}{t_{RA} - t_{iA}}\right)} \tag{Gl. 5.5}$$

Der Heizkörperexponent n ist abhängig von der Art der Heizfläche. Folgende Heizkörperexponenten sind zu verwenden [5.1]:
- Fußbodenheizung: 1,1
- Plattenheizkörper: 1,20 bis 1,30
- Radiatoren: 1,3
- Konvektoren: 1,25 bis 1,45.

Die Abbildung 5.1 zeigt eine Heizkurve einer Radiatorenheizung für die Vorlauftemperatur t_V von 55 °C und einer korrespondierenden Rücklauftemperatur t_R von 45 °C.

Aus Abbildung 5.1 ist zu entnehmen, dass bei steigender Außenlufttemperatur t_L die Temperaturdifferenz zwischen Vor- und Rücklauftemperatur kleiner wird. Bei gleichem Heizwassermassenstrom bedeutet dies, dass die thermische Leistung der Radiatorenheizung kleiner wird. Bei höherer Außenlufttemperatur wird weniger thermische Leistung für die Aufrechterhaltung der Raumtemperatur benötigt.

Eine Heizkurve (genau: Kurve der Vorlauftemperatur) lässt sich in ihrer Steilheit verändern sowie parallel zur Außenlufttemperaturachse (Abszisse) verschieben. Durch die Steilheit der Heizkurve können die Vorlauftemperaturen bei niedrigen Außenlufttemperaturen angehoben oder abgesenkt werden. Bei hohen Außenlufttemperaturen ist dieser Effekt nur mehr gering. Mit einer Parallelverschiebung kann die Vorlauftemperatur unabhängig von der Außenlufttemperatur um eine definierte Temperaturdifferenz angehoben oder abgesenkt werden.

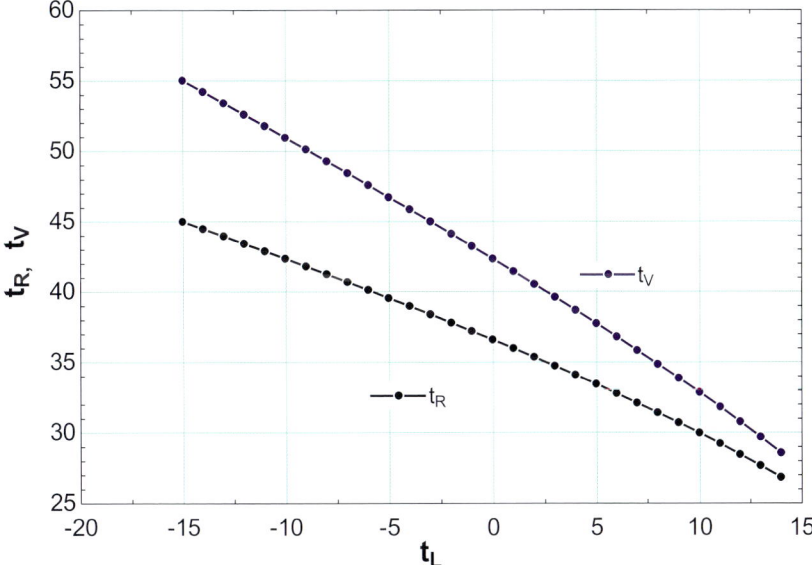

Innenraumtemperatur: 20 °C
Raumtemperatur Auslegung: 20 °C
Norm-Außentemperatur: −15 °C
Vorlauftemperatur Auslegung: 55 °C
Rücklauftemperatur Auslegung: 45 °C
Heizkörperexponent für Radiatoren: 1,3

Abb. 5.1: Heizkurve für Radiatorenheizung

Eine Optimierung der Heizkurve durch den Anlagenbetreiber ist zu empfehlen, um ein nutzerspezifisches Verhalten (z. B. Nachtabsenkung von 23.00 Uhr bis 4.00 Uhr, Energiesparverhalten, Behaglichkeit) zu erreichen. Falls der Heizbetrieb eines Wohngebäudes in den Wintermonaten vom Betreiber als ordnungsgemäß empfunden wird, jedoch im Frühjahr und Herbst (bei bereits höheren Außenlufttemperaturen) die Räume als zu kalt empfunden werden, sollte die Heizkurve flacher eingestellt und parallel nach oben verschoben werden. Damit wird erreicht, dass in den Wintertagen (bei niedrigen Außenlufttemperaturen) die Vorlauftemperatur nur geringfügig größer ist und bei höheren Außenlufttemperaturen (Frühjahr/Herbst) die Vorlauftemperatur angehoben wird.

5.2 Fußbodenheizung

Die Norm-Leistung einer Fußbodenheizung in W/m² in einem Raum errechnet sich über die Raumlufttemperatur und die Temperatur der Fußbodenoberfläche. Es gilt aus [5.2]:

$$\dot{q}_N = 8{,}92 \cdot \left(t_{FB,o} - t_i\right)^{1{,}1} \qquad \text{(Gl. 5.6)}$$

$\dot{q}_N$: Norm-Leistung für Fußbodenheizung in W/m²
$t_{FB,o}$: Temperatur der Fußbodenoberfläche
t_i: Raumlufttemperatur

5 Wärmepumpen im Vergleich zu anderen Wärmeerzeugern

Bei der Verwendung einer Heizungswärmepumpe für eine Fußbodenheizung sollte eine Vorlauftemperatur t_V von +35 °C vorgesehen werden, um eine hohe Leistungszahl zu erreichen. Die Auslegung einer Fußbodenheizung erfolgt über die Basiskennlinie nach Gleichung 5.6 und über die sogenannte Normkennlinie eines Fußbodenheizungssystems bzw. über eine mit einem Wärmeleitwiderstand R_λ für unterschiedliche Bodenbeläge angepasste Kennlinie. Die Kennlinie gibt in Abhängigkeit von der Heizmittelübertemperatur Δt_H die Wärmestromdichte der Fußbodenheizung in W/m² an. Folgende Gleichungen sind bei der Dimensionierung anzuwenden [5.1]:

$$\Delta t_H = 0{,}5 \cdot (t_V + t_R) - t_i \tag{Gl. 5.7}$$

$$t_R = 2 \cdot t_m - t_V \tag{Gl. 5.8}$$

$$\Delta t_{VR} = 2 \cdot (t_V - t_i - \Delta t_H) \tag{Gl. 5.9}$$

Δt_H: Heizmittelübertemperatur
t_V: Vorlauftemperatur Heizmittel
t_R: Rücklauftemperatur Heizmittel
t_m: Mittlere Heizmitteltemperatur
t_i: Innenraumtemperatur
Δt_{VR}: Temperaturspreizung

Abbildung 5.2 zeigt in Abhängigkeit von der Wärmestromdichte einzelne Temperaturverläufe bei einer Fußbodenheizung für eine Innenraumtemperatur von +20 °C und einer Vorlauftemperatur von +35 °C des Heizmittels (Wasser). Die mittlere Heizmitteltemperatur errechnet für eine praktisch ausgeführte Fußbodenheizung bei einer definierten Raumtemperatur und definiertem Wärmeleitwiderstand des Fußbodenbelags.

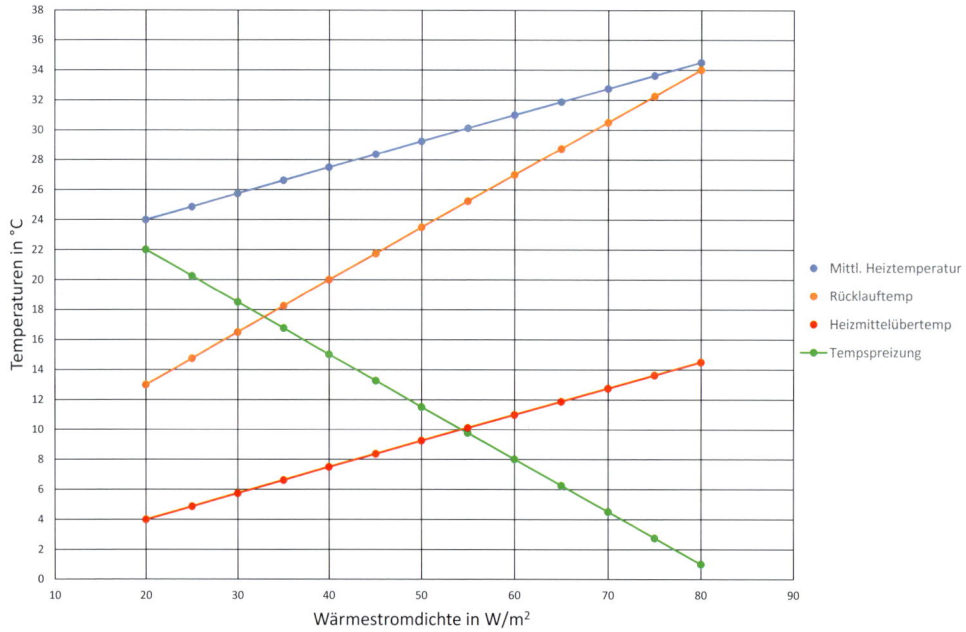

Abb. 5.2: Temperaturverläufe bei einer Fußbodenheizung

Aus Abbildung 5.2 wird deutlich, dass mit zunehmender Wärmestromdichte sowohl die mittlere Heiztemperatur als auch die Rücklauftemperatur des Heizmittels und die Heizmittelübertemperatur ansteigen. Die Temperaturspreizung nach Gleichung 5.9 reduziert sich bei zunehmender Wärmestromdichte.

5.3 Einbindung von Wärmepumpen in Gebäude

5.3.1 Festlegung des Bivalenzpunkts und des Auslegungspunkts

Die Festlegung des Bivalenzpunkts (BP) bzw. des Auslegungspunkts einer Wärmepumpe ist von einigen wesentlichen Kriterien abhängig:
- erforderliche oder maximal mögliche elektrische Anschlussleistung
- verfügbare Wärmequellen bzw. Wärmequellenleistung aus der Umwelt
- notwendige Heizwasservorlauftemperatur
- maximaler Anteil einer elektrischen/fossilen Zusatzheizung
- Heizgrenztemperatur des Gebäudes.

Da sich der Bivalenzpunkt einer Wärmepumpe über die Außenlufttemperatur darstellt, ist er vor allem wichtig bei der Dimensionierung von Luft/Wasser-Wärmepumpen. Sole/Wasser-Wärmepumpen und Wasser/Wasser-Wärmepumpen werden bivalent, aber auch gegebenenfalls monovalent betrieben.

5.3.2 Heizleistungsdiagramm

Ein Wohngebäude hat einen Heizleistungsbedarf, der von der Außenlufttemperatur abhängig ist, wenn von einem Heizungssystem ausgegangen wird, das außentemperaturgeführt ist. Der Heizleistungsbedarf ist von einer Heizungsanlage (z. B. Wärmepumpenheizung) abzudecken. Je nach Wärmepumpenbauart und Auslegung der Wärmepumpenheizung ergibt sich ein unterschiedliches Zusammenspiel zwischen Wärmepumpe und Wärmeverbraucher. Für eine Luft/Wasser-Wärmepumpe zeigt Abbildung 5.3 die Heizleistungskurven für eine Wärmepumpe (rote Linie) und den Heizleistungsbedarf eines Gebäudes (grüne Linie), wenn von einer ungeregelten Wärmepumpe ausgegangen wird.

Eine Luft/Wasser-Wärmepumpe wird z. B. für einen Auslegungszustand von −5 °C als Bivalenzpunkt (BP) dimensioniert. Im Bivalenzpunkt herrscht energetisches Gleichgewicht zwischen Heizleistungsbedarf des Gebäudes und Heizleistungsbereitstellung der Wärmepumpe (siehe Abbildung 5.3). Bei niedrigeren Lufteintrittstemperaturen als der Temperatur am Bivalenzpunkt wird die Wärmepumpe im Dauerbetrieb eingesetzt. Der größere Heizleistungsbedarf des Gebäudes erfordert einen zusätzlichen Wärmeerzeuger, der den restlichen Heizleistungsbedarf abdeckt. Bei höheren Lufteintrittstemperaturen als der Temperatur am Bivalenzpunkt wird die Wärmepumpe im Ein/Aus-Betrieb arbeiten, da der Heizleistungsbedarf des Gebäudes kleiner ist als die Heizleistungsbereitstellung der Wärmepumpe.

5 Wärmepumpen im Vergleich zu anderen Wärmeerzeugern

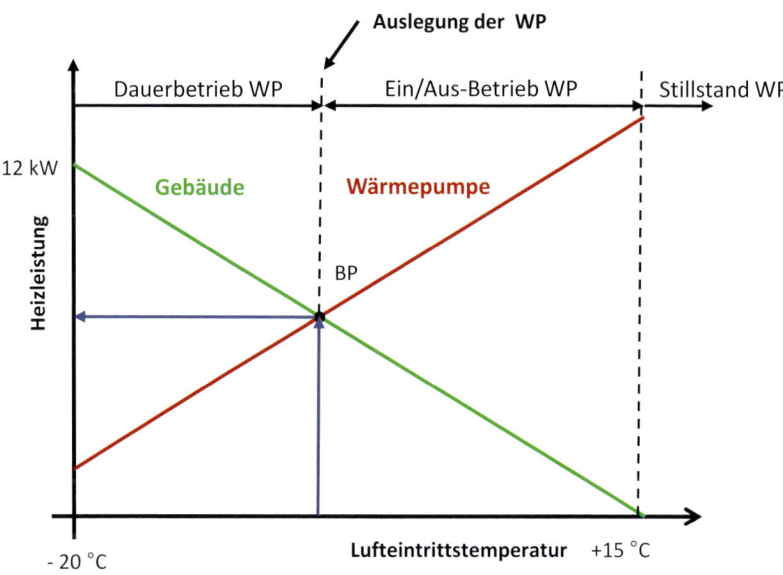

Abb. 5.3: Heizleistungsdiagramm für Luft/Wasser-Wärmepumpe bei ungeregeltem Verdichter

Die Abbildung 5.4 zeigt das Heizleistungsdiagramm für eine geregelte Luft/Wasser-Wärmepumpe.

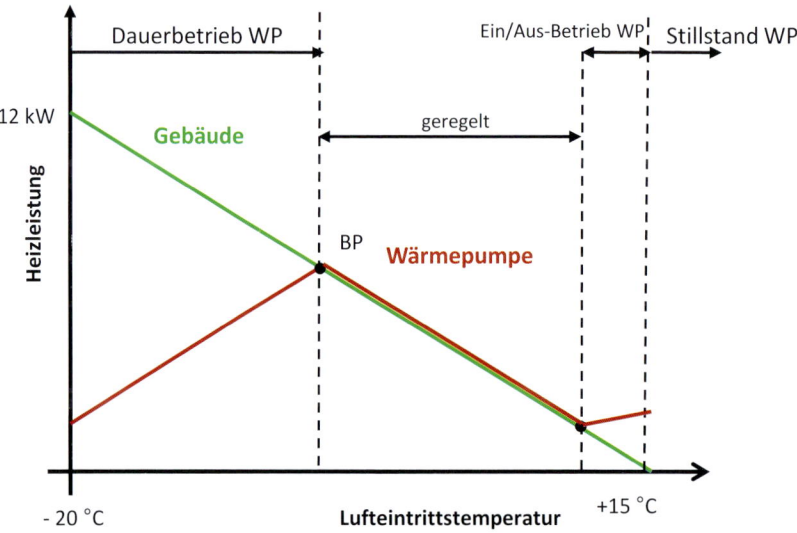

Abb. 5.4: Heizleistungsdiagramm für Luft/Wasser-Wärmepumpe bei geregeltem Verdichter

Wird eine geregelte Luft/Wasser-Wärmepumpe verwendet (siehe Abbildung 5.4), so ist die Heizleistungsbereitstellung der Wärmepumpe genau an den Heizleistungsbedarf des Gebäudes anpassbar. Wärmepumpenverdichter sind nur für einen definierten Teillastbereich einsetzbar, sodass ab einer Außenlufttemperatur erneut der Ein/Aus-Regelbetrieb-Modus anzuwenden ist. Im Ein/Aus-Betrieb der Wärmepumpe ergibt sich erneut die ansteigende Heizleistungskurve für die Wärmepumpe.

5.3.3 Geordnete Jahresdauerlinie für die Außenlufttemperatur

Die an einem Standort auftretende Außenlufttemperatur ist sowohl von der Tageszeit als auch von der Jahreszeit abhängig. Wird für jede Stunde/jeden Tag eines Kalenderjahres die mittlere Außenlufttemperatur gemessen und werden die Messwerte nach ihrer Größe sortiert über die Stunden/Tage eines Kalenderjahres aufgetragen, erhält man die geordnete Jahresdauerlinie. Die geordnete Jahresdauerlinie der Außenlufttemperatur für einen definierten Standort gibt an, an wie viel Tagen/Stunden im Jahr eine bestimme Außenlufttemperatur über- oder unterschritten wird. Die Außenlufttemperatur beeinflusst die Nutzung der möglichen Wärmequellen einer Wärmepumpe. Sie gibt somit Rahmenbedingungen für die Auslegung des Heizsystems vor. Zur Berechnung der sogenannten Norm-Heizlast eines Gebäudes bzw. eines Raumes wird nach DIN EN 12831 die Norm-Außentemperatur herangezogen [5.3]. Die zeitliche Abhängigkeit der Außenlufttemperatur in Verbindung mit der unterschiedlichen thermischen Speicherfähigkeit des jeweiligen Gebäudes hat eine zeitverzögerte Wirkung auf den benötigten Raumwärmebedarf. Abbildung 5.5 zeigt die geordnete Jahresdauerlinie der Tagesmittelwerte der Außenlufttemperatur für den Standort München.

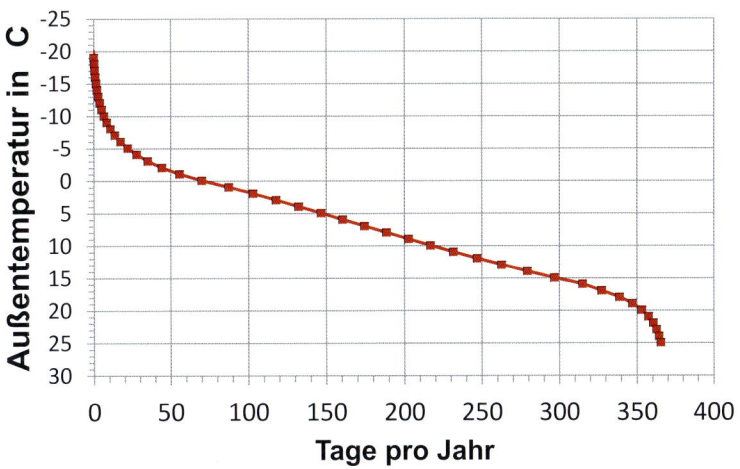

Abb. 5.5: Geordnete Jahresdauerlinie der Außenlufttemperatur für München

Aus der Abbildung 5.5 erkennt man, dass der minimale Tagesmittelwert bei –19,8 °C und der maximale Tagesmittelwert bei +24 °C liegt. Eine Tagesmitteltemperatur von –5 °C (z. B. als Bivalenzpunkt) wird in München an rund 22 Tagen im Kalenderjahr unterschritten.

In die geordnete Jahresdauerlinie der mittleren Tagestemperatur wird die Heizgrenztemperatur (HG) (Einheit: Tag pro Jahr) eingezeichnet, oberhalb derer ein Gebäude nicht mehr beheizt werden muss, um eine Soll-Innentemperatur aufrechtzuerhalten. Die Heizgrenztemperatur wird nach dem Dämmstandard für ein Gebäude festgelegt. Tabelle 5.1 zeigt die Abhängigkeit der Heizgrenztemperatur vom Gebäudestandard [5.4].

Tab. 5.1: Heizgrenztemperatur nach [5.4]

Gebäude	Heizgrenztemperatur HG [°C]	Spez. Heizleistung [W/m²]
Altbau vor 1977	15–17	80–150
Altbau von 1977 bis 1995	14–16	60–120
Altbau von 1995 bis 2002	13–15	50–80
Niedrigenergiehaus	11–14	20–60
Passivhaus	9–11	5–20

Die **Heizgrenztemperatur** (HG) gibt die mittlere Tagestemperatur an, unterhalb derer ein Gebäude zu beheizen ist. Tage des Jahres, an denen die mittlere Tagestemperatur unterhalb der Heizgrenztemperatur liegt, werden als Heiztage bezeichnet. Aus der Abbildung 5.5 ist zu entnehmen, dass sich in München für einen Altbau (HG = 15 °C) rund 300 Heiztage und für einen Neubau (HG = 10 °C) etwa 220 Heiztage ergeben.

Grundsätzlich sind die Heiztage von den **Gradtagzahlen** (GTZ) (Einheit: Kelvin x Tag pro Jahr) zu unterscheiden [5.1]. Die Gradtagzahl ist die Summe der Differenzen zwischen angesetzter Raumtemperatur (20 °C) und dem Tagesmittelwert der Außenlufttemperatur über alle Heiztage. Die Gradtagzahl wird für die Energiebilanzierung eines Gebäudes verwendet, da sie ortsabhängig ist und damit eine Abschätzung für den Heizenergiebedarf eines Gebäudes möglich ist. Die Gradtagzahl dient zur Normierung von Heizenergieverbräuchen (z. B. Raumtemperatur 20 °C, Heizgrenztemperatur 15 °C, GTZ (20/15)).

Mittels der geordneten Jahresdauerlinie lassen sich die einzelnen Betriebsweisen einer Wärmepumpe sehr anschaulich grafisch darstellen.

5.4 Betriebsweisen von Wärmepumpen

Für eine Wärmepumpe zur Raumheizung im häuslichen Bereich wird die Betriebsweise je nach den Kriterien des Einsatzortes gewählt. Welche Betriebsweise zweckmäßig ist, ist abhängig vom vorhandenen oder geplanten Heizsystem, vom Wärmeverteilsystem und von der gewünschten Vorlauftemperatur. Die Betriebsweise kann zudem einen energiewirtschaftlichen Einfluss aufweisen, wenn vorhandene Sperrzeiten der Energieversorgungsunternehmen zu überbrücken sind.

Zu unterscheiden sind folgende **Betriebsarten** [5.5]:
- Monovalent
- Bivalent-alternativ
- Bivalent-parallel
- Bivalent-teilparallel
- Monoenergetisch
- Eine multivariante Betriebsart liegt dann vor, wenn zusätzlich unterschiedliche Energieerzeuger oder Energiequellen mit einer Wärmepumpe kombiniert werden. Diese Betriebsweise wird dann von einem übergeordneten Energiemanagementsystem überwacht und gesteuert.

5.4 Betriebsweisen von Wärmepumpen

Im Folgenden werden die verschiedenen Betriebsweisen mit Hilfe von geordneten Jahresdauerlinien für die Außentemperatur vereinfacht dargestellt und erklärt.

5.4.1 Monovalenter Betrieb

Beim monovalenten Betrieb stellt die Wärmepumpe in jedem Betriebszustand die gesamte benötigte Heizleistung für die Verbraucher ganzjährig zur Verfügung. Die Wärmepumpe wird somit auf den maximalen Heizleistungsbedarf des zu beheizenden Gebäudes ausgelegt. Wird eine Heizwasservorlauftemperatur unter +55 °C benötigt, ist es möglich, mit einer Wärmepumpe ganzjährig den Wärmebedarf eines Gebäudes auch an kalten Tagen sicherzustellen. Moderne Systeme mit Fußboden- oder Wandheizungen sind daher besonders geeignet für diese Betriebsart. In Neubauten und Niedrigenergiegebäuden werden vorrangig Sole/Wasser-Wärmepumpen und Wasser/Wasser-Wärmepumpen in der monovalenten Betriebsart eingesetzt. Abbildung 5.6 zeigt die geordnete Jahresdauerlinie für eine Wärmepumpe in monovalenter Betriebsweise.

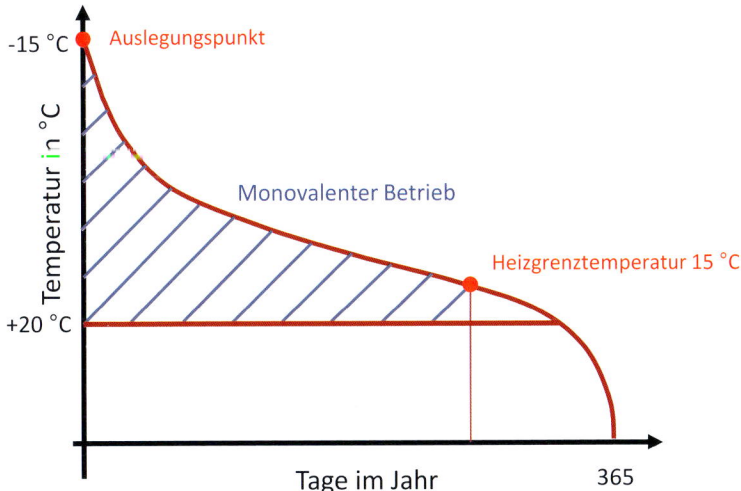

Abb. 5.6: Geordnete Jahresdauerlinie für Wärmepumpen bei monovalenter Betriebsweise

In Abbildung 5.6 ist die schraffierte Fläche unter der Kurve ein Maß für den Heizwärmebedarf, den die Wärmepumpe bereitzustellen hat. Als Heizgrenztemperatur wurde diejenige für einen Altbau (−15 °C) gewählt. Bei monovalenter Betriebsweise sind die gesamten jährlichen Heiztage von der Wärmepumpe abzudecken. Diese Forderung ist nur dann einzuhalten, wenn der Auslegungspunkt bei der niedrigsten Außenlufttemperatur liegt. Ab einer Heizgrenztemperatur von +15 °C ist Heizwärme für das Gebäude bereitzustellen.

5.4.2 Bivalent-alternativer Betrieb

Bivalent-alternativer Betrieb liegt dann vor, wenn neben der Wärmepumpe für die Raumheizung ein zusätzlicher Wärmeerzeuger (z. B. Gas-Brennwertkessel) im Heizsystem alternativ eingesetzt wird. Ist die Außentemperatur größer als die zugehörige Temperatur zum Dimensionierungspunkt der Wärmepumpe (= Bivalenzpunkt), stellt die Wärmepumpe die gesamte benötigte Heizleistung zur Verfügung. Ist die Außentemperatur kleiner als die zugehörige Temperatur am Dimensionierungspunkt der Wärmepumpe, wird die Wärmepumpe abgeschaltet und der zusätzliche, zweite Wärmeerzeuger übernimmt vollständig die Wärmeversorgung. Diese Betriebsweise eignet sich auch für den Einsatzfall, bei dem Heizwasservorlauftemperaturen über 55 °C gefordert werden. Die bivalent-alternative Betriebsweise von Wärmepumpen findet man vorrangig bei Altbauten und in Gebäuden, die saniert worden sind. Abbildung 5.7 zeigt die geordnete Jahresdauerlinie für eine Wärmepumpe in bivalent-alternativer Betriebsweise.

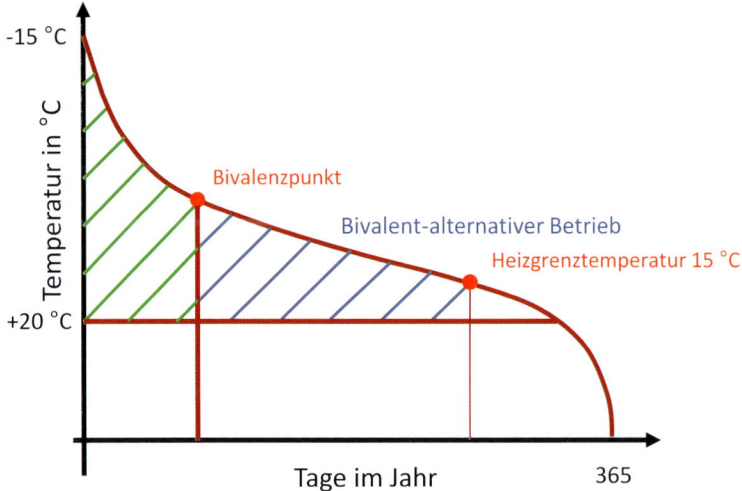

Abb. 5.7: Geordnete Jahresdauerlinie für Wärmepumpen bei bivalent-alternativer Betriebsweise

Nach Abbildung 5.7 ist bei der Betriebsweise bivalent-alternativ die Wärmepumpe nur mehr während eines Anteils an den gesamten Heiztagen in Betrieb. Wird die Außentemperatur kleiner als die dem Bivalenzpunkt zugehörige Temperatur, ist nur mehr der zusätzliche Wärmeerzeuger in Betrieb.

5.4.3 Bivalent-paralleler Betrieb

Der bivalent-parallele Betrieb wird heute üblicherweise bei der Auslegung eines Wärmepumpensystems angewandt. Die Wärmepumpe wird hierbei während der gesamten Heizperiode betrieben. Ist die Außentemperatur kleiner als die zugehörige Temperatur am Bivalenzpunkt der Wärmpumpe (z. B. −5 °C), wird der zweite Wärmeerzeuger zusätzlich parallel eingesetzt. Der zweite Wärmeerzeuger unterstützt somit die Wärmepumpe bei der Bereitstellung der benötigten Heizleistung. Diese Betriebsart wird dann verwendet, wenn die Heizwasservorlauftemperatur unter 55 °C liegt. Abbildung 5.8 zeigt die geordnete Jahresdauerlinie für eine Wärmepumpe in bivalent-paralleler Betriebsweise. In Altbauten und zu sanierenden Gebäuden werden Wärmepumpen in der bivalent-parallelen Betriebsart vorrangig eingesetzt.

5.4 Betriebsweisen von Wärmepumpen

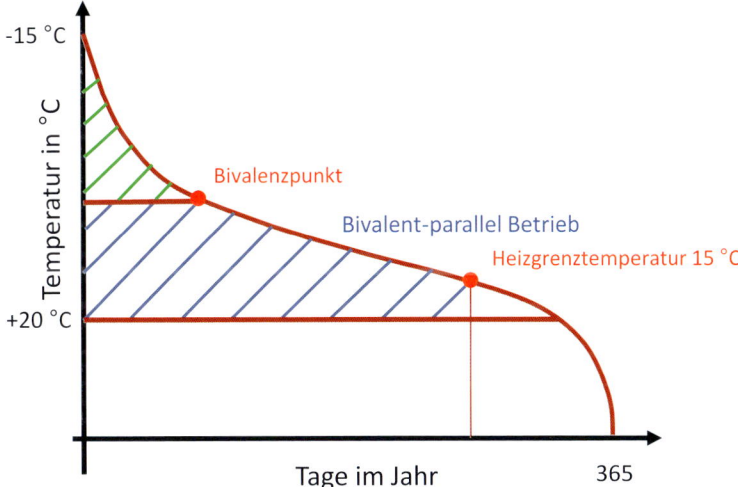

Abb. 5.8: Geordnete Jahresdauerlinie für Wärmepumpen bei bivalent-paralleler Betriebsweise

Liegt bei der bivalenten-parallelen Betriebsweise nach Abbildung 5.8 die Außentemperatur bei niedrigeren Temperaturen als die zugehörige Temperatur des Bivalenzpunktes, sind beide Wärmeerzeuger gleichzeitig in Betrieb. Der zweite, zusätzliche Wärmeerzeuger hat je nach Bivalenzpunkt einen mehr oder weniger großen Anteil an der Heizwärme aufzubringen.

5.4.4 Bivalent-teilparalleler Betrieb

Beim bivalent-teilparallelen Betrieb ist wie beim bivalent-parallelen Betrieb ein zweiter Wärmeerzeuger zur Unterstützung der Heizleistung der Wärmepumpe vorgesehen. Wie beim bivalent-parallelen Betrieb sind bei Außentemperaturen, die kleiner sind als die zugehörige Temperatur des Bivalenzpunktes, beide Wärmeerzeuger in Betrieb. Sinkt die Außentemperatur weiter unter eine vorgegebene Abschalttemperatur ab, wird die Wärmepumpe abgeschaltet und der zweite Wärmeerzeuger stellt allein die benötigte Heizleistung bereit.

5.4.5 Monoenergetischer Betrieb

Der monoenergetische Betrieb einer elektromotorisch angetriebenen Wärmepumpe ist eine Sonderform einer bivalent-parallelen, wobei als zweiter, zusätzlicher Wärmeerzeuger eine Elektroheizung verwendet wird, die im Pufferspeicher eingebaut ist. Sowohl die Wärmepumpe als auch der zusätzliche Wärmeerzeuger verwenden elektrische Arbeit für den Antrieb, daher die Bezeichnung „monoenergetisch" für die Verwendung einer Energieform. Nur an wenigen Stunden im Jahr ist die elektrische Zusatzheizung in Betrieb und unterstützt die Wärmepumpe bei der Wärmebereitstellung. Eine Abdeckung von 95 % des gesamten jährlichen Heizwärmebedarfs durch die Wärmepumpe ist anzustreben. Eine gute Wärmepumpenregelung ist hierbei besonders wichtig, um eine Wirtschaftlichkeit des Heizungssystems zu gewährleisten. Vorrangig werden Wärmepumpen bei Neubauten und Niedrigenergiegebäuden im monoenergetischen Betrieb verwendet. Abbildung 5.9 zeigt die geordnete Jahresdauerlinie für eine Wärmepumpe in monoenergetischer Betriebsweise.

5 Wärmepumpen im Vergleich zu anderen Wärmeerzeugern

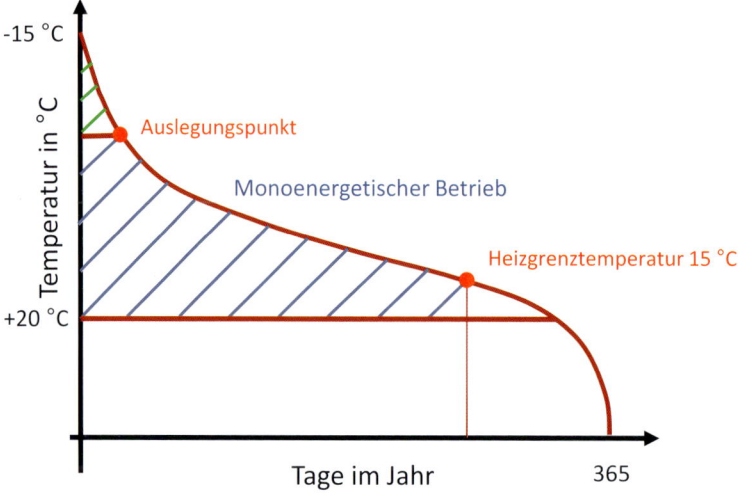

Abb. 5.9: Geordnete Jahresdauerlinie für Wärmepumpen in monoenergetischer Betriebsweise

Aus der Abbildung 5.9 wird deutlich, dass der Auslegungspunkt bei einer monoenergetischen Betriebsweise nicht mehr beim niedrigsten Tagesmittel der Außentemperatur liegt (siehe Abbildung 5.6, monovalenter Betrieb), sondern bei höheren Temperaturen. Die schraffierte Fläche unter der Kurve zeigt schematisch den Anteil der Heizwärme, den die Wärmepumpe bereitzustellen hat. Den restlichen Anteil der Heizwärme liefert der zweite elektrische Wärmeerzeuger.

5.5 Brennstoffe

Für einen wirtschaftlichen und umwelttechnischen Vergleich von Wärmepumpen mit anderen Wärmeerzeugern sind einige Stoffeigenschaften und Kennzahlen der eingesetzten Brennstoffe notwendig, die in Tabelle 5.2 zusammengefasst sind.

Tab. 5.2: Stoffeigenschaften und Kennzahlen von Brennstoffen nach [5.1, 5.6, 5.7, 5.8, 5.9]

Zusammensetzung [Mass.-%]; [Vol.-%]	Heizöl EL	Heizöl S	Erdgas L	Erdgas H	Flüssiggas
Kohlenstoff	86,0	84,0	–	–	–
Wasserstoff	13,0	11,0	–	–	–
Methan	–	–	81,3	93,3	–
Ethan	–	–	2,9	3,4	–
Propan	–	–	–	–	95,0
Butan	–	–	–	–	5,0
Stickstoff	–	–	14,3	0,75	–
Schwefel	< 0,3	< 2,8	in Spuren	in Spuren	in Spuren

Zusammensetzung [Mass.-%]; [Vol.-%]	Heizöl EL	Heizöl S	Erdgas L	Erdgas H	Flüssiggas
Brennwert H_s [kJ/kg]; [kWh/m^3]	45.400	42.600	9,8	11,5	28,577
Heizwert H_i [kJ/kg]; [kWh/m$_n^3$]	42.700	40.500	8,8	10,4	26,319
Dichte (15 °C) [kg/dm^3]; [kg/m$_n^3$]	0,83-0,86	0,90-0,98	0,83	0,78	2,00 (g)
Zündtemperatur [°C]	360	340	670	640	560
Theo. Luftbedarf [m^3/kg]; [m$_n^3$/ m$_n^3$]	11,2	10,6	8,4	9,8	24,167
Theo. Abgasvolumen (feucht) [m^3/kg]; [m$_n^3$/ m$_n^3$]	11,98	11,33	9,43	10,93	26,192
Maximaler CO_2-Gehalt [Vol.-%]	15,5	15,9	11,5-12,5	11,5-12,5	11,7
CO_2-Emission [kg CO_2/kWh(H_i)]	0,312	0,29	0,20	0,20	–

Heizöl EL: Heizöl extraleicht; Heizöl S: Heizöl schwer; Erdgas L: low quality; Erdgas H: high quality
(g): gasförmig, (n): Normalbedingungen 0 °C und 1013 mbar

5.6 Wärmepreise und Brennstoffnutzungsgrad

5.6.1 Brutto-Wärmepreis

Die Fragestellung nach dem betriebswirtschaftlichsten und umweltfreundlichsten Brennstoff für die Verwendung in einem fossil betriebenen Wärmeerzeuger (z. B. Dampferzeuger) führt zu einer Vergleichskennzahl, dem Brutto-Wärmepreis (BWP). Er wird in Euro/GJ(H_i) oder Euro/kWh(H_i) angegeben. Eine Vergleichskennzahl ist notwendig, da sich die einzelnen Brennstoffpreise auf unterschiedliche Massen bzw. Volumina beziehen und pro Massen- oder Volumeneinheit nur eine definierte Energie chemisch im Brennstoff gebunden ist. Je nach eingesetztem Brennstoff wird der Brutto-Wärmepreis mit unterschiedlichen Gleichungen berechnet.

Für Heizöl EL gilt:

$$BWP = \frac{\text{Preis [Euro/hl]} \cdot 10^6 \text{ [kJ/GJ]}}{\text{Heizwert [kJ/kg]} \cdot \text{Dichte [kg/l]} \cdot 100 \text{ l/hl}} \qquad \text{(Gl. 5.10)}$$

Für Erdgas gilt:

$$BWP = \frac{\text{Preis [Euro / kWh}(H_S)\text{]} \cdot 10^6 \text{ [kJ / GJ]}}{0,90 \text{ kWh}(H_i) / \text{kWh}(H_S) \cdot 3600 \text{ kJ / kWh}} \qquad \text{(Gl. 5.11)}$$

Für Holzpellets gilt:

$$BWP = \frac{\text{Preis [Euro/t]} \cdot 10^6 \text{ [kJ/GJ]}}{\text{Heizwert [kJ/kg]} \cdot 1000 \text{ kg/t}} \qquad \text{(Gl. 5.12)}$$

Der BWP vergleicht nur Brennstoffe miteinander. Sonstige Kosten bzw. auftretende Wärmeverluste bei der Energieumwandlung werden nicht berücksichtigt.

5.6.2 Netto-Wärmepreis

Den Betreiber von Wärmeerzeugungsanlagen (z. B. Kessel, Wärmepumpen) interessieren die entstehenden Kosten für die Bereitstellung einer Energieeinheit Wärme. Aus charakteristischen Wirkungsgraden und Leistungszahlen der jeweiligen Anlagen wird eine weitere energiewirtschaftliche Kennzahl, der Netto-Wärmepreis berechnet. Im Netto-Wärmepreis sind die auftretenden Wärmeverluste für die Bereitstellung der thermischen Energie in Form von z. B. Heizwasser oder Dampf berücksichtigt. Er wird in Euro/GJ(th) oder in Euro/kWh(th) angegeben. Der Netto-Wärmepreis wird über individuelle Gleichungen für jede Wärmeerzeugungsanlage berechnet. Ein Vergleich unterschiedlicher Anlagen ist dadurch möglich, wobei weitere auftretende Kosten bei der Wärmebereitstellung nicht berücksichtigt werden. Die folgenden Gleichungen sind für einen Zeitpunkt dargestellt und sind bei einem Betrachtungszeitraum von z. B. einem Kalenderjahr entsprechend bezüglich der Fachbegriffe und der Formelzeichen zu modifizieren.

5.6.2.1 Kesselanlage

Betrachtet man eine Kesselanlage, so sind im sogenannten Kesselwirkungsgrad der Kesselanlage η_K wesentliche auftretende Verluste mitberücksichtigt. Es gilt:

$$\text{NWP} = \frac{\text{BWP}}{\eta_K} \quad \text{(Gl. 5.13)}$$

5.6.2.2 Elektromotorisch angetriebene Kompressions-Wärmepumpe

Der Netto-Wärmepreis für eine elektromotorisch angetriebene Wärmepumpe in monoenergetischer Betriebsweise errechnet sich über:

$$k_{th} = \frac{k_{el} \cdot W_{el}}{Q_{WP}} \quad \text{(Gl. 5.14)}$$

k_{th}: Spezifische Kosten für Wärme in Euro/kWh
k_{el}: Spezifische Kosten für elektrische Energie in Euro/kWh
Q_{WP}: Nutzbare Wärme aus Kompressions-Wärmepumpe
W_{el}: Elektrische Energie für Kompressions-Wärmepumpe
ε_{el}: Elektrische Leistungszahl für Kompressions-Wärmepumpe

Zusammen mit der Leistungszahl ε_{el} für eine Wärmepumpe erhält man den Netto-Wärmepreis zu:

$$\text{NWP} = \frac{\text{Durchschnittsstromkosten [Euro/kWh]} \cdot 10^6 \, \text{kJ/GJ}}{3600 \, \text{kJ/kWh} \cdot \text{Elektr. Leistungszahl KWP}} =$$
$$= \frac{k_{el} \cdot 10^6 \, \text{kJ/GJ}}{3600 \, \text{kJ/kWh} \cdot \varepsilon_{el}(\text{KWP})} \quad \text{(Gl. 5.15)}$$

5.6.2.3 Verbrennungsmotorisch angetriebene Kompressions-Wärmepumpe

Der Netto-Wärmepreis für diese Wärmepumpenbauart errechnet sich:

$$k_{th} = \frac{k_{Br} \cdot Q_{Br}}{Q_{WP} + Q_{th,M}} \quad \text{(Gl. 5.16)}$$

k_{th}: Spezifische Kosten für Wärme in Euro/kWh
k_{Br}: Spezifische Kosten für Brennstoff in Euro/kWh(H_i)
Q_{WP}: Nutzbare Wärme aus Kompressions-Wärmepumpe
$Q_{th,M}$: Nutzbare Wärme vom Verbrennungsmotor
Q_{Br}: Brennstoffwärme für KWP
$\eta_{th,V}$: Verlustwirkungsgrad, auf Abwärme bezogen
η_{eff}: Effektiver Wirkungsgrad des Motors, auf Brennstoffwärme bezogen
ε_{eff}: Effektive Leistungszahl für Kompressions-Wärmepumpe, auf Wellenarbeit bezogen

Für die nutzbare Wärme aus der Kompressions-Wärmepumpe gilt:

$$Q_{WP} = \varepsilon_{eff} \cdot \eta_{eff} \cdot Q_{Br} \quad \text{(Gl. 5.17)}$$

Die nutzbare Wärme des Verbrennungsmotors errechnet sich zu:

$$Q_{th,M} = Q_{Br} \cdot (1 - \eta_{eff}) \cdot \eta_{th,V} \quad \text{(Gl. 5.18)}$$

Somit erhält man für den Netto-Wärmepreis einer verbrennungsmotorisch angetriebenen Kompressions-Wärmepumpe in Euro/GJ(th)

$$NWP = \left[\frac{k_{Br}}{\varepsilon_{eff} \cdot \eta_{eff} + (1 - \eta_{eff}) \cdot \eta_{th,V}} \right] \cdot \frac{10^6 \text{ kJ/GJ}}{3600 \text{ kJ/kWh}} \quad \text{(Gl. 5.19)}$$

Abbildung 5.10 zeigt den Netto-Wärmepreis für einen Heizkessel NWP_K, für eine elektromotorisch angetriebene Wärmepumpe NWP_{KWP} und für eine verbrennungsmotorisch angetriebene Wärmepumpe NWP_{VWP} in Abhängigkeit vom Brutto-Wärmepreis eines beliebigen Brennstoffes.

Einige Kriterien zu den einzelnen Wärmeerzeugungsanlagen wurden für die Berechnungen exemplarisch festgelegt:

Strommischpreis: 0,18 €/kWh(el)
Jahresbetriebswirkungsgrad Kessel: 80 %
Elektrische Leistungszahl Wärmepumpe: 3,5
Effektiver Wirkungsgrad Verbrennungsmotor: 28 %
Effektive Leistungszahl Wärmepumpe: 3,9
Verlustwirkungsgrad Motorenabwärme: 85 %

5 Wärmepumpen im Vergleich zu anderen Wärmeerzeugern

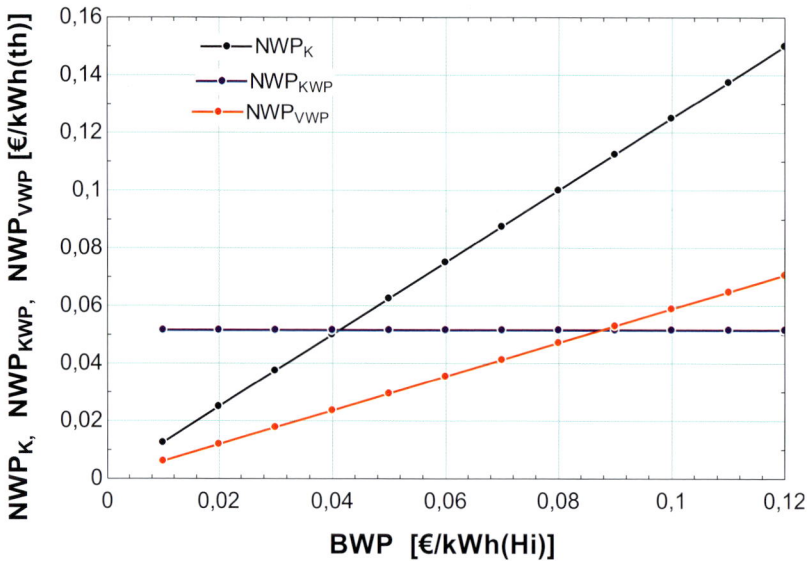

Abb. 5.10: Netto-Wärmepreis für verschiedene Wärmeerzeugungsanlagen

Aus der Abbildung 5.10 ist zu entnehmen, dass der Netto-Wärmepreis einer elektromotorisch angetriebenen Kompressions-Wärmepumpe unabhängig von Bruttowärmepreis ist. Der Netto-Wärmepreis beträgt rund 0,05 Euro/kWh(th). Der Netto-Wärmepreis für einen Heizkessel liegt für alle Brutto-Wärmepreise oberhalb des Netto-Wärmepreises einer verbrennungsmotorisch angetriebenen Kompressions-Wärmepumpe. Bei einem Brutto-Wärmepreis größer als 0,04 Euro/kWh(H_i) ist eine Elektrowärmepumpe wirtschaftlicher als ein Heizkessel. Liegt der Brutto-Wärmepreis höher als 0,09 Euro/kWh(H_i), ist eine Verbrennungsmotor-Wärmepumpe unwirtschaftlich im Vergleich zu einer Elektrowärmepumpe.

5.6.3 Brennstoffnutzungsgrad

Wärmepumpen stehen im energietechnischen Vergleich zu herkömmlichen Wärmeerzeugern, z. B. einem Heißwasserkessel. Um einen energetischen Vergleich zwischen Wärmepumpen gleicher oder unterschiedlicher Bauart mit herkömmlichen Wärmeerzeugern durchzuführen, ist der Brennstoffnutzungsgrad φ (= Heizzahl φ) zu berechnen. Nicht berücksichtigt werden Verluste, die bei der Umwandlung der Primärenergieträger in den jeweiligen Brennstoff auftreten. Je höher der Brennstoffnutzungsgrad ist, desto effektiver ist die Energieumwandlung. Der Brennstoffnutzungsgrad kann Werte größer als 1 annehmen (Wärmepumpe).

Der Brennstoffnutzungsgrad ist wie folgt definiert:

$$\varphi = \frac{\sum_{i=1}^{j} Q_{Nutz,i}}{\sum_{k=1}^{m} Q_{Br,k}} \qquad (\text{Gl. 5.20})$$

φ: Brennstoffnutzungsgrad/Heizzahl
Q: Wärme
m, j: Endwert
i, k: Laufvariable
Nutz: Nutz
Br: Brennstoff

Für einzelne energietechnische Anlagen (Wärmeerzeuger) erhält man ausgehend von der obigen allgemeinen Grundgleichung:

Kesselanlage

$$\varphi_K = \frac{Q_{HW}}{Q_{Br,K}} \tag{Gl. 5.21}$$

Wärmepumpe mit Elektromotor

$$\varphi_{WP,E} = \frac{Q_K}{Q_{Br,KW}} = \varepsilon_{WP,el} \cdot \eta_{KW} \tag{Gl. 5.22}$$

Wärmepumpe mit Verbrennungsmotor

$$\varphi_{WP,V} = \frac{Q_K + Q_{Ab}}{Q_{Br,V}} = \eta_{eff} \cdot \varepsilon_{WP,eff} + (1 - \eta_{eff}) \cdot \eta_{th,V} \tag{Gl. 5.23}$$

φ: Brennstoffnutzungsgrad/Heizzahl
η: Wirkungsgrad
Q: Wärme
Indices:

K:	Kessel	K:	Kondensator
HW:	Heißwasser	Ab:	nutzbare Abwärme
Br:	Brennstoff	V:	Verbrennungsmotor
KW:	Kraftwerk	eff:	effektiv
WP:	Wärmepumpe	th:	thermisch
el:	elektrisch		

Im folgenden Beispiel werden die Brennstoffnutzungsgrade für unterschiedliche Wärmeerzeuger verglichen. Einige Berechnungskriterien werden hierzu festgelegt:
  Kesselwirkungsgrad: 87 %
  Elektrische Leistungszahl Wärmepumpe: 3,5
  Effektiver Wirkungsgrad Verbrennungsmotor: 28 %
  Effektive Leistungszahl Wärmepumpe: 3,9
  Verlustwirkungsgrad Motorenabwärme: 85 %
  Kraftwerkswirkungsgrad für Deutschland: 40 % (inklusive Verteilungsverluste)

Damit errechnet sich der jeweilige Brennstoffnutzungsgrad zu:
  Brennstoffnutzungsgrad Heizkessel: 0,87
  Brennstoffnutzungsgrad Elektro-Wärmepumpe: 1,40
  Brennstoffnutzungsgrad Verbrennungsmotor-Wärmepumpe: 1,7

Der Brennstoffnutzungsgrad beim Heizkessel entspricht dem Kesselwirkungsgrad des Heizkessels. Die Energieumwandlung ist bei einer verbrennungsmotorisch angetriebenen Kompressions-Wärmepumpe am effektivsten, da der Verbrennungsmotor zeitlich parallel mechanische und thermische

Energie bereitstellt. Die Elektro-Wärmepumpe hat eine rund 61 % bessere Energieumwandlung als ein Heizkessel.

5.7 Kohlendioxidemissionen

Die Abbildung 5.11 zeigt eine Abschätzung der spezifischen CO_2-Emissionen in Abhängigkeit von der Leistungszahl bzw. dem Wärmeverhältnis verschiedener Wärmepumpenbauarten und -antriebe, bezogen auf einen Nutzwärmebedarf von einer kWh(th). Zusätzlich sind die spezifischen CO_2-Emissionen aus Kesselanlagen dargestellt, die Erdgas und Heizöl EL als Brennstoff einsetzen. Bei Wärmepumpen mit Elektromotor ist die reale Leistungszahl, bezogen auf die elektrische Leistung, zu verwenden, bei Gas- und Dieselmotorantrieb die effektive Leistungszahl der Wärmepumpe (ohne thermisch nutzbare Energie des Verbrennungsmotors). Zur Ermittlung der spezifischen Emissionen ist bei Absorptions-Wärmepumpen und Wärmepumpen mit Dampfstrahlverdichter das reale Wärmeverhältnis, bezogen auf die erforderliche Heizwärme des Antriebs, anzuwenden.

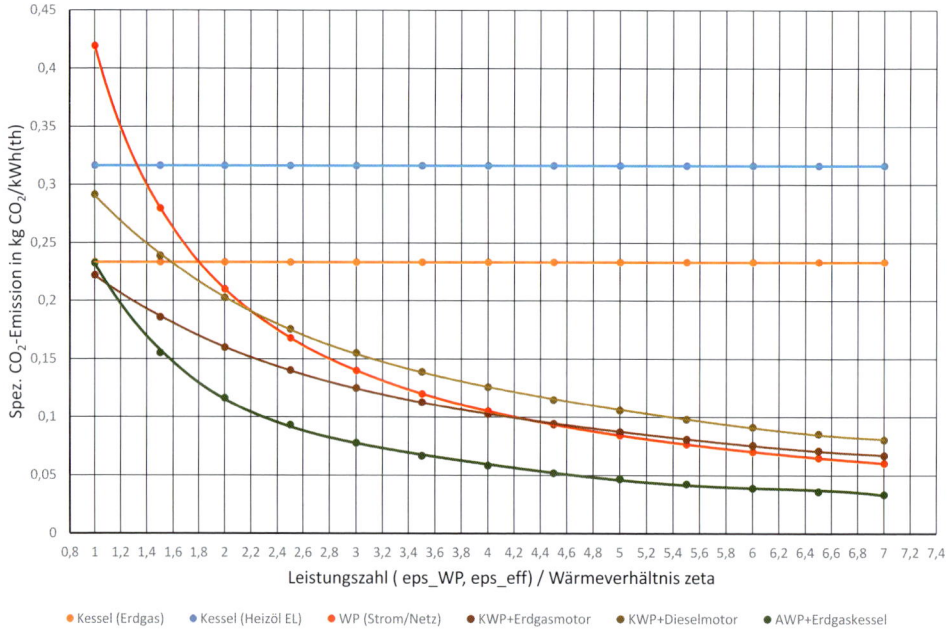

$\eta_{K,Gas}$ = 86 %; $\eta_{K,Öl}$ = 84 %; EF-Netz = 0,419 kg/kWh(el) [5.10]; $\eta_{eff,Gas}$ = 35 %; $\eta_{eff,Diesel}$ = 40 %; $\eta_{th,V}$ = 85 %
Indizes
K: Kessel; Gas: Erdgas; Öl: Heizöl EL; EF-Netz: CO_2-Emissionsfaktor elektrische Energie vom Netz; eff,Gas: effektiv Gasmotor; eff,Diesel: effektiv Dieselmotor; th,V: thermisch Verbrennungsmotor

Abb. 5.11: Spez. CO_2-Emissionen für ausgewählte Wärmepumpenbauarten

Aus der Abbildung 5.11 ist ersichtlich, dass eine elektromotorisch angetriebene Kompressions-Wärmepumpe, die elektrische Energie aus dem öffentlichen Versorgungsnetz bezieht, eine reale Leistungszahl von mehr als 1,8 aufzuweisen hat, um spezifisch weniger CO_2 zu emittieren als eine erdgasgefeuerte Kesselanlage. Erdgasmotorische und dieselmotorisch angetriebene Kompressions-Wärmepumpen haben immer geringere CO_2-Emissionen als heizölbefeuerte Kesselanlagen. Zu beachten sind die niedrigen spezifischen CO_2-Emissionen der Absorptions-Wärmepumpen und der Wärmepumpen mit Dampfstrahlverdichter in Abhängigkeit vom Wärmeverhältnis ζ (zeta), die über erdgasbefeuerte Kesselanlagen mit Frischdampf versorgt werden.

Literatur

[5.1] *Albers, K.-H.*: Taschenbuch für Heizung und Klimatechnik. 78. Aufl. München: DIV, 2017

[5.2] DIN EN 1264-2:2021-08 Raumflächenintegrierte Heiz- und Kühlsysteme mit Wasserdurchströmung - Teil 2: Fußbodenheizung

[5.3] DIN EN 12831-1:2017-09 Energetische Bewertung von Gebäuden – Verfahren zur Berechnung der Norm-Heizlast – Teil 1: Raumlast

[5.4] Effizienzhaus online: Heizgrenztemperatur – Wann muss die Heizung starten? Verfügbar unter: https://www.effizienzhaus-online.de [abgerufen: 31.05.2022]

[5.5] *Baumann, M.; Laue, H.-J.; Müller, P.*: Wärmepumpen – Heizen mit Umweltenergie. 4. Aufl. Karlsruhe: Solarpraxis, 2007

[5.6] *Schramek, E.R.*: Taschenbuch für Heizung und Klimatechnik. 69. Aufl. München: Oldenbourg, 1999

[5.7] *Mayr, F.*: Kesselbetriebstechnik. 5. Aufl. Gräfelfing: Resch, 1992

[5.8] *Seifert, J.*: Repetitorium Gastechnik. Berlin: VDE Verlag, 2017

[5.9] *Cerbe, G.*: Grundlagen der Gastechnik. 5. Aufl. München: Hanser, 1999

[5.10] UBA: Entwicklung der spezifischen Treibhausgas-Emissionen des deutschen Strommix in den Jahren 1990-2021. April 2022

6 Wärmepumpenanwendungen

6.1 Allgemeines

Im häuslichen Bereich werden fast ausschließlich Seriengeräte als Kompressions-Wärmepumpen verwendet, die in der Regel eine Lebensdauer von rund 15 bis 20 Jahren haben. Wärmepumpen im Gewerbe und im industriellen Bereich sind keine Seriengeräte mehr, da je nach Anwendungsfall unterschiedliche Kriterien auf der Verbraucherseite vorgegeben sind, die eine technische Anpassung der Wärmepumpe erforderlich machen. Die Heizleistungen liegen deutlich über 50 kW und reichen bis in den MW-Bereich. Industrie-Wärmepumpen sind nicht ausschließlich geschlossene Kompressions-Wärmepumpen, sondern es werden auch andere Bauarten wie mechanische/thermische Brüdenverdichtungsanlagen (offener Wärmepumpenkreislauf), Absorptions-Wärmepumpen und Adsorptions-Wärmepumpen angetroffen. Als wesentliche Einsatzgrenze für Industrie-Wärmepumpen ist vor allem das notwendige hohe Temperaturniveau auf der Verbraucherseite zu nennen, welches bei verfahrenstechnischen Prozessen weit über +200 °C liegen kann mit der Folge, dass ein geeignetes umweltfreundliches Kältemittel für jede Anwendung auszuwählen ist. Es werden im industriellen Bereich sogenannte „Hochtemperatur-Wärmepumpen (HTWP)" eingesetzt, für die keine exakte Definition bezüglich der minimal zu erreichenden Heiztemperatur in der Literatur angegeben wird.

6.2 Häuslicher Bereich

6.2.1 Einfamilienhäuser

In Einfamilienhäusern werden fast ausschließlich Wärmepumpen aus der Serienfertigung verwendet. Als Wärmequelle dienen atmosphärische Luft, Erdwärme oder Wasser. Als Wärmesenke sind im mitteleuropäischen Raum wassergeführte Heizungssysteme eingeführt. Luftgeführte Heizungssysteme werden jedoch auch zunehmend im europäischen Raum in Neubauten verwendet, die als Passivhäuser oder Niedrigenergiehäuser konzipiert sind. Bei diesen Gebäuden liegt die spezifische Heizlast bei rund 10 W/m^2 bis 40 W/m^2, sodass bedingt durch kleine Heizleistungen geringe Luftvolumenströme zu transportieren sind. Gleichzeitig kann der Lüftungsbedarf mit abgedeckt werden. Der zusätzliche Energiebedarf für die Ventilatoren ist akzeptabel und die Querschnitte der Luftkanäle sind relativ klein.

Der Heizleistungsbereich bewegt sich bei Einfamilienhäusern zwischen rund 2 bis 20 kW. In Einfamilienhäusern bestimmen individuelle Bedürfnisse der Bewohner an die Raumtemperatur, an die Warmwassertemperatur und an die Warmwassermengen sowohl den Energiebedarf für die Heizung als auch für die Warmwasserbereitung. Abbildung 6.1 zeigt eine Wärmepumpe in Außenaufstellung für ein Einfamilienhaus.

6 Wärmepumpenanwendungen

Abb. 6.1: Wärmepumpe für ein Wohngebäude [Werkbild GDD]

Abbildung 6.1 zeigt eine Luft/Wasser-Wärmepumpe der Baureihe System M Comfort, die aus einer Außeneinheit und einer Inneneinheit besteht. Die Außeneinheit ist mit einer Verkleidung aus Lärchenholz bestückt. Die Heizleistung liegt bei 9 kW. Das Innenteil hat einen Pufferspeicher mit einem Volumen von 50 dm^3 integriert. Die Wärmepumpe lässt sich mit einer App via Smartphone steuern oder über eine Bedienoberfläche mit Touchscreen. Die Wärmepumpe versorgt das Gebäude (190 m^2 Fläche) über eine Fußbodenheizung mit Wärme. Der COP für ein mittleres Klima beträgt 4,2 bei einer Vorlauftemperatur der Fußbodenheizung von 35 °C.

6.2.2 Mehrfamilienhäuser

Die Wärmepumpenbauart (Luft-Wasser oder Erdwärme-Wasser) bei der Einbindung in Mehrfamilienhäusern wird dadurch bestimmt, ob das Gebäude ein Neubau oder ein zu sanierender Altbau ist.

Technische Herausforderungen existieren bei der Modernisierung von Heizungssystemen bestehender Mehrfamilienhäuser durch hohe erforderliche Temperaturniveaus für die Raumwärme und das Brauchwarmwasser, die begrenzte Verfügbarkeit von Flächen für Erdsonden/Erdkollektoren und die vorhandenen Geräuschemissionen von Außeneinheiten. Wirtschaftliche Hemmnisse sind die wesentlich höheren Investitionskosten für eine Wärmepumpe als für einen Gaskessel sowie bei Mietwohnungen die unterschiedlichen Interessen von Investor und Mieter. Es wird erwartet, dass sich zukünftig durch politische Eingriffe die Wirtschaftlichkeit der Wärmepumpe im Mehrfamilienhaus verbessert. Der steigende Anteil an erneuerbaren Energien bei der Bereitstellung elektrischer Energie wird zukünftig dazu führen, dass die spezifischen CO_2-Emissionen elektrisch angetriebener Wärmepumpen stark abnehmen werden [6.1].

Im Technikraum des Mehrfamilienhauses werden bei größeren Heizleistungen mehrere Wärmepumpen parallelgeschaltet, um den benötigten Wärme- und Brauchwarmwasserbedarf des Gebäudes abdecken zu können. Bei Mehrfamilienhäusern stellt sich zusätzlich die Frage, welche Art der Brauchwarmwassererwärmung und Verteilung bei der jeweiligen Gebäudeart bautechnisch möglich und energetisch sinnvoll ist. Der Heizleistungsbereich beginnt bei rund 15 kW und reicht bis zu mehreren 100 kW.

6.3 Gewerbliche Gebäude

Zu dieser Gruppe von Gebäuden gehören u. a. Bürogebäude, Produktions- und Verwaltungsgebäude, Einkaufszentren, Supermärkte, Krankenhäuser, Seniorenwohnheime, Hotels und Gaststätten. Bei diesen Gebäuden ist ein sehr unterschiedlicher Bedarf an Warmwasser zu verzeichnen. Bei Hotels und Produktionsgebäuden spielt die jeweilige Ausstattung (z. B. Wellness-Bereich, soziale Einrichtungen) eine entscheidende Rolle bezüglich des Warmwasserbedarfs. Der Heizwärmebedarf ist abhängig von der Art der Gebäudenutzung, aber auch von der Gebäudebauart, den rechtlich vorgeschriebenen Regeln zur Raumtemperatur und dem Gebäudealter. Abbildung 6.2 zeigt die Aufstellung von Wärmepumpen zum Heizen und Kühlen für einen Supermarkt.

Abb. 6.2: Wärmepumpen zur Heizung und Kühlung für einen Supermarkt [Werkbild GDD]

Der Supermarkt mit einer Marktgröße von 2300 m² verwendet reversible Luft/Wasser-Wärmepumpen, mit umweltfreundlichem Propan (R-290) als Kältemittel, um je nach Bedarf die Heiz- oder Kühllast bereitzustellen. Der Supermarkt verwendet zudem eine Verbundkälteanlage mit Kohlendioxid (R-744) als Kältemittel zur Bereitstellung von Kälte für die Kühlregale (+2 °C), die Niedertemperaturräume (–6 °C) und Tiefkühlräume (–28 °C). Die thermische Leistung der Abwärme aus der CO_2-Verbundanlage beträgt 35 kW. Diese Abwärme dient den beiden Luft/Wasser-Wärmepumpen im Betriebsfall „Kühlen" als Wärmequelle. Ergänzt wird die CO_2-Verbundanlage durch einen Gaskühler. Die Luft/Wasser-Wärmepumpen stellen dem Gebäude eine Kühlleistung von 49 kW zur Verfügung bei einer Vorlauftemperatur von +10 °C. Das Gebäude ist mit einer Betonkerntemperierung versehen, die eine Vorlauftemperatur im Betriebsfall „Kühlen" von +18 °C benötigt. Im Betriebsfall „Heizen" wird von den Luft/Wasser-Wärmepumpen eine Heizleistung von 42 kW bereitgestellt bei einer Vorlauftemperatur des Heizungswassers von +45 °C für die raumlufttechnische Anlage und für die Betonkerntemperierung.

6.4 Gewerbe und Industrie

Der Begriff der Großwärmepumpe bzw. Industrie-Wärmepumpe wird in der Fachwelt verwendet, um eine Wärmepumpe zu beschreiben, die für die Wärmebereitstellung konzipiert ist, die kompakt gebaut sein kann und eine Heizleistung von mehr als 100 kW aufweist. Wärmepumpen für das Gewerbe haben Heizleistungen zwischen 50 und 100 kW. Eine exakte Trennung zwischen gewerblichen Wärmepumpen und industriellen Wärmepumpen ist nicht zwingend notwendig.

Wärmepumpen im Gewerbe und in der Industrie zeichnen sich dadurch aus, dass es Wärmerückgewinnungsanlagen sind, die Abwärme aus einem Prozess verwenden und das Temperaturniveau der Abwärme erhöhen, um diese wieder im gleichen oder in einem anderen Prozess sowie für sonstige Wärmeverbraucher zu verwenden. Die Entscheidung, ob eine derartige Anlage zum Einsatz kommt, wird auch heute noch vorwiegend durch die Wirtschaftlichkeit bestimmt, weniger durch umwelttechnische und nachhaltige Aspekte. Industrie-Wärmepumpen werden im Rahmen von Projekten speziell für die Anwendung ausgelegt und bei größeren Heizleistungen am Aufstellungsort aus den einzelnen Komponenten aufgebaut und in Betrieb genommen. Oft werden Heiz-Kühl-Anlagen verwendet, bei denen der Nutzen auf beiden Seiten der Wärmepumpe vorliegt, d. h., der Nutzen besteht sowohl in der Wärmebereitstellung als auch zur Kühlung (Doppelnutzen).

Eine aus sieben Sole/Wasser-Wärmepumpen kaskadierte Heiz-Kühl-Anlage in einer Druckerei verwendet als Wärmequelle Abwärme aus der Produktionshalle, um die Temperatur der Produktionshalle konstant zu halten und damit einen stabilen Produktionsprozess zu gewährleisten. Abbildung 6.3 zeigt die Produktionshalle der Druckerei.

Abb. 6.3: Heiz-Kühl-Anlage in einer Druckerei [Werkbild GDD]

Die Heiz-Kühl-Anlage versorgt Büroräume mit Wärme. Ist kein Raumwärmebedarf in den Büros vorhanden, wird die Abwärme aus der Produktionshalle über einen Trockenluftkühler an die Umgebung abgegeben. Die Verdampferleistung der Heiz-Kühl-Anlage beträgt 816 kW bei einer Austrittstemperatur des Glykol-Wasser-Gemisches von +5 °C und die Kondensatorleistung 1120 kW bei einer Heizungswasservorlauftemperatur von +60 °C, sodass sich eine Leistungszahl (COP) von 7,64 für die Heiz-Kühl-Anlage ergibt. Aus sicherheitstechnischen Gründen ist ein Zwischen-Wärmeübertrager auf der Wärmequellenseite integriert, der kaltes Wasser aus dem Glykol-Wasser-Gemisch der Heiz-Kühlanlage für die Luftkühler bereitet. Zusätzlich integriert ist ein Gaskessel, der die Büroräume mit Wärme versorgt, falls zu wenig Abwärme aus der Produktion zur Verfügung steht. Die Versorgungsanlage ist mit einem intelligenten Steuer- und Regelungssystem versehen, welches die zeitlich parallele Bereitstellung von kaltem Wasser für die Luftkühler sowie von Heizungswasser für die Raumwärme sicherstellt. Das Steuer- und Regelungssystem hat ferner die Aufgabe, die Abwärme entweder der Heiz-Kühl-Anlage oder dem Trockenluftkühler zuzuführen.

In [6.2] wurden ausgewählte Einsatzgebiete für Wärmepumpen in der Industrie dargestellt. Zu den Wärmepumpenanwendungen werden die jeweiligen Betriebsbedingungen genannt zusammen mit der Wärmepumpenbauart und den verwendeten Wärmequellen und Wärmesenken. Eingehender werden Industrie-Wärmepumpen für die Elektronikindustrie, die Energieversorgung, die metallverarbeitende Industrie, die Zellstoffindustrie und für die Bereitung von Trink- und Brauchwasser beschrieben. Diese Zusammenstellung gibt auch heute noch einen guten Einblick zu einigen möglichen Anwendungen für Industrie-Wärmepumpen.

Für Gewerbe und Industrie sind einige ausgewählte Temperaturbereiche von verfügbaren Wärmequellen:
- Abwasser: +10 bis +60 °C
- Kühlwasser: +10 bis +45 °C
- Abwärme aus Kälteanlagen: +20 bis +50 °C
- Raumabluft: +20 bis +45 °C
- Prozesswasser: +25 bis +90 °C
- Kondensate: +30 bis +110 °C
- Abgase aus Feuerungen: +120 bis +300 °C
- Prozessabluft: +30 bis +200 °C
- Abluft aus Backöfen: +250 bis +300 °C.

Im Folgenden werden ausgewählte und energieintensive thermische Trennverfahren mit einigen charakteristischen Kriterien dargestellt, die für eine Anwendung von Industrie-Wärmepumpen geeignet sind.

6.4.1 Eindampfung/Verdampfung

Die Verdampfung ist ein thermisches Trennverfahren, das verwendet wird, um eine Lösung, bestehend aus einem leichtflüchtigen Lösungsmittel und schwerflüchtigen Stoffen, aufzukonzentrieren. Das Lösungsmittel ist in vielen Fällen Wasser und die im Lösungsmittel gelösten Stoffe sind Salze oder organische Verbindungen. Beim Verdampfen wird – vereinfacht ausgedrückt – nur das leichtflüchtige Wasser in die Dampfphase als Brüdendampf übergehen und sich damit die verbleibende Lösung mit den Inhaltsstoffen aufkonzentrieren (Eindampfung). Die Verdampfung kann zeitlich kontinuierlich oder diskontinuierlich (Batch-Verfahren) stattfinden.

6 Wärmepumpenanwendungen

Wärmepumpen werden hier als mechanische oder thermische Brüdenverdichter eingesetzt, die den entweichenden Brüdendampf (Arbeitsmittel) aus dem Verdampfer ansaugen und auf ein höheres Temperaturniveau anheben, um anschließend damit den Verdampfungsprozess zu beheizen. Der Brüdendampf kondensiert in den Heizflächen des Verdampfers und verlässt den offenen Arbeitsmittelkreislauf der Wärmepumpe als Brüdenkondensat. Die Eindampfanlagen können ein- oder mehrstufig ausgeführt sein und sowohl als Vakuumanlagen als auch als Überdruckanlagen arbeiten. Zusätzliche Einrichtungen, z. B. zur Aromarückgewinnung im Nahrungsmittelbereich, sind anzutreffen. Der Bereich der Verdampfungstemperatur liegt zwischen rund +35 °C bis rund +150 °C. Als Alternative können auch Heiz-Kühl-Anlagen als Wärmepumpen mit geschlossenem Kältemittelkreislauf verwendet werden. In vielen Industriezweigen werden Wärmepumpen in offener oder geschlossener Bauweise eingesetzt zur Eindampfung von Lebensmitteln, Getränken, Zellstoff, Abwasser, organischen Produkten (z. B. Gelatine, Malzextrakt, Kartoffelabwasser, Hefeextrakt, Proteinlösungen), chemischen und pharmazeutischen Produkten (z. B. Salzlösungen, Laugen, Alkohole, Enzymlösungen).

6.4.2 Trocknung

Das Trennverfahren der thermischen Trocknung entfernt unter Verwendung von Wärme aus einem feuchten Gut entweder Wasser oder auch in seltenen Fällen ein Lösungsmittel durch Verdunsten oder Verdampfen. Zum Einsatz kommen Kompressions-Wärmepumpen mit geschlossenem Kältemittelkreislauf als Heiz-Kühl-Anlagen oder in einigen Anwendungsfällen auch mechanische Brüdenverdichtungsanlagen. Die thermische Trocknung findet vor allem statt bei Lebensmitteln, Papier, Holz, Zellstoff, Schlamm und Getreide. Die Trocknungstemperaturen liegen typischerweise zwischen +30 °C und +250 °C.

6.4.3 Destillation und Rektifikation

Unter dem Trennverfahren der Destillation versteht man die Verdampfung eines oder mehrerer abzutrennender flüchtiger Bestandteile eines Flüssigkeitsgemisches. Die Gasphase besteht wiederum aus einem Dampfgemisch, in dem sich mehr oder weniger große Anteile der Komponenten des Flüssigkeitsgemisches befinden. Das Dampfgemisch wird kondensiert und fällt als Destillat an. Bei der Destillation findet ein kombinierter Stoff- und Wärmetransport statt, der nur eine beschränkte Trennung der flüchtigen Bestandteile zulässt. Um eine gezieltere Trennung der flüchtigen Bestandteile zu erreichen, wird die Destillation mehrfach durchgeführt.

Eine Rektifikation ist eine mehrfache Destillation, wobei sich die Flüssigkeit und der Dampf im Gegenstrom zueinander bewegen, um einen intensiven kombinierten Stoff- und Wärmetransport zu erreichen. Zur Beheizung von einer oder mehreren Destillations- und Rektifikationskolonnen werden mechanische oder thermische Brüdenverdichtungsanlagen eingesetzt. Alternativ sind auch geschlossene Kompressions-Wärmepumpen als Heiz-Kühl-Anlagen anzutreffen. Der Sättigungstemperaturbereich liegt zwischen rund +70 bis rund +150 °C. Als Produkte werden erzeugt Rohsprit, absoluter Alkohol (99,8 Vol.-%), hochreines Wasser, Malzwhisky und chemische Produkte (z. B. Styrol/Chlorbenzol, Biodiesel, Lösungsmittel). Auf Brand- und Explosionsschutz bei den Anlagen ist zu achten.

In [6.3] wurden ausgewählte Einsatzgebiete für Wärmepumpen in der Nahrungs- und Genussmittelindustrie dargestellt. Zu den Wärmepumpenanwendungen werden die jeweiligen Betriebsbedingungen genannt zusammen mit der Wärmepumpenbauart und den verwendeten Wärmequellen und Wärmesenken. Es werden Industrie-Wärmepumpen für Mälzereien, Brauereien, für die milchverarbeitende Industrie, für alkoholfreie Erfrischungsgetränke, für die Zuckerindustrie, für die Alkohol- und Spirituosenindustrie und für Schlachtbetriebe ausgiebig beschrieben. Diese Zusammenstellung gibt auch heute noch einen guten Einblick, da sich die Herstellungsprozesse nicht wesentlich geändert haben.

6.5 Anwendungen für thermisch angetriebene Wärmepumpen

In der Industrie und im Gewerbe werden Absorptions-Wärmepumpen und Adsorptions-Wärmepumpen angetroffen. Diese Wärmepumpenbauarten arbeiten nicht nach dem Kompressionsprinzip, sondern nutzen andere physikalische Grundprinzipien, um Wärme auf eine höheres Temperaturniveau anzuheben.

6.6 Hybrid-Wärmepumpen

Eine Hybrid-Wärmepumpe ist ein bivalentes Heizungssystem, das neben der eigentlichen Wärmepumpe einen zweiten Wärmeerzeuger (z. B. Gasbrennwertkessel) verwendet. Die Anlage kann als Kompaktanlage ausgeführt sein oder aus zwei separaten, individuell konzipierten Heizsystemen bestehen. Eines der beiden Heizsysteme übernimmt die Wärmeversorgung für die Raumheizung und die Warmwasserbereitung bis zum Bivalenzpunkt, also derjenigen Grenztemperatur, ab dem der zweite Wärmeerzeuger zugeschaltet wird. Es ist hierfür eine intelligente Regelung des Gesamtsystems erforderlich, damit ein kostengünstiger und energetisch effektiver Betrieb sichergestellt werden kann. Als weitere zweite Wärmeerzeuger können Feststoffkessel, aber auch Solaranlagen in Betracht gezogen werden. Der Einfluss auf die energetische Effizienz und auf die Wirtschaftlichkeit ist im Einzelfall genau zu prüfen [6.4].

6.7 Wärmepumpen für Smart Grid

Wärmepumpen sind ein geeignetes Instrument für das „Demand Management" (Nachfragesteuerung) in intelligenten Netzen, da sie regenerativ erzeugte elektrische Energie in Wärme umwandeln, die in Gebäuden zu einem späteren Zeitpunkt für die Raumheizung oder die Warmwasserbereitung genutzt werden kann. Viele Wärmepumpen haben bereits einen thermischen Pufferspeicher integriert und alle Wärmepumpen benötigen eine Regelung sowohl für den Wärmepumpen- als auch für den Verbraucherkreislauf. Dies bedeutet, dass Wärmepumpen bereits heute das Potenzial haben, eine Verbindung zwischen dem Stromnetz und der Speicherung thermischer Energie zu schaffen, vorausgesetzt, die Systeme sind ordnungsgemäß dimensioniert und installiert.

Die Wärmepumpe ist derart intelligent zu steuern, dass ihre Steuerung beispielsweise auf der Grundlage von Preissignalen vom Vortag bestimmen kann, zu welchem Tageszeitpunkt die Wärmepumpe in Betrieb gehen soll und für welchen Zeitraum sie außer Betrieb zu setzen ist. Zusätzlich lassen sich das Verbraucherverhalten, die Klimadaten und die thermische Trägheit des Gebäudes berücksichtigen.

Gebäudetyp, Wärmepumpenbauart, Speichervolumen und die Anzahl der installierten Systeme schaffen das benötigte Flexibilitätspotenzial. Über unterschiedliche Steuerungssignale und Steuerungsebenen ist dieses Potenzial erschließbar.

Mögliche **Steuersignale bzw. Steuerinformationen** für Wärmepumpen sind: elektrische Energie, Preissignale, Verfügbarkeit von elektrischer Energie aus regenerativer Stromerzeugung, geplante Zeiträume mit hoher erwarteter Nachfrage, kontinuierliches einseitiges Signal vom Aggregator, bidirektionale Kommunikation oder auch Frequenz- und Spannungsregelung zur Sicherung der Netzstabilität.

Die Wärmepumpe kann nur dann zur Flexibilität des Netzes beitragen, wenn sie in der Lage ist, auf verschiedene Steuersignale zu reagieren. Es ist somit notwendig auszuwählen, welche Art des Steuersignalprinzips verwendet wird und welche Kommunikationsprotokolle zu implementieren sind, um die Kommunikation oder die Reaktion technisch zu ermöglichen.

Es besteht ein Interessenkonflikt zwischen den verschiedenen Teilnehmern am intelligenten Netz. Der Verbraucher wird kein anderes Interesse haben als seinen eigenen Komfort zu maximieren, insbesondere in Deutschland, wo Abgaben und Steuern den größten Teil des Gesamtstrompreises ausmachen und daher Steuersignale, die auf Schwankungen des Energiegroßhandelspreises basieren, wenig Einfluss auf Energieeinsparungen haben.

Hersteller wollen die Auswirkungen eines Wärmepumpenausfalls so gering wie möglich halten, um eine hohe Effektivität der Wärmepumpe zu garantieren. Dies ist insbesondere bei einem möglichst gleichmäßigen Betrieb der Wärmepumpe ohne häufiges Ein- und Ausschalten der Fall. Versorgungsunternehmen und Netzbetreiber wollen die Flexibilität auf der Nachfrageseite optimieren. Regierungen werden zukünftig die Aufgabe haben, die Integration erneuerbarer Energien zu maximieren [6.5].

6.8 Wärmepumpen für Wärmenetze

Die leitungsgebundene Versorgung von Wärmeverbrauchern erfolgt mit Fern- und Nahwärmenetzen, die üblicherweise eine Vorlauftemperatur zu den Verbrauchern zwischen +80 und +130 °C aufweisen. Ein Fern- oder Nahwärmenetz lässt sich wie folgt kurz charakterisieren. Konventionell wird nicht genutzte Abwärme aus Kraftwerken über ein isoliertes Wärmenetz, welches fast ausschließlich als Wärmeträger Hochdruckheißwasser verwendet, über eine Haupt-Vorlaufleitung bis zur jeweiligen Wärmeübergabestation des Verbrauchers transportiert. Der Wärmeverbraucher wird mit eigenen Nebenleitungen für Vor- und Rücklauf an die Hauptleitung angeschlossen. Die Haupt-Rücklaufleitung sammelt das abgekühlte Hochdruckheißwasser aus den einzelnen Wärmeverbrauchern und transportiert es mit einer Mischtemperatur zurück zum Kraftwerk. Der Kreislauf ist geschlossen. Seit Jahren ist ein reduzierter Wärmebedarf in Haushalten zu verzeichnen, sodass die Attraktivität von konventionellen Wärmenetzen, bedingt durch die verminderte Effektivität, abnimmt.

Seit einigen Jahren werden Siedlungen und Quartiere über kalte Nahwärme versorgt. Der Wärmeträger (ein Glykol-Wasser-Gemisch) der kalten Nahwärme hat eine Vorlauftemperatur zwischen 0 °C und +30 °C. Dezentral wird in den Häusern mit Hilfe von Wärmepumpen dieser Wärmeträger auf die z. B. für Fußbodenheizung benötigte Vorlauftemperatur von +35 °C angehoben. Für die

6.5 Wärmepumpen für Wärmenetze

kalte Nahwärme werden unterschiedliche Wärmequellen genutzt, z. B. Abwärme aus industriellen Prozessen oder von erneuerbaren Energien (Geothermie, Solarthermie). Weitere Vorteile der kalten Nahwärme im Vergleich zur konventionellen Nahwärme sind die nicht benötigte Isolierung des Leitungsnetzes wegen sehr geringer Wärmeverluste, die hohe Jahresarbeitszahl der Wärmepumpen von 4 oder mehr und das geringere wirtschaftliche Risiko der Betreiber. Nachteile ergeben sich durch die geringe Temperaturdifferenz zwischen Vor- und Rücklauf und das insgesamt niedrigere Temperaturniveau bezüglich notwendiger hoher Volumenströme, größeren Rohrleitungsdurchmessern und höherer Viskosität des Wärmeträgers. Nähere Informationen zur kalten Nahwärme finden sich in [6.6].

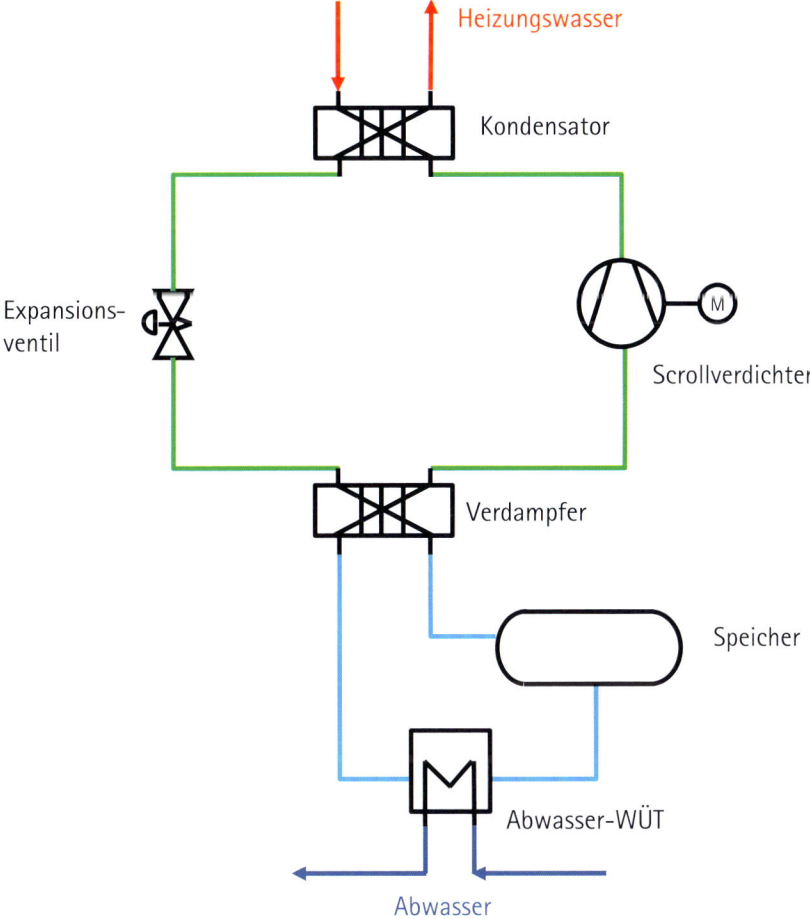

Abb. 6.4: Wärmepumpe für kaltes Nahwärmenetz nach [6.7]

Abbildung 6.4 zeigt vereinfacht ein Schema für eine Sole/Wasser-Wärmepumpe, die Gemeindeabwasser als Wärmequelle verwendet und im Abwasser-WÜT abkühlt. Der Speicher ist für den Ausgleich zwischen Angebot und Bedarf an Wärme vorgesehen.

Literatur

[6.1] *Hess St., et. al.*: Techno-ökonomische Perspektiven für Wärmepumpen im Mehrfamilienhaus-Bestand. DKV-Tagung 2021, Dresden, AA IV

[6.2] *Hackensellner, Th., Brakel, V.*: Wärmepumpenanwendungen in der Industrie. In: VDI-Berichte Nr.: 1321, Düsseldorf: VDI-Verlag, 1997, S. 433-447

[6.3] *Hackensellner, Th.*: Wärmepumpenanwendungen in der Nahrungs- und Genussmittelindustrie. In: VDI-Berichte Nr.: 1182, Düsseldorf: VDI-Verlag, 1995, S. 485-499

[6.4] *Nguyen, M.D.*: Hybrid-Wärmepumpe – Arten Vor- und Nachteile. https://heizung.de/waermepumpe/wissen/hybrid-waermepumpe-arten-vor-und-nachteile/ Abgerufen am 08.03.2022.

[6.5] *Mosterd, D., Wagner, P.*: Heat Pumps offers a huge potential for flexibility on a smart grid and unlocking it is not (just) a technical issue. HPT Magazine, Vol. 34 No. 2/2016

[6.6] *Buffa, S., et. al.*: 5th generation district heating and cooling systems: A review of existing cases in Europe. Renewable and Sustainable Energy Reviews 104 (2019), p. 504-522

[6.7] *König, K.W.*: Wärmepumpen im Nahwärmenetz. In: Moderne Gebäudetechnik 5/2021, S. 17-19

7 Geothermie und andere Energiequellen

7.1 Verfügbare Wärmequellen

Für Wärmepumpen steht eine Vielzahl von Wärmequellen zur Verfügung. Zu unterscheiden sind Wärmequellen für häusliche Wärmepumpen und solche, die bei gewerblichen/industriellen Anwendungen zum Einsatz kommen. Einen Überblick zu verfügbaren Wärmequellen zeigt Abbildung 7.1.

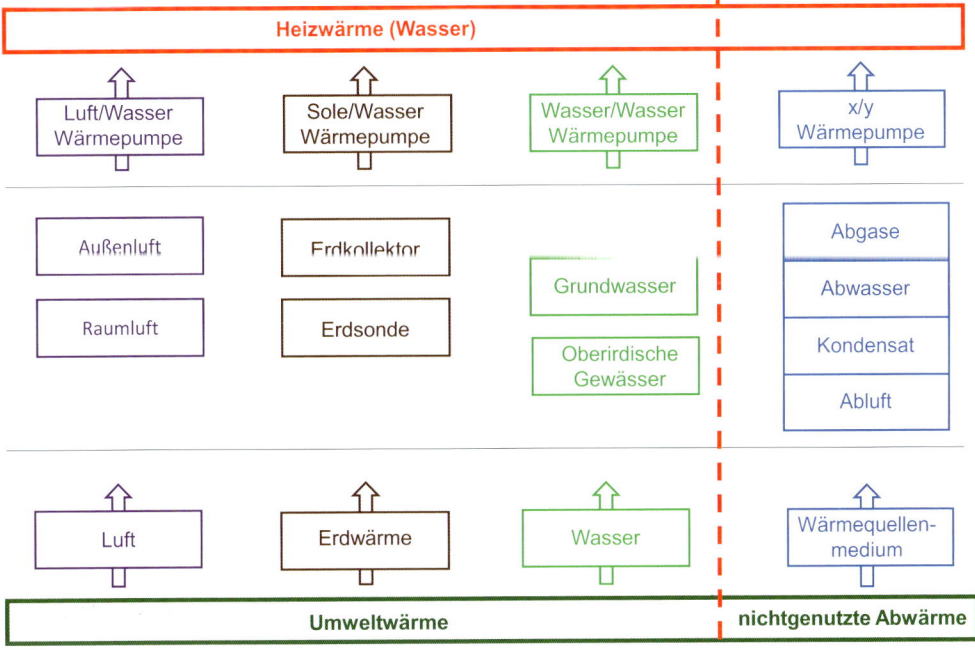

Abb. 7.1: Wärmequellen für Wärmepumpen

Aus Abbildung 7.1 wird deutlich, dass häusliche Wärmepumpen die natürlichen Wärmequellen wie Luft, Erdwärme und Wasser verwenden, während bei gewerblichen/industriellen Wärmepumpen weitere Wärmequellen zusätzlich eingesetzt werden.

7.2 Auswahlkriterien für Wärmequellen

Um eine Wärmepumpe energetisch, betriebswirtschaftlich und umwelttechnisch optimal zu betreiben, sind einige allgemeine Kriterien bei der Auswahl der geeigneten Wärmequelle zu beachten. Diese sind nach [7.1]:

7.2.1 Verfügbarkeit

Die Verfügbarkeit der Wärmequelle sollte möglichst ausreichend sein in Bezug auf das zeitliche Angebot und besonders bei industriellen Wärmequellen auch bezüglich der Menge an nicht genutzter Abwärme. Aufwendige bivalente Lösungen oder Speichersysteme sind damit überflüssig.

7.2.2 Wärmequellentemperatur

Eine hohe Wärmequellentemperatur bedeutet eine hohe Verdampfungstemperatur und damit bei gleicher Vorlauftemperatur des Heizwassers eine erhöhte Leistungszahl der Wärmepumpe. Mögliche Abhängigkeiten sind von der Jahreszeit (z. B. Außenlufttemperatur, Temperatur eines Oberflächenwassers) oder von der Entzugsleistung (Erdreich) gegeben. Es ist vor der Verwendung einer Wärmequelle zu klären, ob eine jahreszeitliche Abhängigkeit besteht und in welcher Form.

7.2.3 Nutzungserlaubnis

Es sind die regionalen und gesetzlichen Bestimmungen am Aufstellungsort der Wärmepumpe zu berücksichtigen.

7.2.4 Kostengünstige Erschließung und Nutzung

Der wirtschaftliche Aufwand zur Erschließung kann sehr groß sein, z. B. bei Wasser/Wasser-Wärmepumpen. Die jährlich anfallenden Betriebs- und Verbrauchskosten für Pumpen oder Ventilatoren sind bei der Auswahl zu berücksichtigen. Derartige Nebenaggregate benötigen zusätzliche elektrische Energie, die die Jahresarbeitszahl deutlich mindern können.

7.2.5 Qualität (chemisch-physikalisch)

Die chemisch-physikalische Qualität der Wärmequelle ist zu beachten. Es können Korrosion, Eisbildung oder chemische und biologische Verschmutzungen auftreten, die die Betriebssicherheit der Wärmepumpe möglicherweise beeinträchtigen. Die Qualität der Wärmequelle bestimmt damit auch die einzusetzenden Werkstoffe, die konstruktive Auslegung von Wärmepumpenkomponenten sowie weitere zusätzlich benötigte Komponenten (z. B. Filter).

7.3 Außenluft

Folgende Eigenschaften von Außenluft als Wärmequelle sind besonders zu berücksichtigen. Die Wärmequelle Außenluft ist überall in ausreichender Menge verfügbar. Sie ist kostengünstig zu erschließen, und eine Genehmigung zur Nutzung ist nicht erforderlich. Außenluft hat eine tages- und jahreszeitliche Schwankung sowohl bezüglich der Temperatur als auch bezüglich der relativen Feuchte. In unseren Breiten liegt die Temperaturschwankung normalerweise zwischen −20 °C und +35 °C. Bei der Auslegung einer Haushaltswärmepumpe sind keine besonderen Anforderungen an den Grundflächenbedarf zu stellen. Sowohl eine Verwendung als Indoor- oder Outdoor-Wärmepumpe ist ohne größeren technischen Aufwand möglich. Bei der Outdoor-Wärmepumpe sind rechtliche Vorgaben zu den örtlichen Schallemissionen bei der Aufstellung zu beachten. Nachteilig wirkt sich die geringe spezifische Wärmekapazität bei konstantem Druck (c_p) von feuchter Luft aus, die einen hohen Luftvolumenstrom durch den Verdampfer bedeutet, wenn definierte thermische Leistungen vorgeben werden. Im Winter, wenn ein hoher Heizwärmebedarf zur Gebäudebeheizung besteht, sind die Außenlufttemperaturen niedrig mit der Folge, dass die Leistungszahl der Wärmepumpe relativ gering ist. Beim Abkühlen von Luft im Verdampfer kann es zur Kondensat- oder Eisbildung kommen. Außenluft kann zusätzlich auch unerwünschte Partikel mittragen und wirkt in Meeresnähe durch den Salzgehalt korrosiv auf Anlagenkomponenten.

Abbilung 7.2 zeigt für den Standort Freising-Weihenstephan den Temperaturverlauf der mittleren monatlichen Lufttemperatur. Zusätzlich sind die mittleren monatlichen Höchst- und Niedrigtemperaturen angegeben.

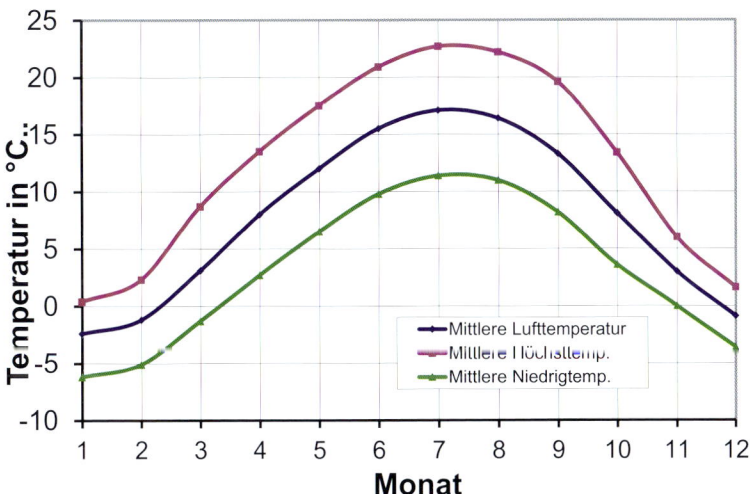

Abb. 7.2: Temperaturverlauf Außenluft in Freising-Weihenstephan

Zu erkennen ist, dass die mittlere Monatstemperaturdifferenz zwischen Höchst- und Tiefstwert bei rund 20 Kelvin liegt. In den Heizmonaten November bis März kann nur von einer mittleren Monatstemperatur zwischen −3 °C und +3 °C ausgegangen werden. Damit ergeben sich niedrige Jahresarbeitszahlen für Luft/Wasser-Wärmepumpen.

7.4 Erdwärme

Die Verwendung von Erdreich als Wärmequelle für Wärmepumpen ist eine Alternative zur Verwendung atmosphärischer Luft, da die Temperatur des Erdreichs geringere jahreszeitliche Schwankungen aufweist als Außenluft. In der bodennahen Erdschicht (ca. 2 m Tiefe) schwankt die ungestörte Erdreichtemperatur in Abhängigkeit von den klimatischen Bedingungen und von der Struktur des Erdreichs während des Jahres zwischen +2 und +12 °C. Die Temperatur der Wärmequelle bestimmt maßgeblich die Effektivität einer Wärmepumpe. Im Erdreich ist der Ursprung der Energie fast ausschließlich die vom Boden absorbierte Sonnenstrahlung und Luft, die sich in Wärme umwandelt. Weitere geringere Anteile entstehen durch Regenwasser, Schnee oder Wasserverdunstung. Weiterführende Informationen zum Bau und zur Berechnung von Erdwärmeanlagen finden sich in [7.2].

Zur Nutzung der Erdwärme werden in der Praxis vorwiegend Erdkollektoren oder Erdsonden eingesetzt. Die mit Erdkollektoren oder Erdsonden verbundenen Kompressions-Wärmepumpen werden als Sole/Wasser-Wärmepumpen bezeichnet, da der geschlossene Wärmequellenkreislauf mit einem Glykol-Wasser-Gemisch (Konzentration ca. 25 Vol.-% Glykol) als Wärmeträger gefüllt ist. Für die Beurteilung und Auslegung der Wärmequellenanlage Erdreich sind fachspezifische Kenntnisse, u. a. zum physikalischen Verhalten von Erdreich, erforderlich. Prinzipiell gilt bei einer längeren Betrachtungsdauer, dass für die Energiebilanz an der Erdbodenoberfläche die zugeführte Wärme ungefähr gleich der abgeführten Wärme ist. Durch die Einbringung von Erdkollektoren/Erdsonden wird diese Energiebilanz gestört, da diese Wärmeübertrager eine Entzugsleistung aufweisen, sodass die dem Erdreich zugeführten Wärme gleich der abgeführten Wärme aus dem Erdreich plus der Entzugswärme ist.

7.4.1 Eigenschaften des Erdbodens

Für den Betrieb einer Wärmepumpe, die als Wärmequelle das Erdreich verwendet, sind einige Bodeneigenschaften von besonderem Interesse. Dabei ist die Temperaturleitfähigkeit a des Bodens für die Beurteilung und Auslegung von besonderer Bedeutung. Die Temperaturleitfähigkeit a ist wie folgt definiert:

$$a = \frac{\lambda}{\rho \cdot c} \qquad \text{(Gl. 7.1)}$$

a: Temperaturleitfähigkeit
λ: Wärmeleitfähigkeit
ρ: Dichte
c: Spezifische Wärmekapazität

Insgesamt setzt sich ein Boden aus festen Einzelstoffen (mineralische Bestandteile wie Marmor, Granit, Schiefer, Kalkstein), organischen Bestandteilen, Wasser und Luft zusammen. Es handelt sich also um ein Dreiphasen-Gemisch, sodass sich über die Volumenanteile der Einzelbestandteile des Bodens die Dichte des Gemisches und die spezifische Wärmekapazität des Gemisches berechnen lassen. Die Wärmeleitfähigkeit eines Bodens kann nur experimentell ermittelt werden.

Ist der Erdboden gefroren, hat er bedingt durch die unterschiedlichen Stoffeigenschaften von Wasser und Eis veränderte Stoffdaten im Vergleich zu getautem Erdboden. Die Gefriertemperatur wird unterhalb 0 °C liegen.

Tabelle 7.1 zeigt für ausgewählte Bodentypen wichtige Stoffeigenschaften, die zur Berechnung von Erdwärmekollektoren und Erdwärmesonden notwendig sind. Es sind vier verschiedene, häufig vorkommende Bodentypen ausgewählt worden. Es sind mittlere Stoffwerte angegeben. Der Bodentyp „Lehm feucht" kann als sogenannter „Normalboden" bezeichnet werden [7.3].

7.4 Erdwärme

Tab. 7.1: Stoffeigenschaften ausgewählter Bodentypen [7.3]

Bodentyp	Wärmeleitfähigkeit λ [W/(m·K)]	Dichte ρ [kg/m³]	Wärmekapazität c_p [J/(kg·K)]	Temperaturleitfähigkeit a [m²/s]
Sand trocken	0,70	1500	922	$5{,}06 \cdot 10^{-7}$
Sand feucht	1,88	1500	1199	$10{,}45 \cdot 10^{-7}$
Lehm feucht	1,45	1800	1339	$6{,}02 \cdot 10^{-7}$
Lehm gesättigt	2,90	1800	1591	$10{,}13 \cdot 10^{-7}$

7.4.2 Ungestörte Erdreichtemperatur

Durch den Betrieb einer Wärmepumpe mit einem Erdkollektor oder einer Erdsonde wird die ungestörte Erdreichtemperatur kleiner. Die ungestörte Erdreichtemperatur berechnet sich wie folgt [7.4]:

$$t_E(z,\tau) = \overline{t_a} + \frac{\Delta t_{a,Amp} \cdot \exp(-\xi)}{\sqrt{1 + 2 \cdot \beta + 2 \cdot \beta^2}} \cdot \cos\left(\frac{2 \cdot \pi \cdot \tau}{\tau_0} - \varphi_0 - \xi - \varepsilon\right) \qquad \text{(Gl. 7.2)}$$

Mit folgenden Gleichungen:

$$\zeta = z \cdot \sqrt{\frac{\pi}{a \cdot \tau_0}} \qquad \text{(Gl. 7.3)}$$

$$\beta = \frac{\lambda}{\alpha_E} \cdot \sqrt{\frac{\pi}{a \cdot \tau_0}} \qquad \text{(Gl. 7.4)}$$

$$\varepsilon = \arctan\left(\frac{\beta}{1+\beta}\right) \qquad \text{(Gl. 7.5)}$$

t_E: Temperatur des Erdreichs
α_E: Wärmeübergangskoeffizient
t: Zeit
λ: Wärmeleitfähigkeit
z: Tiefe
τ_0: Periodendauer (8760 h/a)
t_a: Mittlere jährliche Außenlufttemperatur
φ_0: Phasenverschiebung (ca. 1,06 π)
a: Temperaturleitfähigkeit
$\Delta t_{a,Amp}$: Amplitude der Außenlufttemperatur

Der Temperaturverlauf im Erdboden ohne Nutzung ist in Abbildung 7.3 für folgende Kriterien dargestellt:
- Temperaturleitfähigkeit: $6{,}02 \cdot 10^{-7}$ m²/s
- Wärmeleitfähigkeit: 1,45 W/(m · K)
- Wärmeübergangskoeffizient: 16 W/(m² · K).

7 Geothermie und andere Energiequellen

Für vier ausgewählte Monate (Januar, März, Juli, November) ist der Verlauf der Erdtemperatur in Abhängigkeit von der Tiefe in Abbildung 7.3 dargestellt. Die Kurven sind für ungestörten Wärmeeintrag durch Luft und Sonneneinstrahlung über die Atmosphäre gültig, d. h., der Erdkollektor bzw. die Erdsonde ist nicht in Betrieb. Die Tiefe 0 m entspricht der Erdoberfläche.

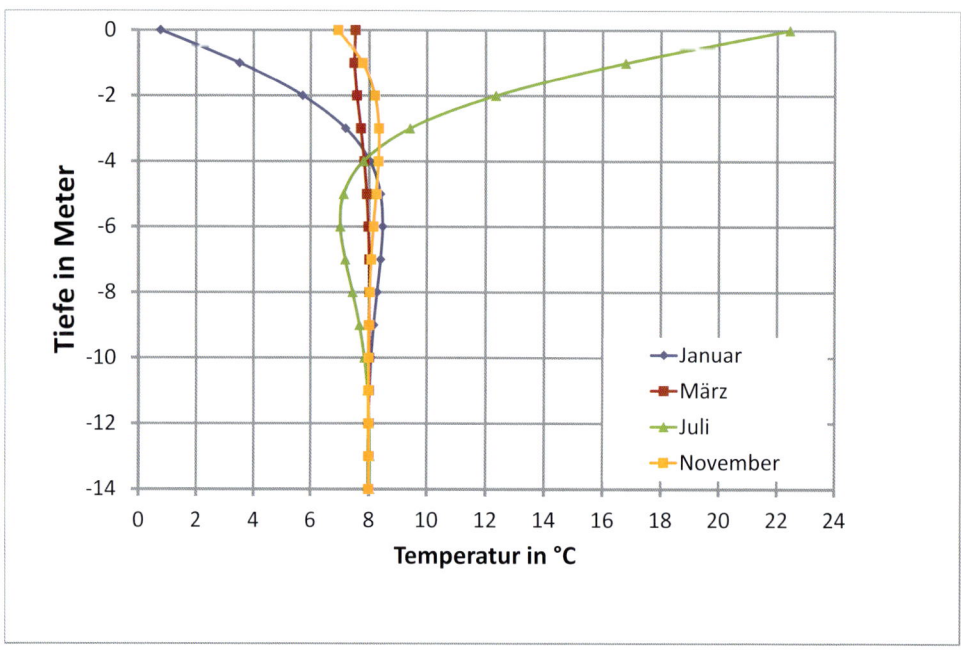

Abb. 7.3: Temperaturverlauf im Erdboden ohne Nutzung

Aus der Abbildung 7.3 ist zu entnehmen, dass ab einer Tiefe von ca. 10 m keine Temperaturveränderungen auftreten. Unter den vorgegebenen Randbedingungen liegt die Erdtemperatur bei +8 °C.

7.4.3 Erdwärmekollektoren

Erdwärmekollektoren werden horizontal in den Erdboden in einer Tiefe von rund 1,2 m bei einem Mindestabstand der Kunststoffrohre von 0,6 bis 0,8 m verlegt. Das Kollektorfeld sollte unverbaut, nicht überdacht und der Boden nicht verdichtet sein. Es besteht keine Gefahr für Bäume oder Pflanzen. Meistens werden Kunststoffrohre aus Polyethylen (PE) mit Nenndurchmessern DN 20, DN 25 oder DN 32 verwendet. Die spezifische Entzugsleistung ist je nach Erdbodeneigenschaften unterschiedlich, kann aber mit rund 25 W/m² angenommen werden. Überschlägig ergibt sich die benötigte Kollektorfläche in m² aus der 40-fachen benötigten Heizleistung der Haushalts-Wärmepumpe in kW. Jeder einzelne Kollektorstrang sollte die gleiche Rohrleitungslänge aufweisen, um eine Gleichverteilung des Wärmeträgers zu erreichen. Auf eine Eisbildung während der Heizperiode ist zu achten.

7.4.3.1 Spezifische Entzugsleistung

Die spezifische Entzugsleistung für Erdwärmekollektoren ist vom jeweiligen Untergrund, der Kollektorbauart und von der jährlichen Benutzungsdauer abhängig. Anhaltswerte liefert die VDI 4640, Blatt 2 [7.5]. Für Sonderbauformen von Kollektoren, wie Erdreichkörbe und Grabenkollektoren, sind individuelle Berechnungen zur spezifischen Entzugsleistung durchzuführen. Tabelle 7.2 gibt für horizontale Erdwärmekollektoren maximale Entzugsleistungen für PE-Rohre für die Klimazonen 13 und 15 von Deutschland an.

Tab. 7.2: Spezifische Entzugsleistung für Kollektoren, Auszug aus [7.5]

Untergrund	Klimazone 13	Klimazone 15
Sand	16 W/m²	14 W/m²
Lehm	25 W/m²	25 W/m²
Schluff	27 W/m²	26 W/m²
Sandiger Ton	29 W/m²	29 W/m²

Aus Tabelle 7.2 wird deutlich, dass ein höherer Wasseranteil im Erdboden die spezifische Entzugsleistung erhöht und dass eine längere jährliche Benutzungsdauer die spezifische Entzugsleistung reduziert. Eine kleinere spezifische Entzugsleistung führt bei gleicher Entnahmeleistung zu einem höheren Bedarf an Kollektorfläche und damit auch an Erdoberfläche.

7.4.4 Erdwärmesonden

Erdwärmesonden werden vertikal in den Erdboden mit einer Sondenlänge von 40 bis 100 m und mit einem Mindestabstand der Sonden von 6 m zueinander eingebracht. Ab einer Tiefe von 100 m sind die Vorgaben des Bergbaugesetzes (BBergG) einzuhalten. Der Wärmequellenkreislauf ist geschlossen und mit einem Glykol-Wasser-Gemisch gefüllt. Da die Erdbodentemperatur in einer Tiefe von mehr als 10 m über ein Kalenderjahr bei ca. +8 bis +10 °C liegt, ist ein monovalenter Betrieb der Wärmepumpe möglich. Unter Beachtung der Bodenbeschaffenheit und der wasserführenden Schichten ist eine einfache Erschließung sowohl für den Neubau als auch für den Gebäudebestand möglich. Eine wasserrechtliche Genehmigung ist einzuholen. Die spezifische Entzugsleistung ist je nach Bodenfeuchte und Bodenbeschaffenheit unterschiedlich, kann jedoch überschlägig mit 50 W/m Sondenlänge angenommen werden. Die Sondenlänge in Meter errechnet sich aus der 15-fachen Heizleistung einer Haushalts-Wärmepumpe in kW. Als Erdwärmesonden werden einfache U-Rohre, Doppel-U-Rohre oder Koaxialrohre verwendet. Überschlägig benötigt die Wärmeträgerpumpe zur Förderung des Glykol-Wasser-Gemischs rund 7 bis 10 % des elektrischen Energieverbrauchs des Wärmepumpenverdichters. Auf eine Vereisung während der Heizperiode ist zu achten.

7.4.4.1 Spezifische Entzugsleistung

Die spezifische Entzugsleistung für Erdwärmesonden wird in W/m Sondenlänge angegeben. Die Entzugsleistung ist abhängig von der Art des Untergrundes und von der jährlichen Benutzungsdauer. Die spezifische Entzugsleistung kann durch Gesteinsausbildungen wie Klüftung, Schieferung oder Verwitterung erheblich schwanken. Tabelle 7.3 gibt maximale spezifische Entzugsleistungen für Erdwärmesonden nach VDI 4640, Blatt 2 für den Anlagenbetrieb der Wärmepumpe „Heizen

7 Geothermie und andere Energiequellen

und Trinkwassererwärmung" an [7.5]. Als Randbedingungen sind die Wärmeleitfähigkeit des Erdbodens, die Anzahl der Sonden sowie die jährliche Volllastbenutzungsstundendauer angegeben.

Tab. 7.3: Maximale spezifische Entzugsleistungen für Erdwärmesonden, Auszug aus [7.5]

Untergrund mit Wärmeleitfähigkeit	2 W/(m·K)	3 W/(m·K)
1 Sonde, 1800 h/a	43,9 W/m	53,9 W/m
2 Sonden, 1800 h/a	40,1 W/m	50,2 W/m
3 Sonden, 1800 h/a	37,6 W/m	47,5 W/m
4 Sonden, 1800 h/a	35,7 W/m	45,5 W/m
5 Sonden, 1800 h/a	34,6 W/m	44,4 W/m

Tabelle 7.3 zeigt, dass die Wärmeleitfähigkeit des Bodens einen wesentlichen Einfluss auf die maximale spezifische Entzugsleistung hat. Bei gleicher jährlicher Benutzungsstundendauer reduziert sich die maximale spezifische Entzugsleistung mit zunehmender Anzahl der eingesetzten Sonden.

7.4.4.2 Bauarten von Erdwärmesonden

Als klassische Erdwärmesonden werden Einfach-U-Rohr, Doppel-U-Rohr und das Koaxialrohr verwendet.

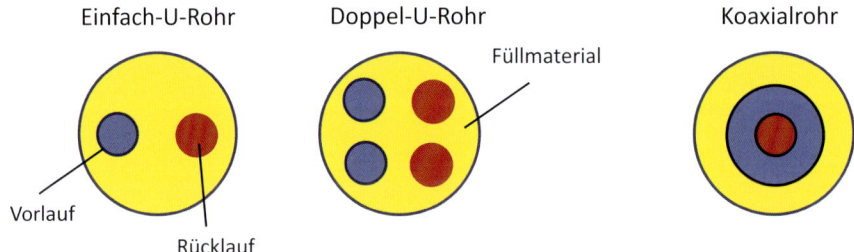

Abb. 7.4: Bauarten von Erdwärmesonden

Die Länge L einer Erdwärmesonde entspricht der Rohrlänge des Vorlaufes oder des Rücklaufes. Es werden stets mehrere Erdwärmesonden gebohrt, die an einen Soleverteiler angeschlossen werden. Der Soleverteiler ist mit dem Wärmepumpenverdampfer verrohrt. Bei Doppel-U-Rohr Erdwärmesonden ist der Soleverteiler mit der doppelten Anzahl an Abgängen auszuführen wie Erdwärmesonden verwendet werden.

7.4.4.3 Länge einer Erdwärmesonde

Zur Berechnung der Länge einer Erdwärmesonde ist von der Entzugsleistung in W für das entsprechende Objekt auszugehen. Dabei wird in den meisten Fällen die gesamte Entzugsleistung auf eine Anzahl von n Erdwärmesonden aufgeteilt. Zusammen mit der spezifischen Entzugsleistung in W/m für die auftretende Bodenschicht erhält man die Länge einer Erdwärmesonde aus der folgenden Gleichung.

$$L = \frac{\dot{Q}}{\dot{q} \cdot n}$$ (Gl. 7.6)

L: Länge einer Erdwärmesonde
$\dot{Q}$: Gesamte Entzugsleistung (= Verdampferleistung der Wärmepumpe)
$\dot{q}$: Spezifische Entzugsleistung in W/m
n: Anzahl der Erdwärmesonden

7.5 CO_2-Erdwärmesonden

Abbildung 7.5 zeigt den prinzipiellen Aufbau einer CO_2-Erdwärmesonde. In dieser technischen Anwendung ist Kohlendioxid der Wärmeträger in einem geschlossenen Kreislauf. Das umweltfreundliche CO_2 hat den Vorteil, dass es damit die klassischen, senkrecht im Boden verlegten Erdwärmesonden, die mit einem Glykol-Wasser-Gemisch betrieben werden, als Weiterentwicklung ersetzen kann.

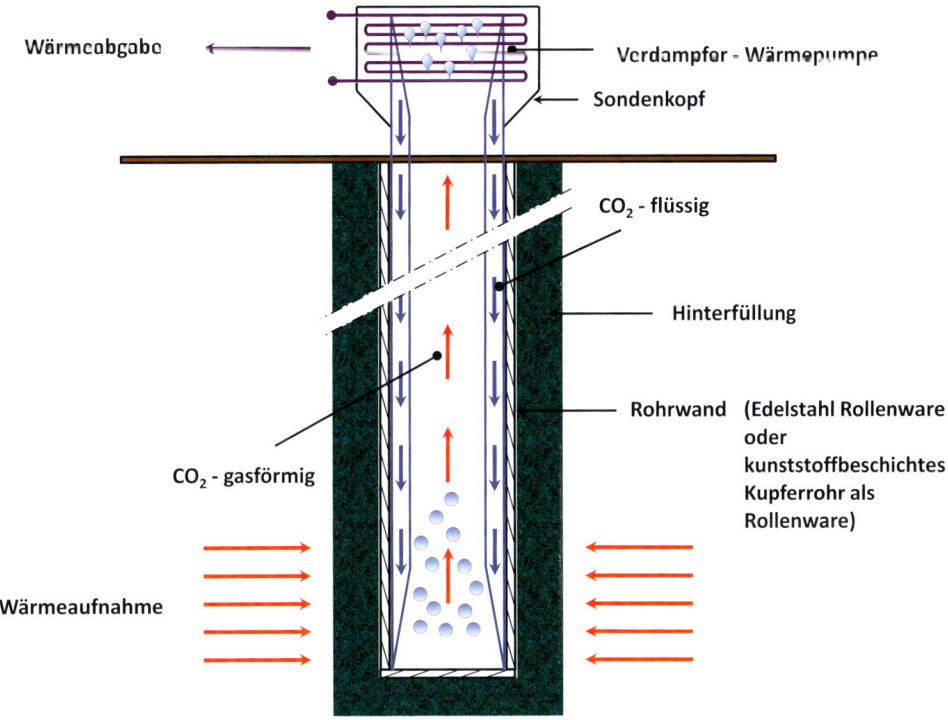

Abb. 7.5: Erdwärmesonde mit CO_2 als Wärmeträger nach [7.6]

Ein gewelltes oder glattes Stahlrohr wird als Erdwärmesonde verwendet. Bei den gewellten Erdwärmesonden erfolgt kein Zusammenschweißen von Einzelrohren auf der Baustelle, da Wellrohre aufgerollt transportiert werden. Die typische Erdsondenlänge beträgt rund 100 m. Kunststoffbeschichtetes Kupferrohr als Rollenware ist ebenfalls im Einsatz.

Die Aufnahme der Erdwärme erfolgt durch Verdampfung von CO_2, die Abgabe der Wärme an die Wärmepumpe durch Kondensation von CO_2. Der Wärmeträger CO_2 wird nach dem Prinzip der Thermosiphonwirkung (Heat Pipe) transportiert, d. h. ohne zusätzliche Antriebsenergie. Es kann damit die Arbeitszahl der Wärmepumpe bis zu 25 % erhöht werden. Die Wärmepumpe ist als Split-Wärmepumpe auszuführen [7.7].

Eigenschaften von CO_2-Erwärmesonden sind:
- CO_2 ist als Wärmeträger umweltneutral (GWP = 1)
- Betriebsdrücke liegen bei 50 bar
- Kleinste Leckagen machen Erdwärmesonden unwirksam
- Keine zusätzliche Antriebsenergie notwendig
- Kompaktanlagen können nicht gefertigt werden, WP wird erst beim Anwender komplettiert
- Fachkräfte sind vor Ort erforderlich
- Einsatz in Wasserschutzgebieten möglich.

Eine **Begrenzung der maximalen thermischen Leistung** ergibt sich durch:
- Maximale Aufstiegsgeschwindigkeit der Dampfblasen
- Anstieg der flüssigen CO_2-Säule bei zu großer Füllmenge
- Begrenzung des Wärmestromes im unteren Teil der Erdwärmesonde durch Erreichen des kritischen Druckes aufgrund der geodätischen Höhe der Flüssigkeitssäule
- Mitnahme von Flüssigkeitstropfen durch die im Gegenstrom nach oben gerichtete Gasströmung.

7.6 Grundwasser als Wärmequelle

Die Wärmequelle Grundwasser ist durch die jahreszeitliche geringe Temperaturschwankung von +7 bis +12 °C für den monovalenten Wärmepumpenbetrieb geeignet. Für den Einsatz einer Wärmepumpe zur Nutzung der Wärmequelle Grundwasser ist grundsätzlich die Genehmigung der zuständigen Wasserbehörde einzuholen. Die Erschließungskosten sind bedingt durch erforderliche Brunnenbohrungen relativ hoch. Bei Neubauprojekten ist die Erschließung sehr aufwendig, da Wasseranalysen und Probebohrungen durchzuführen sind. Eine sorgfältige Planung und gewissenhafte Ausführung der Brunnenanlage ist zwingend notwendig. Zu beachten ist die Brunnenalterung durch Verockerung (Eisenhydroxidbildung), Korrosion, Versinterung und Versandung. Im Grundwasser dürfen keine absetzbaren Stoffe enthalten sein, auch die Grenzwerte für Mangan und Selen sind einzuhalten. Zwischen Förderbrunnen und Schluckbrunnen ist in Grundwasserfließrichtung ein Mindestabstand von 10 bis 15 m einzuhalten, um einen Strömungskurzschluss zu vermeiden. Bei der Auslegung des Verdampfers der Wärmepumpe kann zwischen kupfergelöteten Edelstahl-Platten-Wärmeübertragern oder geschweißten Edelstahl-Spiral-Wärmeübertragern gewählt werden. Die spezifische Entzugsleistung ist je nach Grundwasserstrom unterschiedlich, kann aber überschlägig mit 4 kW pro m³/h angenommen werden. Die Temperaturabsenkung des Grundwassers beträgt üblicherweise 3 K, maximal jedoch 5 K.

7.6.1 Auslegung der Wärmequellenanlage

Bei Wasser/Wasser-Wärmepumpen, die Grundwasser als Wärmequellenmedium verwenden, ist der benötigte Volumenstrom an Grundwasser zu berechnen. Als Abkühlung des Grundwassers sollte eine Temperaturdifferenz von 3 K angesetzt werden. Der Volumenstrom ermittelt sich aus:

$$\dot{V}_W = \frac{\dot{Q}_V}{\rho_W \cdot c_{pW} \cdot (t_E - t_A)} \qquad (Gl.\ 7.7)$$

$\dot{V}_W$: Volumenstrom an Grundwasser
$\dot{Q}_V$: Verdampferleistung
t_E: Eintrittstemperatur
t_A: Austrittstemperatur
c_{pW}: Spezifische Wärmekapazität Wasser bei konstantem Druck

Ferner ist für den Brunnen eine Tauchpumpe auszulegen, die eine entsprechende Förderhöhe aufzuweisen hat. Hierzu sind die Druckverluste der Rohrleitungen, der Druckverlust des Wärmeübertragers (Verdampfer oder Zwischen-Wärmeübertrager) und die Brunnentiefe zu berücksichtigen.

7.7 Solarkollektoren

Die Kombination von Wärmepumpen mit Solarkollektoren kann auf unterschiedliche Art und Weisen erfolgen. Die direkte Art der Einbindung von Wärme aus dem Solarkollektor bedeutet, dass Heizungswasser in einem Pufferspeicher erwärmt wird. Die indirekte Einbindung erfolgt dadurch, dass Wärme der Solarkollektoren zur Anhebung der Temperatur der Wärmequelle verwendet wird. Als Wärmepumpen kommen Luft/Wasser-Wärmepumpen oder Sole/Wasser-Wärmepumpen in Frage. Abbildung 7.6 zeigt die Kombination eines Solarkollektors mit einer Erdwärmesonde für eine Sole/Wasser-Wärmepumpe.

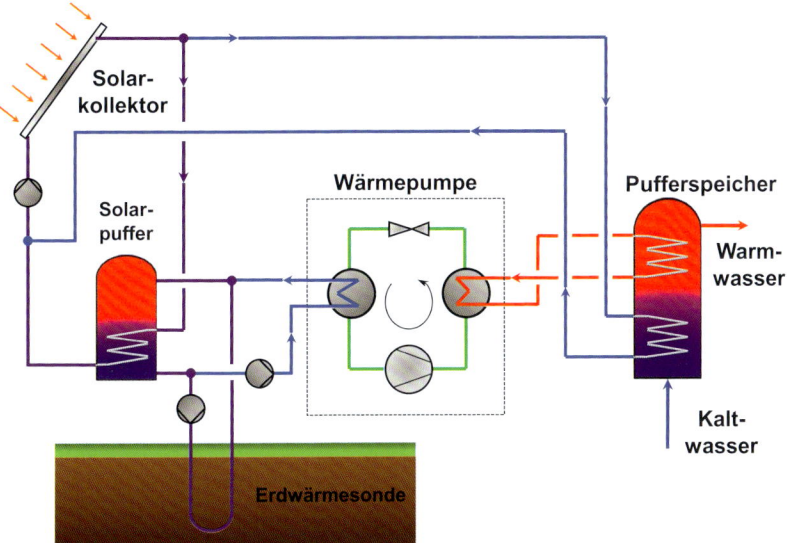

Abb. 7.6: Erdwärmesonde und Solarkollektor

Über den Solarkollektor (violetter Kreislauf) nach Abbildung 7.6 wird Wasser erwärmt und im Solarpuffertank gespeichert. Dieses erwärmte Wasser wird als Wärmequelle für eine Sole/Wasser-Wärmepumpe verwendet. Über den Solarkollektor kann damit die Verdampfungstemperatur für die Wärmepumpe zusätzlich erhöht werden mit der Folge, dass die Wärmepumpe weniger Antriebsenergie benötigt. Im Sommer dient das erwärmte Wasser zusätzlich zur Regenerierung der Erdwärmesonde. Entscheidend für die Wirtschaftlichkeit ist die Zeitdauer, die für die Regenerierung der Erdwärmesonde angesetzt wird, da der Boden nur eine begrenzte Wärmeaufnahme zulässt.

Über den Glykol-Wasser-Kreislauf (blauer Kreislauf) kann direkt warmes Wasser im Pufferspeicher bereitet werden. Aus dem Solarpuffertank wird über den blauen Kreislauf Wasser dem Verdampfer der Wärmepumpe zugeführt, dort abgekühlt und dem Solarpuffer wieder zugeführt. Der rote Kreislauf dient zur Bereitung von Warmwasser im Pufferspeicher. Im geschlossenen Primärkreislauf der Wärmepumpe (grüner Kreislauf) strömt das Kältemittel der Wärmepumpe.

7.8 Sonstige Wärmequellen

Weitere Wärmequellen für den Einsatz von Wärmepumpen werden vor allem im gewerblichen oder industriellen Bereich angetroffen. Beispielhaft als Wärmequellenmedien stehen Abwasser, Abluft, Abgase, Kondensate, Brüdendampf, Destillate und Zwischenprodukte verfahrenstechnischer Prozesse zur Verfügung. Jedes der genannten Wärmequellenmedien ist für die Auslegung der Wärmepumpe auf die ausreichende zeitliche Verfügbarkeit und Menge für die Anwendung zu untersuchen. Ferner ist die zeitliche Abhängigkeit vom Temperaturniveau ein wichtiges Kriterium bezüglich eines möglichen Einsatzes. Untersuchungen zur chemisch-physikalischen Qualität sind besonders für die Dimensionierung der Anlagenkomponenten, die Materialauswahl und in Bezug auf die spätere Wartung und Instandhaltung der Wärmepumpe hin durchzuführen. Kosten für die Erschließung und Nutzung, sicherheitstechnische Betrachtungen und eine Einschätzung zur Nachhaltigkeit dürfen nicht vernachlässigt werden.

7.9 Wärmepumpen und Photovoltaik

Nach dem 2. Hauptsatz der Thermodynamik benötigt man Energie, um Wärme von einem niedrigen Temperaturniveau auf ein höheres Temperaturniveau anzuheben (Prinzip der Wärmepumpe). Bei einer elektromotorisch angetriebenen Wärmepumpenanlage wird elektrische Energie für den Wärmepumpenverdichter, zusätzliche Komponenten (z. B. Verdampferventilator) und für die Steuerung und Regelung aus dem öffentlichen Versorgungsnetz eingesetzt. Als Alternative können Wärmepumpenanlagen auch über eine hauseigene Photovoltaikanlage teilweise mit fast CO_2-neutraler elektrischer Energie versorgt werden und damit einen Beitrag zur Klimaverbesserung und zur Nachhaltigkeit leisten. Moderne Wärmepumpen sind zu diesem Zweck mit zusätzlichen Schnittstellen für die benötigte Regelung und Kommunikation ausgestattet. Zur optimalen Nutzung der Energie aus Photovoltaikanlagen ist ein intelligentes Regelungskonzept unter Verwendung von thermischen und/oder elektrischen Energiespeichern erforderlich, oftmals eingebunden in ein zentrales Energiemanagementsystem. Selbst bei einem hochgedämmten Gebäude mit Wärmepumpenheizung/-kühlung und Speichertechnologie ist keine vollständige Abdeckung der erforderlichen elektrischen Energie zu erreichen. Abbildung 7.7 zeigt den monatlichen prozentualen Anteil von erzeugter elektrischer Energie aus einer realen PV-Anlage und den Wärmebedarf für Heizung und Warmwasserbereitung eines beispielhaften Einfamilienhauses.

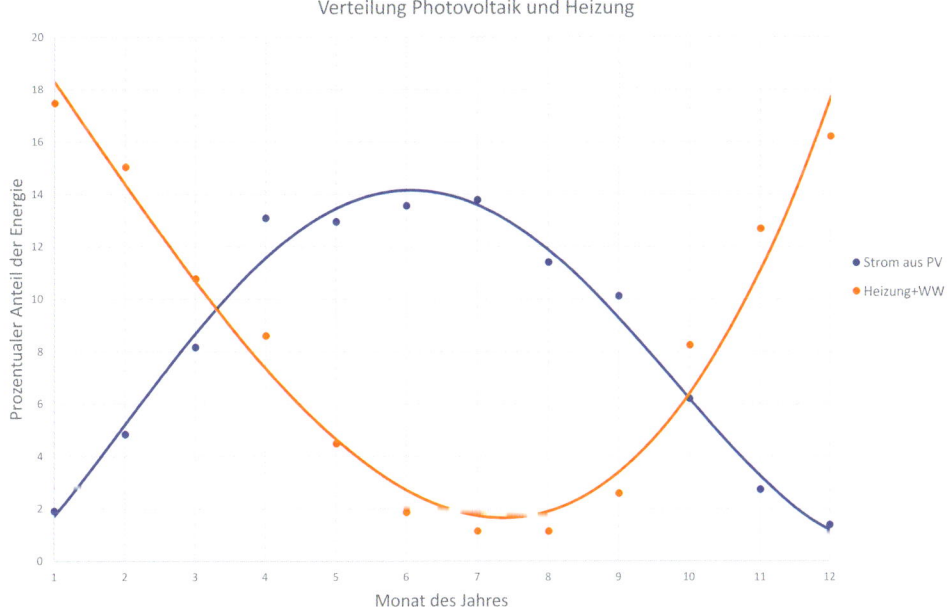

Abb. 7.7: Monatliche Verteilung von PV-Strom und Wärmebedarf im Einfamilienhaus

Aus Abbildung 7.7 wird deutlich, dass von Mai bis August eines Kalenderjahres eine PV-Anlage maximale Anteile an eigenerzeugter elektrischer Energie für die Bereitstellung von Heizungswärme und für die Warmwasserbereitung durch eine Wärmepumpe bereitstellen kann. In diesem genannten Zeitraum benötigt eine Wärmepumpe wenig elektrische Energie bedingt durch geringen bis keinen Wärmebedarf für die Raumheizung und bedingt durch den geringen Wärmebedarf für die Warmwasserbereitung. Die Verwendung einer Brauchwasser-Wärmepumpe ist in Verbindung mit einer PV-Anlage energetisch sinnvoll.

Zur ökologischen und ökonomischen Bewertung einer Wärmepumpenanlage mit Photovoltaik und Energiespeichern sollte die Jahresarbeitszahl der Wärmepumpe, der Eigenenergieverbrauchsanteil des Gesamtsystems und der Autarkiegrad des Gesamtsystems ermittelt werden [7.8].

Literatur

[7.1] *Bukau, F.*: Wärmepumpentechnik. München: Oldenbourg, 1983
[7.2] *Häfner, F.; Wagner, R.-M.; Meusel, L.*: Bau und Berechnung von Erdwärmeanlagen. Berlin: Springer, 2015
[7.3] *Jäger, F.; Reichert, J.; Herz, H.*: Überprüfung eines Erdwärmespeichers. Forschungsbericht T81-200, Bonn BMFT, 1981
[7.4] *Grigull, U.; Sandner, H.*: Wärmeleitung. 2. Aufl. Berlin: Springer, 1990

[7.5]   VDI 4640 Blatt 2 Thermische Nutzung des Untergrunds, Erdgekoppelte Wärmepumpenanlagen. Düsseldorf: Beuth, 2019
[7.6]   *Stober, I., Bucher, K.*: Geothermie. 3. Aufl. Berlin: Springer, 2020
[7.7]   *Rieberer, R.; Mittermayr, K.; Halozan, H.*: CO_2 Heat Pipe for Heat Pumps. IIR/IIC-Commission B1, B2 and E2, Guangzhou, China, 2002/5
[7.8]   *Tjaden, T., et. al.*: Einsatz von PV-Systemen mit Wärmepumpen und Batteriespeichern zur Erhöhung des Autakiegrades in Einfamilienhaushalten. Vortrag 30. Symposium Photovoltaische Solarenergie, Kloster Banz Bad Staffelstein, 04-06.03.2015

8 Nachhaltigkeit

8.1 Einführung

Die zentralen Grundgedanken zur Nachhaltigkeit können einfach über ein sogenanntes Nachhaltigkeitsmodell erklärt werden. Abbildung 8.1 zeigt ein Schnittmengenmodell zu den Grundsäulen der Nachhaltigkeit, d. h. zum Umweltschutz (Ökologie), zur Sozialverantwortung (Soziales) und zur Wirtschaftlichkeit (Ökonomie).

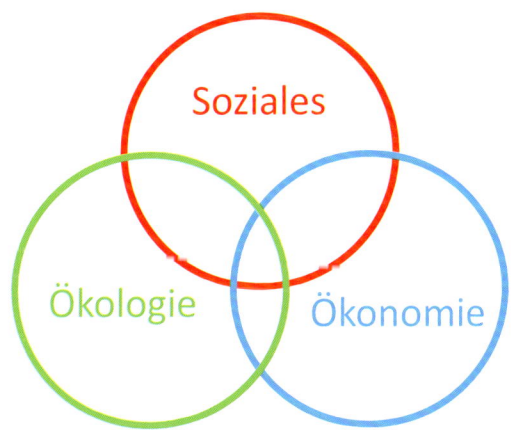

Abb. 8.1: Schnittmengenmodell zur Nachhaltigkeit

Ziel des Nachhaltigkeitsgedanken ist, die Gesellschaft auf unserer Erde derart weiterzuentwickeln, dass auf ökologische, auf ökonomische und auf soziale Aspekte weltweit Wert gelegt wird. Ferner sind alle Aspekte gleichzeitig umzusetzen. Wichtig beim Nachhaltigkeitsgedanken ist, dass alle drei genannten Aspekte theoretisch die gleiche Wertigkeit aufweisen sollen. In der praktischen Umsetzung des Modells werden immer mehr oder weniger große Abhängigkeiten zwischen den Aspekten auftreten, die in Abbildung 8.1 durch die sich ergebenden Schnittmengen deutlich gemacht werden. Das Schnittmengenmodell zur Nachhaltigkeit kann auch zur Bewertung von Projekten verwendet werden.

Der Aspekt der „Ökologie" beschäftigt sich ganzheitlich mit dem Umweltschutz. Ziel ist, durch ein entsprechendes Handeln einen schonenden Umgang mit den natürlichen Ressourcen zu erreichen. Die Umwelt ist Lieferant für Rohstoffe jeder Art. Sie nimmt sämtliche vom Menschen erzeugte Abfälle und Emissionen auf und reagiert durch entsprechende Umweltauswirkungen.

Die „Ökonomie" als der zweite Aspekt der Nachhaltigkeit steht allgemein mit dem menschlichen Handeln in Unternehmen in Verbindung, wobei ein funktionierendes Wirtschaftssystem aufrechterhalten werden soll. Das Ziel eines Unternehmens sollte zukünftig nicht ausschließlich in einer Gewinnmaximierung liegen, sondern es sollte durch nachhaltiges Handeln auf ein langfristiges

8 Nachhaltigkeit

und wirtschaftlich abgesichertes Bestehen ausgerichtet werden. Die hierzu notwendigen Ressourcen, die ein Unternehmen, aber auch einzelne Menschen benötigen, dürfen zukünftig weltweit betrachtet nicht größer sein als diejenigen Ressourcen, welche die Natur im gleichen Zeitraum generieren kann. Hier kommt auch der Gedanke an zukünftige Generationen zum Tragen.

Der Aspekt des „Sozialen" zielt auf das Handeln von Menschen gegenüber ihren Mitmenschen ab. In diesem sozialen Aspekt sind grundlegende Forderungen verankert, wie Gerechtigkeit, Chancengleichheit unter Berücksichtigung der demographischen Entwicklung und Solidarität für alle auf der Erde lebendenden Menschen. Ergänzend können weitere Forderungen gestellt werden wie das Recht auf Bildung, auf soziale Sicherungssysteme und auf eine gleiche Lebensqualität.

Der Nachhaltigkeitgedanke kann auf viele gesellschaftliche Bereiche angewandt werden. Das Thema „Nachhaltigkeit" verfolgt eine Vielzahl von Zielen, wobei in der vorliegenden Dokumentation ausschließlich auf diejenigen Bereiche eingegangen wird, welche Wärmepumpen betreffen. Eine Herausforderung ist auch heute noch, die „richtige" Bewertung der Nachhaltigkeit durch entsprechende Kennzahlen (Indikatoren) und die Verwendung von Vergleichsprozessen zur Analyse anzuwenden. Die für eine Bewertung der Nachhaltigkeit anzuwendenden Aspekte (z. B. Materialverbrauch, Energieverbrauch) sind vielfältig, miteinander verbunden und teilweise auch nicht objektiv darstellbar.

8.2   Nachhaltigkeit der Energieversorgung

Allgemein sind an die Energieversorgung drei zentrale Forderungen zu stellen:
- Hohe Versorgungssicherheit
- Gute Wirtschaftlichkeit
- Hohe Umweltverträglichkeit.

Betrachtet man ausschließlich die Umweltverträglichkeit, so ist diese mit der Energieeffizienz verbunden: Hohe Energieeffizienz beim Betrieb einer Anlage bedeutet parallel auch eine Verbesserung der Ökobilanz.

Ob ein Energieversorgungssystem über die Lebensdauer wirklich nachhaltig ist, wird durch ganzheitliche Bewertungsmethoden ermittelt. Ganzheitliche Methoden bilanzieren den wirtschaftlichen, ökologischen, technischen und sozialen Einfluss von Produkten, Verfahren und Dienstleistungen (z. B. Serviceeinsätze) über den gesamten Lebenszyklus hinweg.

8.3   Nachhaltigkeit von Kompressions-Wärmepumpen

Die Ermittlung der Nachhaltigkeit von Kompressions-Wärmepumpen ist nicht einfach darstellbar. Eine allgemein gültige Betrachtung zur Nachhaltigkeit ist nicht möglich, da die Leistungsklassen von Kompressions-Wärmepumpen von wenigen Watt bis zu einigen Megawatt betragen und die Einsatzbedingungen unterschiedlich sind (häuslicher Bereich, Gewerbe, Industrie). Ein Unterschied ergibt sich zwangsläufig bei der Nachhaltigkeit zwischen Serienprodukten und Einzelanfertigungen.

Bei Kompressions-Wärmepumpen für die Serienfertigung handelt es sich um Produkte, für die bereits vor der eigentlichen Fertigung beim Hersteller ein schwer abschätzbarer Energieeinsatz bei den Lieferanten der Einzelkomponenten (z. B. Verdichter, Wärmeübertrager, Elektronik, Kältemittel, Rohrleitungen) erfolgt. Die Einzelkomponenten werden in vielen Ländern der Erde produziert und zum Wärmepumpenhersteller transportiert, um dort aus ihnen eine Wärmepumpe zu fertigen. Eine Beurteilung bezüglich der Herstellung einer Wärmepumpe ist z. B. durch den energetischen Erntefaktor EF möglich [8.1]. Der energetische Erntefaktor für eine Wärmepumpe gibt vereinfacht an, wie oft diese Wärmepumpe die zu ihrer Herstellung benötigte Energie während der Lebensdauer wieder erwirtschaftet und als Nutzenergie (Wärme) bereitgestellt hat.

Es stellt sich die Frage, weshalb gerade Kompressions-Wärmepumpen nachhaltige Heizungssysteme sind.

- Wärmepumpen schonen die natürlichen Ressourcen der Erde, da zur Beheizung ein Anteil an Umweltwärme (z. B. Luft oder Erdwärme) verwendet wird. Wärmepumpen haben, je nach Betriebsbedingungen, eine hohe Effizienz, die durch die Leistungszahl oder das Wärmeverhältnis ausgedrückt wird.
- Wärmepumpen stellen ein langfristig einsetzbares Heizungssystem dar, welches nach der Außerbetriebnahme fachgerecht recycelbar ist.
- Wärmepumpen haben eine sehr gute Verträglichkeit bezüglich Umwelt, Klima und Gesundheit, da sie derart konzipiert sind, dass keine schädlichen Stoffe die Anlage verlassen (hermetisch dichte Anlage [8.2]). Am Betriebsort werden keine Abgasemissionen in die Umwelt entlassen. Die zunehmende Verwendung von regenerativer Antriebsenergie (z. B. aus Wind, PV) führt zu einer weiteren stetigen Verbesserung der Nachhaltigkeit.
- Die Gesamtkosten für ein Wärmepumpensystem liegen im vertretbaren Bereich, sodass dieses Heizungssystem für eine breite Bevölkerungsschicht einsetzbar ist.
- Es besteht die Möglichkeit, dass Wärmepumpen mehrere parallele Nutzungsarten aufweisen, d. h. Bereitstellung von Heizwärme, Kühlung von Gebäuden und Warmwasserbereitung. Die Verwendung unterschiedlicher Nutzungsarten steigert die Lebensqualität nachhaltig.
- Der Einsatz der Digitalisierung bei der Herstellung und beim Betrieb von Wärmepumpen steigert die Nachhaltigkeit, da ein umfassendes Monitoring und eine gute Visualisierung der Produktion sowie des Betriebs der Wärmepumpe mit einer anschließenden Analyse bereits heute zum Stand der Technik gehören.

Technisch betrachtet wird die Nachhaltigkeit einer Wärmepumpe bestimmt durch:
- Jahresarbeitszahl bei elektrisch angetriebenen Wärmepumpen
- Bereitstellung von elektrischer Antriebsenergie (Strommix)
- Eingesetztes Kältemittel und Umgang mit dem Kältemittel
- Produktionsverfahren zur Herstellung von Wärmepumpen
- Konstruktion der Wärmepumpe und Materialeinsatz
- Geringer TEWI-Wert (siehe Abschnitt 8.4).

8.4 TEWI-Wert

Bei einem umwelttechnischen Vergleich zwischen Wärmeversorgungssystemen wird derzeit vor allem die CO_2-Emission betrachtet. Zur einheitlichen Bewertung von Wärmepumpen oder Kälteanlagen ist das TEWI-Konzept (= Total Equivalent Warming Impact) geeignet [8.3]. Der zu berechnende TEWI-Wert setzt sich aus zwei Anteilen zusammen, dem indirekten Anteil und dem direkten Anteil zum Treibhauseffekt, die jeweils über den GWP-Wert berechnet werden.

8 Nachhaltigkeit

$$\text{TEWI} = \text{GWP}_{ind} + \text{GWP}_{dir} \tag{Gl. 8.1}$$

Der indirekte Beitrag eines Systems zum Treibhauseffekt entsteht durch den Energieverbrauch der Wärmepumpe.

$$\text{GWP}_{ind} = n \cdot E_a \cdot \beta \tag{Gl. 8.2}$$

Der direkte Anteil einer Anlage ist nur vom verwendeten Kältemittel sowie den Leckage- und Rückgewinnungsverlusten abhängig.

$$\text{GWP}_{dir} = \text{GWP}_{100} \cdot L \cdot n + \text{GWP}_{100} \cdot m \cdot (1 - \alpha_R) \tag{Gl. 8.3}$$

n: Betriebszeit der Anlage in Jahren a (18 Jahre)
E_a: Jahresenergieverbrauch (elektrische Energie) der Anlage in kWh/a
β: Konversionsfaktor für Erzeugung elektrischer Energie in kg CO_2/kWh$_{el}$ (0,366 für Deutschland [8.4])
L: Leckrate der Anlage pro Jahr in kg Kältemittel/a (2,5 % der Füllmenge in kg)
m: Kältemittelfüllmenge in kg
α_R: Rückgewinnungsfaktor in %/100 (30 % Verlust an Kältemittel)

Der Konversionsfaktor β ist abhängig von der Infrastruktur der Erzeugung und Verteilung elektrischer Energie und damit eine länderspezifische Größe. Eine Minderung des indirekten Anteils kann nur durch eine Optimierung des Energieverbrauchs (höhere Leistungszahl) erfolgen. Eine Reduzierung des direkten Anteils kann durch Hermetisierung der Anlagen und durch Reduzierung der Kältemittelfüllmenge erfolgen. Die oben angegebenen Zahlen wurden entnommen aus [8.5].

Beispiel: Luft/Wasser-Wärmepumpe mit R-410A bei Vorlauftemperatur von 35 °C
- Jahreswärmeverbrauch des Gebäudes: 20 000 kWh/a
- Jahresarbeitszahl Wärmepumpe: 3,88; aus [8.6]
- Kältemittelfüllmenge: 3,9 kg
- GWP des Arbeitsmittels R-410A: 2088 (Zeithorizont: 100 Jahre)

Indirekter Anteil zum Treibhauseffekt

$$\text{GWP}_{ind} = n \cdot E_a \cdot \beta = 18 \, a \cdot \frac{20000 \, \text{kWh} / a}{3,88} \cdot 0,366 \, \text{kg } CO_2 / \text{kWh} = 33959 \, \text{kg } CO_2$$

Direkter Anteil zum Treibhauseffekt

$$\text{GWP}_{dir} = \text{GWP}_{100} \cdot L \cdot n + \text{GWP}_{100} \cdot m \cdot (1 - \alpha_R) = 2088 \cdot 0,025 / a \cdot 18 \, a +$$
$$2088 \cdot 3,9 \, \text{kg} \cdot (1 - 0,7) = 3382 \, \text{kg } CO_2$$

Damit ergibt sich das Verhältnis X_{ind} des indirekten Anteils zur Gesamtemission von 37341 kg zu:

$$X_{ind} = \frac{33959 \, \text{kg } CO_2}{33959 \, \text{kg } CO_2 + 3382 \, \text{kg } CO_2} \cdot 100 \, \% = 90,9 \, \%$$

Der indirekte Anteil beträgt 91 % an der Gesamtemission von 37341 kg CO_2. Damit wird deutlich, dass der indirekte Anteil bezüglich der Nachhaltigkeit einen wesentlich höheren Stellenwert bei der Festlegung von Minderungsmaßnahmen hat als der direkte Anteil von 9 %.

Zum Vergleich hat eine erdgasbefeuerte Kesselanlage bei einem Jahresbetriebswirkungsgrad von 85 % unter Berücksichtigung des zusätzlichen elektrischen Energieverbrauchs von 180 kWh/a (90 W für Gebläsebrenner, Regelelektronik und Sonstiges bei 2000 h/a Laufzeit):

$$GWP_K = \frac{20000 \text{ kWh/a}}{0{,}85} \cdot 0{,}2 \text{ kg } CO_2 / \text{kWh(Hu)} \cdot 18 \text{ a} +$$

180 kWh/a $\cdot$ 0,366 kg CO_2 / kWh $\cdot$ 18 a = 85892 kg CO_2

8.5 Nachhaltigkeit in der Vorkette

Fast alle Wärmepumpenhersteller beziehen die für die Herstellung erforderlichen Komponenten von Lieferanten. Es bestehen für einzelne Wärmepumpenhersteller nur geringe Möglichkeiten, auf die Nachhaltigkeit einen entscheidenden Einfluss zu nehmen. Viele Komponenten werden mit jährlich hohen Stückzahlen erzeugt, sodass wesentliche Änderungen zum Produkt erst dann umgesetzt werden, wenn eine Vielzahl von Marktteilnehmern derartige Anpassungen in Bezug auf die Nachhaltigkeit wünschen, sich ein Marktvorteil für den Hersteller ergibt oder die Käufer hierfür die entsprechenden Kosten übernehmen.

8.6 Nachhaltigkeit bei der Dimensionierung und Herstellung

Eine der wesentlichen Aktivitäten bei der Dimensionierung und damit bei der Herstellung von Wärmepumpen ist die Reduzierung des gesamten inneren Volumens der kältemittelführenden Komponenten einer Wärmepumpe, das vorwiegend über die Wärmeübertrager und die Rohrbaugruppen bestimmt wird.

Bevorzugt wird ein Kältemittelmassenstrom mit einer hohen spezifischen Verdampfungs- bzw. Kondensationswärme verwendet. Dadurch wird bei definierter Heizleistung ein niedriger Kältemittelmassenstrom erreicht.

Bei Luft/Wasser-Wärmepumpen werden Lamellenverdampfer eingebaut, die sich dadurch kennzeichnen, dass mehrere parallele Pässe/Stränge erforderlich sind. Die limitierende physikalische Größe ist der kältemittelseitige Reibungsdruckverlust während der Verdampfung in oftmals innenstrukturierten Kernrohren eines Lamellenverdampfers. Kleinere Innendurchmesser der Kernrohre reduzieren die Kältemittelfüllmenge und den Materialverbrauch, aber erhöhen den Reibungsdruckverlust.

Bei Sole/Wasser-Wärmepumpen, die Platten-Wärmeübertrager einsetzen, werden bereits heute geringe Eigenvolumina erreicht.

Microchannel-Wärmeübertrager mit sehr hohen Wärmeübergangskoeffizienten, kleinem Bauvolumen und damit geringem Eigengewicht sowie geringem Materialverbrauch können als Verdampfer verwendet werden, um damit hohe Leistungszahlen einer Wärmepumpe zu erhalten [8.7].

Platten-Wärmeübertrager in Microplatten-Bauart für Verdampfer/Kondensatoren in Wärmepumpen stehen zur Verfügung [8.8].

Eine optimale Anordnung der einzelnen Komponenten des Wärmepumpenkreislaufes in Verbindung mit wenig Fügestellen und geeigneter Rohrleitungsführung, immer unter Beachtung der erforderlichen Funktionsfähigkeit, führt zu einer weiteren Reduzierung der gesamten Kältemittelfüllmenge.

Einen Beitrag zur Nachhaltigkeit erreicht man dadurch, dass möglichst wenig Fügestellen bei einer Rohrbaugruppe vorhanden sind, die durch Löten oder Schweißen verbunden werden. Löt- und Schweißarbeiten benötigen standardmäßig fossile Brennstoffe, z. B. Acetylen, die wegen der Dekarbonisierung im Wärmesektor einzusparen sind. Zum konventionellen Hartlötverfahren ist das Induktionslöten eine mögliche Alternative, d. h., hierfür wird ausschließlich elektrische Energie verwendet, die aus regenerativen Quellen erzeugt werden kann. Der Ersatz von fossilen Brennstoffen durch lokal erzeugten Wasserstoff beim Hartlöten verbessert die Nachhaltigkeit deutlich.

Um am Lebensdauerende einer Wärmepumpe ein fachgerechtes Recycling des Geräts zu ermöglichen und damit einen nachhaltigeren Wertstoffkreislauf zu ermöglichen, ist bereits bei der Konstruktion auf eine gute Zerlegbarkeit der Wärmepumpe und auf eine Verwendung zeitbeständiger Werkstoffe zu achten. Zukünftig sollten verstärkt nur sogenannte Monowerkstoffe für eine Wärmepumpe bei der Materialauswahl in Betracht gezogen werden. Nur bei Verwendung von Monowerkstoffen wird eine hohe Recyclingrate ermöglicht und damit eine ausreichend hohe Wirtschaftlichkeit erreicht. Verbundwerkstoffe lassen sich – wenn überhaupt – nur mehr mit einem hohen Energiebedarf voneinander trennen vor der anschließenden Wiederverwendung.

Es empfiehlt sich die Anwendung von optimierten Regelungsstrategien, um z. B. bedarfsgerechte Abtauprozesse durchführen zu können, bei denen der Energieeinsatz für die Entfernung von Reif/Eis auf der äußeren Oberfläche eines luftgeführten Verdampfers minimiert ist.

Ein materialschonender Umgang bei der Herstellung von Gehäuseteilen aus Stahlblechtafeln und damit eine nachhaltige Produktion erfordert eine optimale Ausnutzung der Stahlblechtafeln mit dem Ziel, eine minimale Menge an Verschnitt zu erzeugen. Ein weites Feld zur Erreichung einer verbesserten Nachhaltigkeit ist das Gebiet der Werkstoffwissenschaft, auf das in dieser Dokumentation nicht weiter eingegangen wird.

8.7 Nachhaltigkeit beim Betrieb

Der Nachhaltigkeitsgedanke beim Betrieb einer Wärmepumpe ist bereits heute mit der Digitalisierung verbunden und wird zukünftig noch wesentlich stärker eingebunden sein. Die Digitalisierung wird im Kapitel 10 dieses Buches eingehend für Wärmepumpen beschrieben.

Eine weitere Möglichkeit, zu einer verbesserten Nachhaltigkeit zu kommen, ist das „Wärmepumpen-Contracting", bei dem die Wärmepumpe z. B. im Eigentum des Herstellers verbleibt und die Verbraucher nur für die bereitgestellte Heizungswärme/Kühlung oder für die Warmwasserbereitung monatliche Kosten zu tragen haben. Vorteil aus der Nachhaltigkeitssicht ist, dass der Wärmepumpenhersteller durch eine Fernüberwachung ein Monitoring der Wärmepumpe durchführt, die Daten analysiert und bei Bedarf Korrekturmaßnahmen einleitet, um damit einen optimalen Betriebszustand der Wärmepumpe über die gesamte Lebensdauer sicherzustellen. Nach Vertragsende wird die Wärmepumpe vom Hersteller zurückgenommen und die Werkstoffe und das Kältemittel können teilweise wiederverwendet werden.

In energieintensiven Industriebetrieben (z. B. der chemischen Industrie) wird bei der Prozessintegration das Verfahren der Pinch-Point-Analyse eingesetzt mit dem Ziel, jährliche Gesamtkosten zu reduzieren sowie eine optimale Einbindung von verfahrenstechnischen Anlagen zu erreichen. Wärmepumpen als Energiewandlungsanlagen können bei der Prozessintegration berücksichtigt werden, um damit einen Beitrag zur Nachhaltigkeit zu leisten. Weitere Informationen zur Prozessintegration findet sich in der Literatur, z. B. in [8.9].

8.8 Nachhaltigkeit bei Außerbetriebnahme

Die Wiederverwendung von gebrauchtem Kältemittel ist aus Gründen der Nachhaltigkeit bei der Außerbetriebnahme einer Wärmepumpe näher zu untersuchen. Hierbei ist zwischen „Rückgewinnung", „Recycling" und „Aufarbeitung" von Kältemittel gemäß der F-Gase-Verordnung zu unterscheiden [8.10]. Die **Rückgewinnung** ist die Entnahme und Lagerung fluorierter Treibhausgase aus Erzeugnissen, einschließlich Behältern, und aus Einrichtungen bei der Instandhaltung oder Wartung oder vor der Entsorgung der Erzeugnisse oder Einrichtungen. Das **Recycling** ist die Wiederverwendung eines rückgewonnenen fluorierten Treibhausgases im Anschluss an ein einfaches Reinigungsverfahren. Die **Aufarbeitung** ist die Behandlung eines rückgewonnenen fluorierten Treibhausgases, damit es unter Berücksichtigung seiner Verwendungszwecke Eigenschaften erreicht, die mit denen eines ungebrauchten Stoffes gleichwertig sind.

Die Rückgewinnung von Kältemitteln erreicht man in der Praxis durch Absaugen des verwendeten Kältemittels aus der Wärmepumpe in eine Recyclingflasche. Beim Recycling wird das verwendete Kältemittel aus einer Wärmepumpe ebenfalls abgesaugt, aber dabei durch einen Filtertrockner geleitet, um anschließend erneut in der Wärmepumpe verwendet zu werden. Die Aufarbeitung von Kältemitteln ist in Abbildung 8.2 schematisch dargestellt.

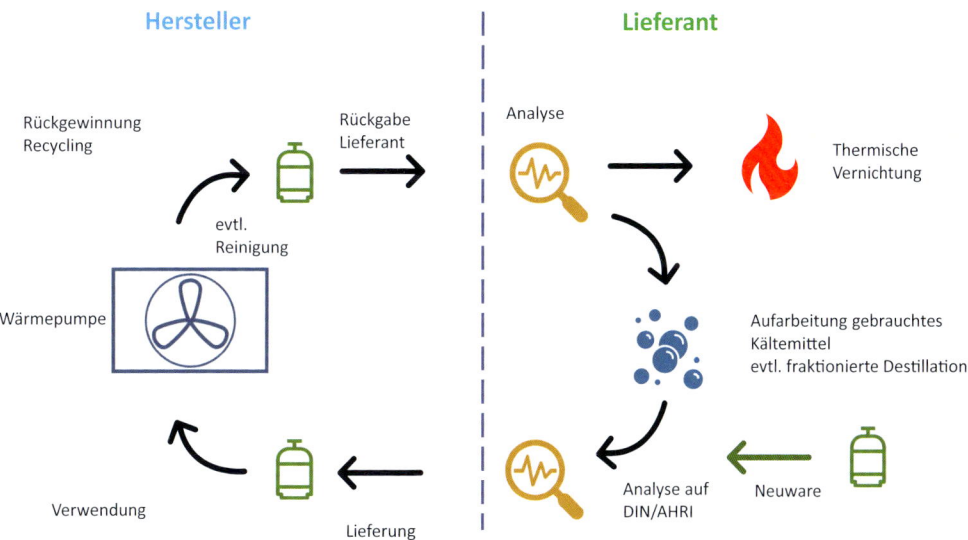

Abb. 8.2: Aufarbeitung von Kältemittel nach [8.11]

8 Nachhaltigkeit

Aus Abbildung 8.2 ist ersichtlich, dass der Hersteller aus einer Wärmepumpe das verwendete Kältemittel absaugt, es vor dem Befüllen einer Recyclingflasche eventuell reinigt und durch den Kältemittellieferanten abholen lässt. Beim Lieferanten erfolgt eine Laboranalyse, um festzustellen, ob das gebrauchte Kältemittel noch zur Aufarbeitung geeignet ist oder nicht. Ist es nicht mehr geeignet, wird es einer Entsorgung zugeführt. Es erfolgt eine thermische Vernichtung. Die Aufarbeitung des gebrauchten Kältemittels erfolgt in mehreren Schritten, wobei eventuell eine fraktionierte Destillation durchgeführt wird. Enthaltene Feuchtigkeit, Kältemaschinenöle, Fremdgase und weitere Verunreinigungen werden entfernt, bis das Analysenergebnis die Werte der DIN/AHRI-Spezifikation für Kältemittel erreicht hat. Nach der Aufarbeitung entspricht das Kältemittel einem Neuprodukt. Das Kältemittel wird zusammen mit Neuware dem Hersteller von Wärmepumpen zur Verwendung angeliefert. Damit ist der Kreislauf geschlossen.

8.9 Ökobilanz für eine Wärmepumpe

Zur Erstellung einer Ökobilanz wird zweckmäßigerweise von der ISO 14040 [8.12] und der ISO 14044 [8.13] ausgegangen. Abbildung 8.3 zeigt eine Möglichkeit, wie der Produktlebenszyklus für eine Wärmepumpe in fünf Teilschritte aufgeteilt werden kann.

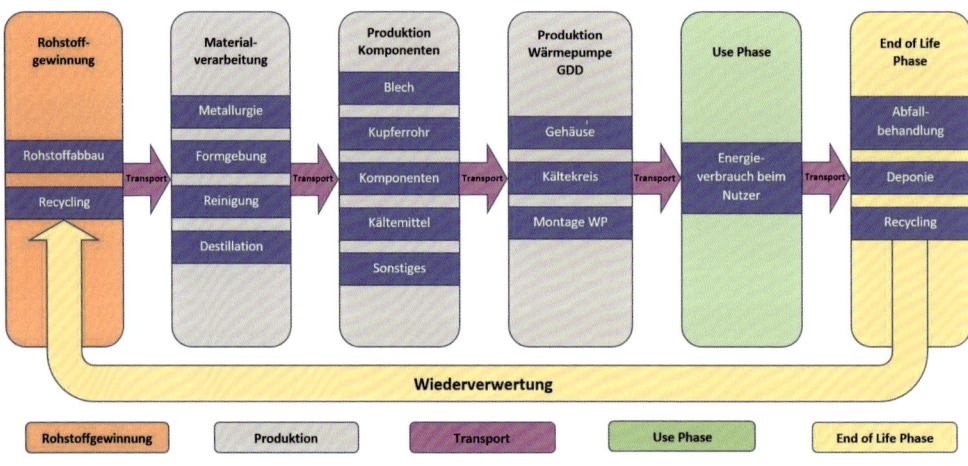

Abb. 8.3: Produktlebenszyklus einer Wärmepumpe [8.14]

Die Phasen des Produktlebenszyklus (siehe Abbildung 8.3) einer Wärmepumpe sind die Rohstoffgewinnung, die Produktion, der Transport, die Use Phase (Benutzung des Produkts) und die End of Life Phase (Entsorgung nach der Produktnutzung).

Bei der Phase der Rohstoffgewinnung steht bezüglich Umweltfreundlichkeit und Ressourcenschonung die Art und Weise des Rohstoffabbaus zur Erzeugung der benötigten Materialien im Vordergrund einschließlich der Frage nach der Möglichkeit, recyclte Rohstoffe aus der Entsorgungsphase im Produktlebenszyklus wiederzuverwenden.

Die Phase der Produktion wird zweckmäßigerweise aufgeteilt in die Materialherstellung, die Produktion der Komponenten und die Produktion der eigentlichen Wärmepumpe. Die Materialherstellung ist die Vorstufe zur Fertigung von Komponenten sowie weiterer Hilfs- und Betriebsstoffe (z. B. Kältemittel). Bei der Materialherstellung kann bereits eine Formgebung (z. B. Kältemittelrohre) inbegriffen sein. Die Destillation steht stellvertretend für die chemische Synthese von Kältemitteln. Es schließt sich sowohl die Produktion der Wärmepumpenkomponenten als auch weiterer relevanter Bauteile (z. B. Gehäuse) an. Der nächste Produktionsabschnitt ist die Montage der kompletten, betriebsfertigen Wärmepumpe mit geschlossenem Kältemittelkreislauf, Gehäuse und allen zur Funktion benötigten Komponenten (z. B. Regelkomponenten).

Nach dem Einbau der Wärmepumpe beim Nutzer beginnt die Use Phase für einen Zeitraum von 15 Jahren oder mehr, in dem vorwiegend die Antriebsenergie vom Nutzer bezogen wird, jährliche Serviceleistungen in Anspruch genommen werden und dabei servicebedingt bei Komponentenaustausch Kältemittel nachzufüllen ist. Die letzte Phase des Produktlebenszyklus ist die Außerbetriebnahme und der Prozess der Entsorgung der Wärmepumpe. Es ist eine Entscheidung zu treffen, auf welche Art und Weise die Materialien und sonstigen chemischen Substanzen wiederverwendet werden können, einer Deponie zuzuführen sind oder eine thermische Verwertung notwendig wird. Der Transport als Verbindungselement zwischen den einzelnen Produktlebensphasen hat bei der Aufstellung der Ökobilanz eine zentrale Bedeutung hinsichtlich Energieverbrauch und Umweltfreundlichkeit.

Eine Ökobilanz ist durch die Einzelschritte
- Festlegung des Ziels und des Untersuchungsrahmens,
- Sachbilanz,
- Wirkungsabschätzung und
- Auswertung.

charakterisiert. Die Auswertung ist der gemeinsame Einzelschritt, der bei den verbleibenden Schritten immer anzuwenden ist. In einer Ökobilanz ist unter anderem immer anzugeben, aus welchen Gründen eine derartige Studie durchgeführt wird, das zu untersuchende, bilanzierte Produkt, die Systemgrenze für Input- und Outputströme, Methoden zur Abschätzung der Wirkungsgrade, die Art der Berechnungsverfahren und Emissionen in Luft/Wasser/Boden. Weitere Details zur Erstellung einer Ökobilanz finden sich in der ISO 14040 [8.12] und der ISO 14044 [8.13].

Literatur

[8.1] *Nussbaumer, Th.*: Energietechnik und Umwelt. Skriptum Sommersemester 2006, ETH Zürich.
[8.2] DIN EN ISO 14903:2017-12: Kälteanlagen und Wärmepumpen – Qualifizierung der Dichtheit der Bauteile und Verbindungen.
[8.3] *Lotz, H.*: Ermittlung des TEWI-Beitrags am Beispiel von Haushaltskältegeräten, werks- und feldmontierten Kälteanlagen. DKV-Tagungsbericht 20. Jahrg. (1993), Nürnberg, Band II/1
[8.4] Umweltbundesamt: Climate Change 45/2021 – Entwicklung der spezifischen Kohlendioxid-Emissionen des deutschen Strommix in den Jahren 1990-2020, Mai 2021, abgerufen: 04.08.2022
[8.5] *Müller, M., et. al.*: Wärmepumpen mit natürlichen Kältemitteln – Endbericht. Hrsg.: Umweltbundesamt, Dezember 2016
[8.6] VDI-Richtlinie 4650 Blatt 1 Berechnung der Jahresarbeitszahl von Wärmepumpenanlagen. März 2019

[8.7] Schutzrecht EP 2 948 725 B1 (22.01.2014)
[8.8] Danfoss A/S: Brazed Plate Heat Exchangers/Micro Plate Heat Exchanger, Instructions. Nordborg/Denmark, November 2013
[8.9] Bundesamt für Energie (BFE): Einführung in die Prozessintegration mit der Pinch-Methode. Handbuch für die Analyse von kontinuierlichen Prozessen und Batch-Prozessen, Bern (Schweiz), Juli 2015
[8.10] F-Gase Verordnung (EG) Nr. 517/2014 (idF v. 16.04.2014), Artikel 2 (Begriffsbestimmungen)
[8.11] Westfalen AG: Rücknahme und Aufarbeitung gebrauchter Kältemittel. Münster, J5 1908.04T DE
[8.12] DIN EN ISO 14040:2021-02 Umweltmanagement – Ökobilanz – Grundsätze und Rahmenbedingungen
[8.13] DIN EN ISO 14044:2021-02 Umweltmanagement – Ökobilanz – Anforderungen und Anleitungen
[8.14] *Taubenreuther, P.*: Interne Mitteilung. Glen Dimplex Deutschland GmbH, 08.03.2022

9 Numerische Simulation von Kompressions-Wärmepumpen

9.1 Grundlagen

Aus der heutigen Zeit sind Simulationen in der Vorentwicklung, der Entwicklung, bei Systemanwendungen und bei Optimierungsanalysen nicht mehr wegzudenken. Wirtschaftliche Interessen stehen bei Simulationsaufgaben immer im Vordergrund. Mögliche Kosteneinsparungen sind in vielen Bereichen denkbar: bei Produktentwicklungszeiten, bei Laborbelegungszeiten, bei der Inbetriebnahmedauer von Wärmepumpen, bei Betriebskosten und beim Service.

Während der Vorentwicklung können bereits erste Simulationsmodelle zu richtungsweisenden Ergebnissen führen, die dann direkt in der nachfolgenden Entwicklungsphase der Produktentstehung verwendet werden. Ist ein Produkt (z. B. eine Wärmepumpe) in der Entstehungsphase, werden komplette Systemanwendungen dieses Produkts mit speziell konzipierten Simulationsmodellen abgebildet, berechnet, analysiert und ausgewertet.

Ein Beispiel für die Simulation einer Systemanwendung ist die Zusammenführung des Modells einer Wärmepumpe mit dem Modell für ein Gebäude, welches wiederum weitere Teilmodelle von Gebäudekomponenten, z. B. den Wärmeverbrauchern und den Versorgungsleitungen, beinhaltet. Auf dieser Basis kann das Zusammenwirken einzelner Systemkomponenten ermittelt werden und es können gleichzeitig Optimierungsanalysen durchgeführt werden. Die Ergebnisse dieser Optimierungsanalysen lassen sich dann z. B. in einer verbesserten Steuerungs- und Regelungsstrategie zur Betriebskostenreduzierung verwenden. Somit trägt eine Simulation zum Nachhaltigkeitsgedanken von Systemen bei.

Eine wichtige und zeitintensive Arbeit bei der Erstellung von Simulationsprogrammen liegt in der Modellbildung. Der Aufwand für die Modellbildung ist nicht zu unterschätzen, da je nach Aufgabenstellung ein anderer Detailierungsgrad der Modelle erforderlich wird, um Ergebnisse mit vorgegebener Genauigkeit zu erhalten. Spezifische Kenntnisse sowohl im Bereich der Kälte- und Wärmepumpentechnik als auch zu Simulationstechniken sind für eine zügige Umsetzung von Vorteil.

9.2 Modellbildung

Um die Modellbildung beschreiben zu können, sind vorab einige Definitionen notwendig:
- Ein **System** besteht aus einer Menge von Objekten (Entitäten = Größe, Einheit), die in einer bestimmten Beziehung zueinander stehen und zu einem bestimmten Zweck miteinander interagieren [9.1].
- **Modelle** sind Systeme, die die Entitäten und Relationen des Ursprungssystems (Realsystems, Originalsystems) in veränderter (vereinfachter, idealisierter) Weise darstellen [9.2]. Modelle dienen dazu, ein besseres Verständnis für die Vorgänge, die Wirkungsweisen, die Zusammenhänge und das Verhalten eines realen Systems zu entwickeln [9.1].

9 Numerische Simulation von Kompressions-Wärmepumpen

Vor einer Modellbildung sind einige prinzipielle Fragen an das zu untersuchende System zu stellen. Die Antworten bestimmen die weitere Vorgehensweise sowohl bei der Modellbildung als auch bei der anschließenden Simulation [9.3].
- Welche physikalische Problemstellung wird betrachtet?
- Welche Effekte (Eigenschaften des Objekts) können vernachlässigt werden?
- Welche Gleichungen (mathematisch-physikalisch) beschreiben das System?
- Welche Randbedingungen bzw. Anfangsbedingungen sind zu spezifizieren?
- Was für ein Typ von Lösung (statisch, dynamisch) wird gesucht?

Ein „geeignetes" Modell für eine Simulation ist ein Modell, welches die gestellte Aufgabe (Problemstellung) mit der vorgegebenen Genauigkeit und in der gewünschten Zeitdauer lösen kann und welches so einfach wie möglich sein sollte.

Um komplexe Systeme verstehen zu können und handhabbar zu machen, findet eine Abstraktion des realen Systems auf das Modell statt. Dabei zeigt sich auch, welche Eigenschaften oder Aspekte eines Systems elementar sind und im Modell berücksichtigt werden müssen und welche unwichtig sind und weggelassen werden können. Ob ein Aspekt als wichtig oder unwichtig angesehen wird, hängt von der Fragestellung ab, auf die das System hin untersucht wird und von der subjektiven Sichtweise des Modellentwicklers [9.2].

Ein Modell ist immer ein Kompromiss zu einem realen System und hat damit immer gewisse, für den Modellentwickler noch tolerierbare Abweichungen in der Genauigkeit.

9.3 Simulationsarten

Die Simulation ist die Abbildung eines Modells mit Hilfe einer Simulationssoftware mit dem Ziel, eine definierte Problemstellung zu lösen oder neue Erkenntnisse zu gewinnen. Bei Simulationen unterscheidet man statische (zeitunabhängige) und dynamische (zeitabhängige) Simulationen. Weitere Simulationsarten existieren, z. B. die Monte-Carlo-Simulation, die bei komplexen Systemen z. B. in der Physik angewandt wird.

9.4 Softwaretools

Zur Simulation von Wärmepumpen werden unterschiedliche Softwaretools angewandt. Welches zum Einsatz kommt, ist von der Aufgabenstellung abhängig.

Einfache Untersuchungen zum thermodynamischen Wärmepumpenkreislauf lassen sich bereits mit Microsoft Excel unter Verwendung von Erweiterungen (Add-Ons) für die entsprechenden Kältemittel und Wärmeträgerfluide realisieren.

Zur dynamischen Simulation von Kreisprozessen einschließlich definierter Anwendungen werden unter anderem verwendet:
- TRNSYS [9.4]
- EES [9.5]
- MATLAB Simulink [9.6]
- Dymola/Modelica [9.7]
- Python [9.8].

Werden mehrdimensionale Simulationsergebnisse z. B. bezüglich Strömungen oder Temperaturfeldern benötigt, kommen Simulationswerkzeuge wie ANSYS [9.9] zur Anwendung. Diese Werkzeuge verwenden die Finite-Elemente-Methode (FEM), um numerische Lösungen von physikalischen Fragestellungen zu errechnen. Weitere Methoden wie Computational Fluid Dynamics (CFD) werden bei der Entwicklung von Wärmepumpen mit Erfolg eingesetzt.

9.5 Anwendungen

Der Einsatz von Simulationsprogrammen in der Kälte- und Wärmepumpentechnik ist in vielen Bereichen bereits etabliert. Folgende beispielhafte Anwendungen werden in Wissenschaft und Technik durchgeführt:
- Dimensionierung von Wärmepumpen
- Messungen der Energieeffizienz im Labor
- Überprüfung von Steuer- und Regelungssystemen
- Feldtestmessungen
- Servicebereich für zukünftige Schadensprognosen.

9.5.1 Statische Kreislaufrechnung

In der Kälte- und Wärmepumpentechnik haben thermodynamische Kreislaufrechnungen einen sehr hohen Stellenwert. Sie werden als statische Simulationen eingesetzt, um mit vorgegebenen Eingangsgrößen (z. B. Lufteintrittstemperatur am Verdampfer und Warmwasseraustrittstemperatur am Kondensator) wichtige Zustandspunkte im thermodynamischen Kreislauf der Wärmepumpe zu ermitteln sowie Kennzahlen (z. B. Leistungszahl der Wärmepumpe) zu berechnen. Diese Art der Simulation wird auch für die Komponentenauslegung einer Wärmepumpe herangezogen. Je nach Detaillierungsgrad des Simulationsprogramms können Druckverluste in den Wärmeübertragern und Rohrleitungen sowie Wärmeverluste bei den Berechnungen berücksichtig werden. Mit Hilfe von Dynamic Link Library-Dateien (dll-Dateien) der Komponentenhersteller wird auf wichtige Eingabegrößen, wie geometrische Abmessungen, zugegriffen, um spezifische Simulationen zur Komponentenauswahl und zur Optimierung durchzuführen. Diese statischen Simulationen werden auf Basis einfacher mathematischer Gleichungen durchgeführt, welche die physikalischen Zusammenhänge beschreiben.

9.5.2 Dynamische Kreislaufrechnung

Bei dynamischen (= transienten) Simulationen kommt als zusätzliche physikalische Größe die Zeit hinzu, sodass alle Ergebnisse in Abhängigkeit von der Zeit dargestellt werden. Die Modellbildung wird wesentlich umfangreicher und der Detaillierungsgrad steigt an. Es sind instationäre Energie- und Massenbilanzen für die betrachteten Einzelkomponenten einer Wärmepumpe aufzustellen. Man erhält ein Gleichungssystem aus Differentialgleichungen, das sich nicht mehr analytisch lösen lässt. Derartige Gleichungssysteme können nur mehr durch numerische Verfahren der Mathematik gelöst werden.

Bei den dynamischen Simulationen ist die Angabe des Betrachtungszeitraumes der Simulation von entscheidender Bedeutung, um den Detaillierungsgrad bei der Modellbildung der Komponenten festlegen zu können. Wird eine dynamische Jahressimulation für eine Wärmepumpe angestrebt, so wird ein geringerer Detaillierungsgrad der Modellbildung benötigt als für eine dynamische Simulation zur Berechnung des Anfahrverhaltens einer Wärmepumpe. Die Zeitintervalle für eine komplette Berechnung des Wärmepumpenkreislaufes können damit von einigen zehntel Sekunden bis zu mehreren Minuten betragen. Ein weiteres wichtiges Kriterium bei dynamischen Simulationen ist die gesamte Dauer der Simulationsrechnung, d. h., es wird angestrebt, dass die gesamte Simulationsdauer des Wärmepumpenmodells kleiner ist als die Echtzeit des realen Wärmepumpenbetriebs, die in der Simulation abgebildet wird. Parallel hierzu ist die Genauigkeit der Ergebnisse festzulegen. Hohe Genauigkeit bedeutet, dass die Zeitintervalle für die Berechnungen klein sein müssen mit der Folge, dass die gesamte Simulationsdauer ansteigt. Hier liegt ein Optimierungsproblem vor.

Die numerische Lösung des Differentialgleichungssystems für eine Komponente/Wärmepumpe bedeutet, dass numerische Gleichungslöser im Simulationsprogramm zu verwenden sind, die wesentlich sowohl die gesamte Berechnungsdauer der Simulation als auch die Genauigkeit der Ergebnisse mitbestimmen. Verwendete Gleichungslöser für gewöhnliche Differentialgleichungen mit Anfangswertproblemen arbeiten nach dem Euler-Cauchy-Verfahren, dem Runge-Kutta-Verfahren oder dem Backward Differentiation Formula-Verfahren (BDF-Verfahren). Die Herausforderung besteht hierbei, dass derartige Gleichungslöser während der gesamten Simulationsdauer stabil laufen, d. h., das Simulationsprogramm sollte bis zum definierten Ende des Betrachtungszeitraumes sinnvolle Ergebnisse liefern. In manchen numerischen Simulationen ist während der Simulationsdauer das Verfahren zur Lösung der Differentialgleichungen zu ändern, d. h., ab einem definierten Zeitpunkt kommt ein Gleichungslöser zum Einsatz, der mathematisch besser geeignet ist, eine Lösung des Gleichungssystems zu erreichen.

9.6 Simulation Verdampfer

Die Modellierung für den Verdampfer als Plattenapparat in einer Sole/Wasser-Wärmepumpe kann in erster Näherung als Gegenstrom-Wärmeübertrager erfolgen, der aus n Teilvolumina zusammengesetzt ist. Die maximale Anzahl der Teilvolumina N_{max} ist festzulegen. Das Gesamtvolumen V für die beiden Stoffströme (Kältemittel/Sole) und für die Wand sind vorgegeben. Hierbei sind zwei Zonen bei der Wärmeübertragung zu berücksichtigen. In Strömungsrichtung des Kältemittels die Verdampfungszone und anschließend die Zone für die Überhitzung des Kältemittels. Die einzelnen Zonen haben während des Betriebs der Wärmepumpe unterschiedliche Flächenanteile an der Gesamtfläche. Für einfache dynamische Simulationen werden die zwei Flächenanteile zusammen mit dem jeweiligen Wärmeübergangskoeffizienten vorgegeben und als konstant betrachtet. Zusätzlich ist der Gesamtdruckverlust für den Verdampfer in der dynamischen Simulation zu berücksichtigen. Hierbei ist vor allem der Druckverlust bei der auftretenden Zweiphasenströmung durch Korrelationen aus der Literatur zu verwenden. Diese Korrelationen sind oftmals nur für ein definiertes Kältemittel gültig und haben relative Abweichungen von ±20 % und mehr zu den parallel durchgeführten Messreihen. Für die einzelnen Stoffstromseiten eines Gegenstrom-Wärmeübertragers erhält man jeweils eine instationäre Energiebilanz, die miteinander verbunden sind. Abbildung 9.1 zeigt das Zellenmodell für einen Verdampfer, der im einfachen Fall als Gegenstromapparat modelliert wird.

9.7 Simulation Verdichter

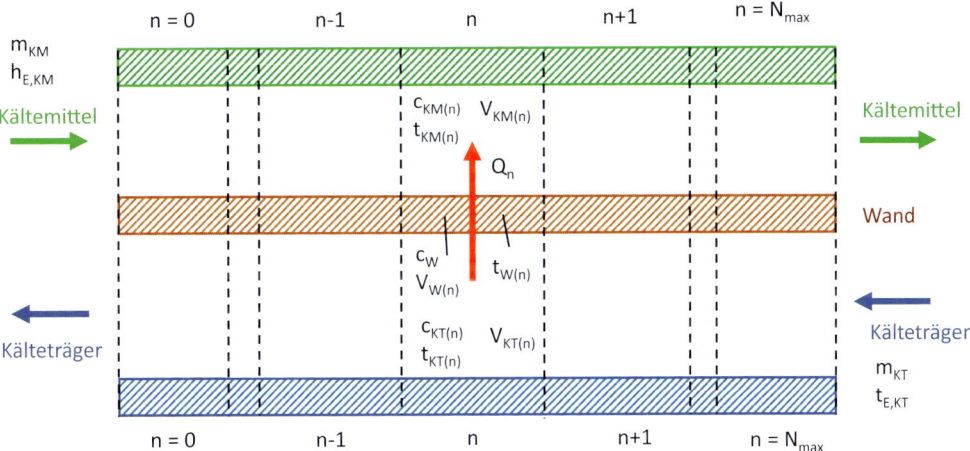

Abb. 9.1: Zellenmodell für Verdampfer im Gegenstrom

Abbildung 9.1 stellt schematisch einen Verdampfer dar, der aus insgesamt N_{max} Einzelzellen aufgebaut ist und im Gegenstrom arbeitet. Aus drei Differentialgleichungen erhält man den Verlauf für die Temperaturen des Kältemittels, der Wand und des Kälteträgers sowohl örtlich als auch in Abhängigkeit von der Zeit für jedes Teilvolumen n.

Kälteträgerseite in einem Teilvolumen n

$$\frac{V_{KT}}{N_{max}} \cdot \rho_{KT} \cdot c_{KT} \cdot \frac{dt_{KT[n]}}{d\tau} = \dot{m}_{KT} \cdot c_{KT} \cdot \left(t_{KT[n+1]} - t_{KT[n]}\right) - \frac{\alpha_{KT} \cdot A \cdot \left(t_{KT[n]} - t_{W[n]}\right)}{N_{max}} \quad \text{(Gl. 9.1)}$$

Platte/Wand

$$\frac{V_W}{N_{max}} \cdot \rho_W \cdot c_W \cdot \frac{dt_{W[n]}}{d\tau} = \frac{\alpha_{KT} \cdot A \cdot \left(t_{KT[n]} - t_{W[n]}\right)}{N_{max}} - \frac{\alpha_{KM} \cdot A \cdot \left(t_{W[n]} - t_{KM[n]}\right)}{N_{max}} \quad \text{(Gl. 9.2)}$$

Kältemittelseite in einem Teilvolumen n

$$\frac{V_{KM}}{N_{max}} \cdot \rho_{KM} \cdot c_{KM} \cdot \frac{dt_{KM[n]}}{d\tau} = \dot{m}_{KM} \cdot \left(h_{KM[n-1]} - h_{KM[n]}\right) + \frac{\alpha_{KM} \cdot A \cdot \left(t_{W[n]} - t_{KM[n]}\right)}{N_{max}} \quad \text{(Gl. 9.3)}$$

Aus den Differentialgleichungen werden die zeitabhängigen Temperaturen des Kälteträgers, der Wand und vom Kältemittel berechnet.

9.7 Simulation Verdichter

Eine Modellierung für eine dynamische Simulation eines nicht gekühlten vollhermetischen Verdichters (z. B. Scrollkompressor) erfolgt beispielsweise derart, dass das Gesamtmodell zwei Teilmodelle aufweist. Im Teilmodell für die Sauggasseite des Verdichters erfolgt die Zufuhr der abgegebenen Verlustwärme vom Elektromotor auf das Kältemittel, und im Teilmodell auf der

Druckgasseite des Verdichters erfolgt die Kompression des überhitzten Kältemittelgases unter Energiezufuhr. Die beiden gekoppelten Differentialgleichungen lauten:

Sauggasseite

$$V_S \cdot \rho_S \cdot c_{pS} \cdot \frac{dt_Z}{d\tau} = \dot{m}_{KM} \cdot (h_E - h_Z) - k_U \cdot A_{OS} \cdot (t_Z - t_U) + P_{el} \cdot (1 - \eta_{el}) \qquad \text{(Gl. 9.4)}$$

Heißgasseite

$$V_D \cdot \rho_D \cdot c_{pD} \cdot \frac{dt_D}{d\tau} = \dot{m}_{KM} \cdot (h_Z - h_D) - k_U \cdot A_{OD} \cdot (t_D - t_U) + P_{el} \cdot \eta_{el} \qquad \text{(Gl. 9.5)}$$

Aus den beiden Differentialgleichungen errechnet sich die Zwischentemperatur t_Z zwischen der Sauggasseite und der Druckgasseite sowie die Verdichtungsendtemperatur t_D bei vorgegebenen geometrischen Abmessungen, Wärmedurchgangskoeffizienten zur Umgebung, elektrischem Wirkungsgrad des Antriebsmotors und den Sauggasbedingungen am Eintritt in das Gehäuse vom Scrollverdichter.

Für die Modellierung von Verdichtern werden häufig Polynomgleichungen der Hersteller verwendet, um den umlaufenden Kältemittelmassenstrom im Wärmepumpenkreislauf und die elektrische Leistungsaufnahme des Verdichters zu berechnen. Bei diesen Polynomen handelt es sich um jeweils ein bivariates Polynom dritten Grades mit zehn Koeffizienten. Als Eingabegröße ist die Verdampfungstemperatur am saugseitigen Taupunkt und die Kondensationstemperatur am druckseitigen Taupunkt zu verwenden [9.10].

9.8 Simulation Kondensator

Die Modellierung für den Kondensator als gelöteter Plattenapparat kann als Gegenstrom-Wärmeübertrager erfolgen, der aus n Teilvolumina zusammengesetzt ist. Die maximale Anzahl der Teilvolumina N_{max} ist festzulegen. Das Gesamtvolumen V für die beiden Stoffströme (Kältemittel/Wasser) und für die Wand sind vorgegeben. Hierbei sind drei Zonen bei der Wärmeübertragung zu berücksichtigen. In Strömungsrichtung des Kältemittels die Überhitzungszone, danach die Kondensationszone und abschließend die Zone für die Unterkühlung des Kältemittels. Die einzelnen Zonen haben während des Betriebs der Wärmepumpe unterschiedliche Flächenanteile an der Gesamtfläche. Für einfache dynamische Simulationen werden die drei Flächenanteile zusammen mit dem jeweiligen Wärmeübergangskoeffizienten vorgegeben und als konstant betrachtet. Zusätzlich ist der Gesamtdruckverlust für den Kondensator bei der dynamischen Simulation zu berücksichtigen. Hierbei ist vor allem der Druckverlust bei der Zweiphasenströmung relevant, für den Korrelationen aus der Literatur zu verwenden sind, die oftmals nur für ein definiertes Kältemittel gültig sind und relative Abweichungen von ±20 % und mehr zu den Messreihen aufweisen. Für die einzelnen Stoffstromseiten eines Gegenstrom-Wärmeübertragers erhält man die instationäre Energiebilanz. Die aufgestellten Energiestrombilanzen sind miteinander gekoppelt.

Kältemittelseite in einem Teilvolumen n

$$\frac{V_{KM}}{N_{max}} \cdot \rho_{KM} \cdot c_{KM} \cdot \frac{dt_{KM[n]}}{d\tau} = \dot{m}_{KM} \cdot (h_{KM[n+1]} - h_{KM[n]}) - \frac{\alpha_{KM} \cdot A \cdot (t_{KM[n]} - t_{P[n]})}{N_{max}} \qquad \text{(Gl. 9.6)}$$

Platte/Wand

$$\frac{V_P}{N_{max}} \cdot \rho_P \cdot c_P \cdot \frac{dt_{P[n]}}{d\tau} = \frac{\alpha_{KM} \cdot A \cdot (t_{KM[n]} - t_{P[n]})}{N_{max}} - \frac{\alpha_W \cdot A \cdot (t_{P[n]} - t_{W[n]})}{N_{max}} \quad (Gl.\ 9.7)$$

Wasserseite in einem Teilvolumen n

$$\frac{V_W}{N_{max}} \cdot \rho_W \cdot c_W \cdot \frac{dt_{W[n]}}{d\tau} = \dot{m}_W \cdot c_W \cdot (t_{W[n+1]} - t_{W[n]}) + \frac{\alpha_W \cdot A \cdot (t_{P[n]} - t_{W[n]})}{N_{max}} \quad (Gl.\ 9.8)$$

Formelzeichen:
- V: Volumen
- c_p: Spezifische Wärmekapazität bei konstantem Druck
- T: Temperatur
- $\dot{m}$: Massenstrom
- h: Spezifische Enthalpie
- k: Wärmedurchgangskoeffizient
- A: Wärmeübertragungsfläche
- P: Leistung
- η: Wirkungsgrad
- N: Zellenanzahl
- α: Wärmeübergangszahl

Indices:
- KT: Kälteträger
- KM: Kältemittel
- n: Laufvariable
- max: Maximal
- W: Wasser
- S: Saugseite
- U: Umgebung
- el: Elektrisch
- Z: Zwischen
- D: Druckseite
- P: Platte

Aus den Differentialgleichungen werden die zeitabhängigen Temperaturen des Kältemittels, der Wand und vom Wasser berechnet.

9.9 Simulation Expansionsventil

Das Expansionsventil kann in erster Näherung bei einer Simulation als adiabates Drosselventil betrachtet werden. Damit entspricht die Eintrittsenthalpie gleich der Austrittsenthalpie.

Besteht die Aufgabe der Simulation darin, auch das Regelverhalten des Kältemittelkreislaufes zu modellieren, so ist ein einfacher Ansatz für ein Expansionsventil gegeben durch:

$$\dot{m}_{KM} = A_{eff} \cdot \sqrt{2 \cdot \rho_e \cdot (p_e - p_a)} \quad (Gl.\ 9.9)$$

Formelzeichen:
- $\dot{m}$: Massenstrom
- A: Fläche
- p: Druck
- ρ: Dichte

Indices:
- KM: Kältemittel
- eff: effektiv
- e: Eintritt
- a: Austritt

Mit dieser einfachen Gleichung wird der Kältemittelmassenstrom durch das Expansionsventil berechnet, wobei die effektive Fläche A_{eff} den engsten Strömungsquerschnitt darstellt und der Druckabfall über dem Ventil bekannt ist. Das Kältemittel tritt flüssig, d. h. im unterkühlten Zustand mit der Dichte ρ_e ein.

9.10 Simulation Kompressions-Wärmepumpe

Im Folgenden wird davon ausgegangen, dass ausschließlich der Wärmepumpenkreislauf simuliert werden soll, d. h., die Wärmequellenanlage und die Wärmesenkenanlage stellen für die Wärmepumpensimulation einen entsprechenden Volumenstrom bzw. Massenstrom mit der jeweiligen Eintrittstemperatur zur Verfügung.

Zur mathematischen Beschreibung der Wärmeübertrager ist für eine einfache stationäre Simulationsrechnung die eps-NTU-Methode [9.11] ausreichend. Je nach Aufgabenstellung sollte der Verdampfer mit zwei Zonen (Verdampfung/Überhitzung) und der Kondensator mit drei Zonen (Enthitzung/Kondensation/Unterkühlung) modelliert werden. Hierbei wird die Gesamtfläche bei Verdampfer/Kondensator auf die einzelnen Zonen anteilmäßig aufgeteilt und es wird mit einem jeweils konstanten Wärmedurchgangskoeffizienten (k-Wert) gerechnet. Im realen Wärmepumpenbetrieb verschieben sich die Flächenanteile zwischen den o. g. Zonen für jeden Betriebszustand. Für exaktere Ergebnisse sind die jeweiligen Druckverluste in den Wärmeübertragern zu berücksichtigen. Eine weitere Verbesserung der Modellierung erfolgt dadurch, dass die Wärmeübergangskoeffizienten für jeden Betriebszustand der Wärmepumpe berechnet werden. Diese Vorgehensweise ist nur dann sinnvoll, wenn genaue geometrische Abmessungen der Wärmeübertrager bekannt sind und die Simulationsdauer nicht im Vordergrund steht.

Bei der dynamischen Simulation ist eine empfehlenswerte Vorgehensweise, den gesamten Wärmeübertrager in eine vorher definierte Anzahl an Volumenelementen für die Primär- und Sekundärseite als auch für die Wärmeübertragungsfläche aufzuteilen.

Bei der Simulation von Zweiphasen-Wärmeübertragern (Verdampfer/Kondensator) ergeben sich die einzelnen Zonen automatisch während der Simulation, wenn die sogenannte Moving-Boundary Methode angewandt wird [9.12].

Simulationsergebnisse mit geringen Abweichungen zur Realität erhält man sowohl im stationären als auch im dynamischen Fall, wenn für den umlaufenden Kältemittelmassenstrom bzw. für die elektrische Leistung des Verdichters die vom Verdichterhersteller angegebenen Polynome verwendet werden.

Die Besonderheit bei der Simulation eines Kreisprozesses einer Wärmepumpe besteht darin, dass eine parallele Berechnung von Stoffdaten für die Flüssigkeit, den Nassdampf und das Gas des eingesetzten Kältemittels durchzuführen ist. Deshalb ist es erforderlich, konsequent einige logische Vergleiche in den Quellcode einzubauen, z. B. eine Abfrage, ob die Verdampfungs- und Kondensationstemperatur für einen Kompressions-Wärmepumpen-Kreislauf unterhalb des kritischen Drucks bzw. der kritischen Temperatur des Kältemittels berechnet wird.

Zunehmend werden Wärmepumpen entwickelt, bei denen der Wärmepumpenverdichter nicht mit konstanter Drehzahl betrieben wird. Simulationen mit drehzahlgeregeltem Verdichter für Wärmepumpen sind damit nochmals umfangreicher, da als zusätzliche physikalische Größe die Drehzahl auftritt.

Je nach Wärmepumpenbauart gibt es einige Unterscheidungen. Bei Luft/Wasser-Wärmepumpen ist die Tatsache zu beachten, dass bei der Abkühlung von feuchter Luft im Verdampfer eine Kondensatbildung oder ein Reifansatz auftreten kann. Die Folge ist, dass eine dynamische Simulation zu entwickeln ist, die den zeitabhängigen Reifansatz und die Abtauung mitberücksichtigt. Auf diese Weise wird das Takten der Luft/Wasser-Wärmepumpe miterfasst. Eine zusätzliche Stoffbilanz für Wasser ist in die Simulation einzubauen. Weitere Komponenten einer Wärmepumpenanlage, z. B. ein Pufferspeicher, sind zusätzlich zu modellieren und in das Gesamtmodell zu integrieren.

9.11 Simulation Gebäude

Für praxisnahe dynamische Simulationen einer Wärmepumpe im Gebäudebereich ist es erforderlich, den Verbraucher, in diesem Fall das Gebäude, in einem Simulationsmodell mit physikalischen Gleichungen und zusätzlichen Daten zu beschreiben und zu simulieren. Eine Modellbildung für ein Gebäude kann, je nach notwendigem Detaillierungsgrad, sehr komplex sein und damit einen großen zeitlichen Aufwand für die Erstellung benötigen. Ein Gebäude kann im einfachen Fall als einseitig ideal vermischter Rührkessel betrachtet werden [9.13]. In diesem einfachen Modell des Rührkessels erhält das Gebäude (Raumluft) eine Kapazität und das Gebäude (Raumluft) hat überall die gleiche Temperatur. Heizungswasser mit einer konstanten Eintrittstemperatur und konstantem Massenstrom gibt Wärme an die Raumluft über einen Wärmeübertrager (Radiator) ab und kühlt sich dabei auf die Austrittstemperatur ab. Der Radiator weist in diesem Modell keine Kapazität auf. Weitere vom Gebäude abhängige Transmissions- und Lüftungswärmeverluste sowie Strahlung werden nicht betrachtet. Von Interesse sind bei einer dynamischen (zeitabhängigen) Simulation folgende physikalische Größen:
- Wasseraustrittstemperatur t_A
- Raumlufttemperatur t_R
- Thermische Leistung des Wärmeübertragers (Radiator) $\dot{Q}_H$.

Erweitert man das Modell des einseitig ideal vermischten Rührkessels mit dem Wärmetransport über die Systemgrenzen (Wände, Decke, Boden) in die Umgebung, erhält man folgende Gleichungen:

$$t_A = t_R + (t_E - t_R) \cdot \exp\left[\frac{-k_{HK} \cdot A_{HK}}{\dot{m}_W \cdot c_W}\right] \qquad \text{(Gl. 9.10)}$$

$$m_R \cdot c_R \cdot \frac{dt_R}{d\tau} = \dot{m}_W \cdot c_W \cdot \left[1 - \exp\left(\frac{-k_{HK} \cdot A_{HK}}{\dot{m}_W \cdot c_W}\right)\right] \cdot (t_E - t_R)$$
$$- \sum_i k_{Wi} \cdot A_{Wi} \cdot (t_R - t_{Ui}) \qquad \text{(Gl. 9.11)}$$

$$\dot{Q}_H = \dot{m}_W \cdot c_W \cdot \left[1 - \exp\left(\frac{-k_{HK} \cdot A_{HK}}{\dot{m}_W \cdot c_W}\right)\right] \cdot (t_E - t_R) \qquad \text{(Gl. 9.12)}$$

Formelzeichen:
- t: Temperatur
- $\dot{m}$: Massenstrom
- m: Masse
- k: Wärmedurchgangskoeffizient
- A: Fläche
- c: Spezifische Wärmekapazität
- τ: Zeit
- $\dot{Q}$: Thermische Leistung

Indices:
- A: Austritt
- R: Raum
- E: Eintritt
- i: i-te
- HK: Heizkörper
- U: Umgebung
- W: Wasser

Aus der Differentialgleichung (Gl. 9.11) errechnet sich die Raumtemperatur t_R, die sowohl für die Wasseraustrittstemperatur des Wassers t_A aus dem Radiator als auch für die thermische Leistung des Radiators benötigt wird. Weitere Gebäudemodelle als „grey-box models" finden sich in der Literatur als sogenannte RC-Modelle (Widerstands-Kapazitäts-Modelle), z. B. in [9.14].

9.12 Digitaler Zwilling

Verschiedenste Definitionen zum „Digitalen Zwilling" sind in der Literatur anzutreffen. Eine ausgewählte Definition lautet:

„Ein digitaler Zwilling ist eine digitale Darstellung eines materiellen oder immateriellen Objekts aus der realen Welt in der digitalen Welt. Digitale Zwillinge ermöglichen einen übergreifenden Austausch von Daten. Sie sind mehr als nur Daten und bestehen aus Modellen des dargestellten Objekts und können auch Simulationen, Algorithmen und Dienste enthalten, die die Eigenschaften oder das Verhalten des dargestellten Objekts oder Prozesses beschreiben oder beeinflussen oder Dienste darüber anbieten" [9.15].

Ein Digitaler Zwilling in der Kälte- und Wärmepumpentechnik kann durch geeignete Simulationstechnologie im gesamten Produkt-Lebens-Zyklus sowohl für den B2B-Bereich (Business to Business) als auch für B2C-Bereich (Business to Customer) eingesetzt werden. In folgenden Bereichen ist der Einsatz eines Digitalen Zwillings in Verbindung mit Wärmepumpen denkbar [nach 9.16]:
- Produktentstehungsphase
- Design
- Materialeinkauf
- Labor
- Fertigung
- Transport
- Verkauf
- Inbetriebnahme
- Aftersales
- Service.

9.13 Hardware in the Loop

Ein „Hardware in the Loop"-Prüfstand (HiL-Prüfstand) besteht im Wesentlichen aus drei Hauptbestandteilen: aus der Hardware, die getestet werden soll (z. B. eine reale Wärmepumpe), aus einem Simulationsrechner mit einem dynamischen Modell, welches das Verhalten z. B. eines Gebäudes möglichst real abbildet, und aus einer Schnittstellenplattform, die einen echtzeitfähigen Datenaustausch zwischen der Hardware und dem Simulationsmodell gewährleistet. Die Simulationsplattform verfügt in der Regel über die gleichen Schnittstellen (Ein- und Ausgänge) wie die reale Hardware. Dadurch ist gewährleistet, dass alle notwendigen Informationen übertragen werden können. Mit einer derartigen Einrichtung lassen sich Testszenarien bzw. Anwendungsfälle (use case) virtuell untersuchen, die im realen Betrieb eventuell zur Beschädigung der Hardware führen würden.

Diese Technologie ist besonders für thermische Systeme wie Kompressions-Wärmepumpen nur mit speziellem Fachwissen zum Kompressions-Wärmepumpenkreislauf mit den vorhandenen Phasen-

9.13 Hardware in the Loop

änderungen des Kältemittels beim Verdampfen und Kondensieren zielgerichtet einsetzbar. Das zu verwendende dynamische Simulationsmodell mit den entsprechenden Differentialgleichungen ist durch numerische Methoden der Mathematik lösbar. Bei diesen HiL-Anwendungen ist auf die Auswahl des Gleichungslösers besonders zu achten, da bei Methoden mit fester Schrittweite das Zeitintervall (z. B. Euler-Verfahren) sehr klein einzustellen ist mit der Folge, dass die Simulationsdauer sehr lange ist und nicht die Anforderung an eine Echtzeitsimulation erfüllen kann. Der Übergang auf Gleichungslöser mit variabler Schrittweite für die Zeit ist eine Alternative, derartige Systeme stabil in Echtzeit untersuchen zu können.

Abbildung 9.2 zeigt den prinzipiellen Aufbau eines HiL-Prüfstands mit den Hauptkomponenten.

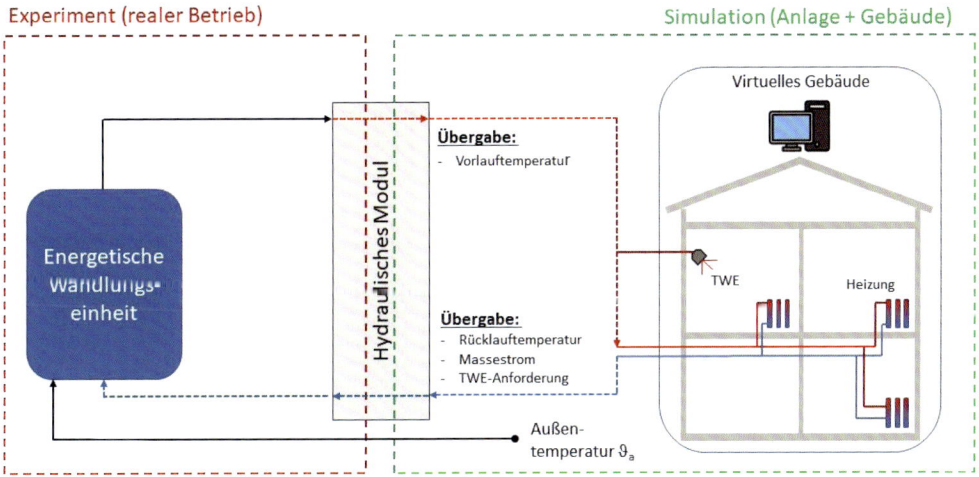

Abb. 9.2: Aufbau eines HiL-Prüfstands nach [9.17]

Beispiel: Gebäudesimulation mit Wärmepumpe

Bei einem HiL-Prüfstand werden beispielsweise eine reale Wärmepumpe und weitere systemrelevante Komponenten in einem Labor als Hardware aufgebaut. Ein gesamtes dynamisches Simulationsmodell für ein Gebäude mit Raumheizung, Warmwasserbereitung und sonstigen technischen Einrichtungen wird erstellt. Die reale Wärmepumpe im Labor wird vom Simulationsmodell angesteuert (Aktion) bzw. das reale Verhalten der Wärmepumpe wird dem Simulationsmodell als Reaktion zurückgegeben und im folgenden Simulationszeitschritt entsprechend berücksichtigt. Die Schnittstelle zwischen Hardware und Simulationsmodell ist ein hydraulisches Modul, das für die Wärmepumpe entsprechende physikalische Größen bereitstellt und den Datenaustausch realisiert sowie Sollwerte vorgibt [9.18].

Weitere Kombinationen sind umsetzbar, z. B. ein realer Wärmepumpenregler als Hardware gekoppelt über eine Schnittstellenplattform mit einer Wärmepumpenanlage, die als echtzeitfähiges dynamisches Simulationsmodell vorliegt.

Literatur

[9.1] *Page, B.*: Diskrete Simulation. Berlin: Springer, 1992
[9.2] *Strümpel, F.*: Simulation zeitdiskreter Modelle mit Referenznetzen. Universität Hamburg, Diplom, 2003
[9.3] *Westermann, Th.*: Modellbildung und Simulation. 2. Aufl. Berlin: Springer, 2021
[9.4] TRANSYS: [**TR**a**N**sient **SY**stem **S**imulation], Transsolar Energietechnik GmbH, Stuttgart, Deutschland
[9.5] EES [**E**ngineering **E**quation **S**olver], F-Chart Software, Madison, WI, USA
[9.6] MATLAB [**MAT**rix **LAB**oratory], Mathworks, Natick, MA, USA
[9.7] Dymola [**Dy**namic **Mo**deling **La**boratory], Dassault Systemes, Aachen, Deutschland
[9.8] Python, Python Software Foundation (open source)
[9.9] ANSYS [**AN**alysis **SYS**tem], ANSYS Inc., Canonsburg, PA, USA
[9.10] DIN EN 12900:2013-10 Kältemittel-Verdichter – Nennbedingungen, Toleranzen und Darstellung von Leistungsdaten des Herstellers
[9.11] *Kakac, S.; Liu, H.*: Heat Exchangers – Selection, Rating and Thermal Design. 2. Aufl. Boca Raton (USA): CRC Press, 2002
[9.12] *Jensen, J. M.; Trummescheid, H.*: Moving Boundary Models for Dynamic Simulations of Two-Phase Flows. 2nd International Modelica Conference, March 2002, Oberpfaffenhofen
[9.13] *Dittmann, A., et. al.*: Repetitorium der Technischen Thermodynamik. Wiesbaden: Springer, 1995
[9.14] *Sperber, E.; Frey, U.; Bertsch, V.*: Reduced order models for assessing demand response with heat pumps – Insights from the German energy system. In: Energy and Buildings 223 (2020)
[9.15] *Seifert, J., et. al.*: Digital twin for heat pump systems. Clima 2022. REHVA 14th HVAC World Congress 22nd – 25th May, Rotterdam, The Netherlands
[9.16] *Klostermeier, R., et. al.*: Geschäftsmodelle digitaler Zwillinge. Springer: Wiesbaden, 2020
[9.17] *Seifert, J; Knorr, M.; Schinke, L.; Beyer, M.*: Instationäre, energetische Bewertung von Wärmepumpen und Mikro-KWK Systemen, Berlin: VDE Verlag, 2018
[9.18] *Mehrfeld, Ph., et.al.*: Dynamische Hardware-in-the-Loop-Tests für Wärmepumpen und Mikro-KWK-Systeme. In: KI Kälte Luft Klimatechnik Nr. 11 2020, S. 47-55

10 Digitalisierung

10.1 Definition und Einführung

Der Begriff „Digitalisierung" stammt aus den Fachgebieten Elektronik, Informatik, Nachrichtentechnik und Signaltechnik und bedeutet dort die Überführung von analogen Größen in digitale Größen zwecks Übertragung in Netzen und Verarbeitung auf Digitalrechnern. Der Begriff erhielt in anderen Fachgebieten stark ausgeweitete Bedeutungen, die sehr vielfältig und zum Teil widersprüchlich sind [10.1].

Die Digitalisierung im Bereich der Wärmepumpen findet entlang der gesamten Wertschöpfungskette statt. Im Folgenden wird auf die Digitalisierung in ausgewählten Bereichen eingegangen, die mit dem Produkt „Wärmepumpe" verbunden sind.

10.2 Energieversorgung [10.2]

Die Digitalisierung in der Energieversorgung bedeutet, dass von der Erzeugung in den Kraftwerken bis zur Abrechnung bei den Endverbrauchern ein kontinuierlicher Umbau der gesamten Versorgungsstruktur zu erfolgen hat. Abbildung 10.1 zeigt zukünftige Trends, die zu einer durchgängigen Digitalisierung der Energieversorgung führen, die wiederum die Basis darstellt für weitere Digitalisierungsmaßnahmen in anderen Bereichen, z. B. bei Gebäuden oder in der produzierenden Industrie.

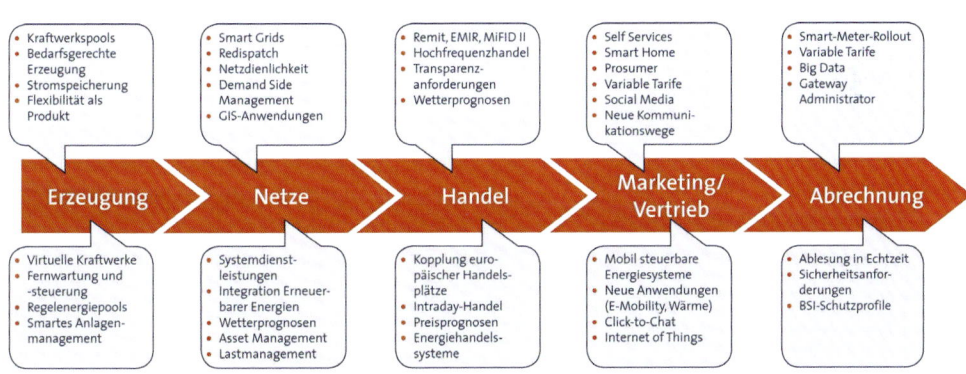

Abb. 10.1: Digitalisierungstrends in der Energieversorgung [10.3]

Erzeugung

Bei der Energiebereitstellung spielt die Vernetzung einzelner Erzeuger, verbunden mit einem flächendeckenden Rollout von Sensoren in den Anlagen zur besseren Steuerung und Wartung eine wesentliche Rolle. Durch die Vernetzung besteht die Möglichkeit, die Energieerzeugung zu automatisieren und in Echtzeit an die gemessenen und prognostizierten Energieverbräuche anzupassen. Hierbei haben „Virtuelle Kraftwerke" eine besondere Bedeutung, da sie erzeugte elektrische Energie gesteuert und gebündelt in das öffentliche Stromversorgungsnetz einspeisen.

Außerdem ist auf Basis der Digitalisierung eine zusätzliche vorausschauende bzw. zustandsbasierte Wartung und Instandhaltung der Erzeugungsanlagen möglich. Dies bedeutet in der Praxis, dass Rückschlüsse auf den technischen Zustand der gesamten Erzeugungsanlage oder auf einzelne Komponenten gezogen werden können. Eine zusätzliche Digitalisierung der Betriebsabläufe und der Arbeitsprozesse durch Übertragung von Daten in ein IT-System bedeutet eine Abkehr von der händischen, aufwendigen und zeitintensiven Dokumentation auf Papier.

Netze

Der stetig zunehmende Anstieg des Anteils an erneuerbaren Energien an der Energiebereitstellung erhöht die Anforderungen an die Versorgungsnetze bezüglich Netzsteuerung und Netzstabilisierung. Die Einspeisung aus fluktuierenden Energiequellen wie Wind- und Sonnenenergie bedeutet, dass nur eingeschränkt prognostiziert werden kann, welche elektrische Energie in einem Zeitraum in das Netz eingespeist wird. Der Übergang von einer lastgeführten Versorgung zu einer erzeugungsgeführten Versorgung der Verbraucher kann nur durch eine konsequente Digitalisierung der Netze erfolgen. Die Liberalisierung des Elektrizitätsmarkts und die parallel stattfindende Dezentralisierung der Stromerzeugung über z. B. PV-Anlagen und Mini-Blockheizkraftwerke bei den Endverbrauchern bedeutet, dass der ursprüngliche Energieverbraucher (Konsument) auch gleichzeitig zum Energieproduzenten wird, d. h., er ist ein „Prosumer". Das konventionelle Elektrizitätsnetz ist zu einem Smart Grid umzubauen. Hierzu sind die Netze durch moderne Kommunikationstechniken sowie Mess-, Steuer-, Regelungs- und Automatisierungstechnik aufzurüsten. Die bei einem Smart Grid erzeugte hohe Datenmenge ist über weitere IT-Komponenten zu managen. Im Smart Grid ist ein Ausgleich zwischen Energieversorgern und Energieverbrauchern in optimierter Form möglich. Dies trägt wesentlich zur Netzstabilität bei.

Handel

Die Einführung der Digitalisierung in den Energiehandel führt zu virtuellen Marktplätzen, insbesondere für regionale und lokale Energiemärkte. Virtuelle Energiemärkte handeln mit Energie automatisiert in Echtzeit. Sie können auf Basis von Sensordaten der angeschlossenen Verbraucher (Haushalte, Gewerbe, Industrie), entsprechend der momentanen Nachfrage schnell skalieren und besonders durch intelligente Systeme die Allokation (= Zuteilung) zwischen Angebot und Nachfrage optimieren.

Marketing und Vertrieb

Digitale Kommunikation bei den Marketing- und Vertriebswegen zur Energiebeschaffung gewinnen zunehmend an Bedeutung. Endverbraucher und gewerbliche Kunden informieren sich über Energiedienstleistungen im Internet, besuchen Vergleichsportale, vertrauen Empfehlungen und Erfahrungsberichten in den sozialen Medien. Zunehmend werden Lieferverträge online abgeschlossen. Durch die Kommunikation per Email haben sich die Kundenerwartungen deutlich geändert, da eine kurze Reaktionszeit erwartet wird. Energieversorger bieten in der Regel Kundenportale an, in denen Stammdaten wie Bankverbindung und Rechnungsverläufe durch die Kunden selbst online eingesehen und verwaltet werden können. Erweiterte Servicedienstleistungen wie die Durchführung des Tarifwechsels oder die Erstellung von Zwischen- und Simulationsrechnungen haben sich dagegen bisher noch nicht flächendeckend durchgesetzt. Ein weiterer zentraler Digitalisierungstrend betrifft insbesondere Prozesse wie Ortswechsel von Kunden, die Anmeldung eines Haus-/Baustromanschlusses oder den Anschluss einer Photovoltaikanlage. Über ein Online-Portal oder per App geben die Kunden selbst die erforderlichen Daten ein.

Abrechnung

Eine Digitalisierung der Energieversorgung findet auch im Messwesen statt. Ein intelligentes Messsystem besteht aus einem digitalen Stromzähler und einer Kommunikationseinheit, dem so genannten Smart Meter Gateway. Das Smart Meter Gateway ermöglicht eine datenschutz- und datensicherheitskonforme Einbindung von Zählern in das intelligente Stromnetz.

Bei der Neuinstallation von Wärmepumpen sind Smart Meter verpflichtend einzubauen, ebenso in Haushalten mit einem jährlichen Stromverbrauch von mehr als 6.000 kWh. Für bereits vorhandene Wärmpumpen gilt diese Pflicht nicht [10.4].

Mit intelligenten Messsystemen soll die sichere und standardisierte Kommunikation in den Energienetzen der Zukunft ermöglicht werden. Intelligente Messsysteme sind eine Grundvoraussetzung bei der Digitalisierung der Energieversorgung. Sie liefern detaillierte Informationen über das Einspeise- und Verbrauchsverhalten dezentraler Prosumer und informieren sowohl über die Prognosequalität als auch über die Genauigkeit im Bilanzkreismanagement. Zudem sind sie die Voraussetzung für ein sinnvolles Einspeise- und Lastmanagement zum Ausgleich der variierenden elektrischen Energien aus den erneuerbaren Energiequellen, weil intelligente Messsysteme die Steuerung dezentraler Erzeugungseinrichtungen und steuerbarer Verbrauchseinrichtungen ermöglichen und das Informationsmanagement über die aktuelle Netzsituation verbessern. Neben der Steuerung, d. h. dem An- bzw. Zu- und Abschalten von Energieanlagen und Energiespeichern, erfüllt der intelligente Zähler auch eine Abrechnungsfunktion.

10.3 Gebäudetechnik

Die Digitalisierung findet bereits heute bei der Bewirtschaftung von Gebäuden statt [10.5]. Hierzu zählen:
- Software zur Instandhaltung
- Fernwartung von Heizungssystemen (Wärmepumpen)
- Kopplung von Energieanlagen zur Optimierung.

Die Digitalisierung erfordert Geräte, die miteinander durch Vernetzung kommunizieren können. Abbildung 10.2 zeigt vereinfacht die Grundstruktur eines vernetzten Geräts.

10 Digitalisierung

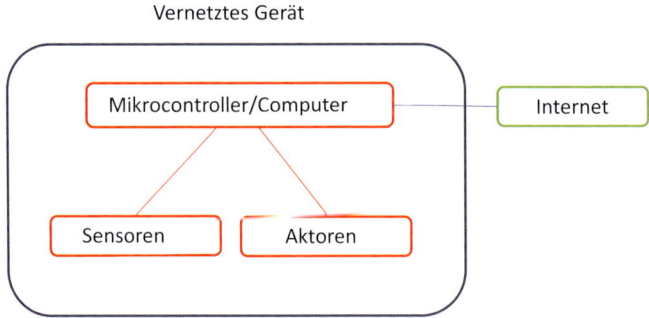

Abb. 10.2: Schematische Darstellung eines vernetzten Geräts [10.5]

Das Gerät (siehe Abbildung 10.2) besteht im Wesentlichen aus einem Mikrocontroller/Computer, der eine verschlüsselte Verbindung zum Internet aufweist. Sensoren als Bauteile wandeln physikalische Messgrößen in elektrische Signale um und bereiten die Inputgrößen für den Mikrocontroller auf. Aktoren wandeln elektrische Signale in physikalische Veränderungen (Temperatur, Druck, Bewegung) um.

Zukünftig wird ein Wohngebäude an ein Smart Grid mit seinen Energieerzeugern und Energieverbrauchern angebunden sein. Hierbei sind prinzipiell zwei Gruppen von Akteuren zu unterscheiden, nämlich Externe und Interne. Eine wesentliche Aufgabe zur zukünftigen Beheizung/Kühlung von Gebäuden und zur Warmwasserbereitung wird den elektromotorisch angetriebenen Wärmepumpen zukommen.

In ein Wohngebäude mit einer Elektro-Wärmepumpe, die als zentraler thermischer Energieerzeuger die Wärme- und Kältebereitstellung übernehmen wird, werden zukünftig folgende wesentlichen Hauptkomponenten zusätzlich eingebaut:

- Photovoltaik-Module
- Inverter
- Intelligenter Stromzähler
- Elektrischer Energiespeicher
- Thermischer Energiespeicher
- SG Ready-Schnittstelle
- Energiemanagementsystem.

Die Wärmepumpe hat eine SG Ready-Schnittstelle, um als lastvariabler Verbraucher für das Netz verfügbar zu sein. Hierdurch wird ein Beitrag zur Dekarbonisierung der Wärmeversorgung und zur Netzstabilisierung erreicht. Als Lieferanten von elektrischer Energie für die Wärmepumpen kommen externe regenerative Energiequellen wie Windkraft in Frage oder interne Quellen wie PV-Anlagen, montiert auf dem zu beheizenden Gebäude. Aufgrund der Verwendung von fluktuierenden Energiequellen sind Speicher für thermische oder elektrische Energie zusätzlich einzubinden. Zur optimalen Steuerung und Regelung der Energieversorgung ist ein angepasstes Energiemanagementsystem zwingend aufzubauen. Hierbei ist als wesentliche Anforderung die bidirektionale Kommunikation zwischen den Akteuren erforderlich, um einen Ausgleich zwischen Energieangebot und Energieverbrauch ohne Komforteinbußen für die Bewohner eines Wohngebäudes zu gewährleisten. Zentrale Bedeutung haben die Aufnahme und Auswertung von Energieverbrauchsdaten sowohl für das Energiemanagement als auch für wirtschaftliche Bewertungen.

Derartige Energiemanagementsysteme werden nur dann installiert, wenn es für den Eigentümer/Bewohner eines Gebäudes einen monetären Anreiz gibt, z. B. einen reduzierten Strompreis zu definierten Tages- und Nachtzeiten, oder einen Komfortzuwachs, z. B. die bedarfsgerechte Fernsteuerung der Heizungsanlage. Die Datenspeicherung erfolgt in einer Cloud. Datenschutzrechtliche Anforderungen und die Datensicherheit sind immer zu berücksichtigen. Eigentümer/Bewohner eines Gebäudes werden über eine App, die auf einem Smartphone/Tablet installiert ist, mit einer Cloud-Plattform einzelner Wärmepumpenhersteller oder sonstiger Anbieter verbunden.

Betreiber von Elektrizitätsverteilernetzen haben nach dem Energiewirtschaftsgesetz (EnWG) denjenigen Letztverbrauchern im Bereich der Niederspannung ein reduziertes Netzentgelt zu berechnen, wenn mit ihnen im Gegenzug die netzdienliche Steuerung von steuerbaren Verbrauchseinrichtungen vereinbart wird [10.6]. Solche Verbrauchseinrichtungen sind aktuell vor allem Wärmpumpen und Elektrospeicherheizgeräte. Ein netzdienlicher Betrieb im Sinne des EnWG kann zu einer zeitlich höher aufgelösten Steuerung führen, die auch mit einem häufigeren An- und Abschalten der Wärmepumpen verbunden ist.

Wärmepumpen mit SG Ready-Schnittstelle können das vom Bundesverband Wärmepumpe e.V. (BWP) vergebene sogenannte SG Ready-Label erhalten. Das SG Ready-Label bezieht sich auf Wärmepumpen inklusive der zu deren Steuerung eingesetzten Regelungstechnik sowie Schnittstellen-kompatible Systemkomponenten. Das SG Ready-Label dient dazu, um Wärmepumpen als lastvariable Verbraucher zu identifizieren. Über eine definierte Schnittstelle wird durch aktive Hinzuschaltung überschüssige elektrische Energie aus dem Versorgungsnetz von den Wärmepumpen verwendet, um thermische Energie bereitzustellen, zu speichern und diese zur Wärmebedarfsdeckung zu verwenden. Wärmepumpen können auch über das Lastmanagement der Stromnetze gezielt abgeschaltet werden, um Verbrauchsspitzen zu reduzieren [10.7].

10 Digitalisierung

Abbildung 10.3 zeigt den prinzipiellen Aufbau eines Energiemanagementsystems für ein Gebäude.

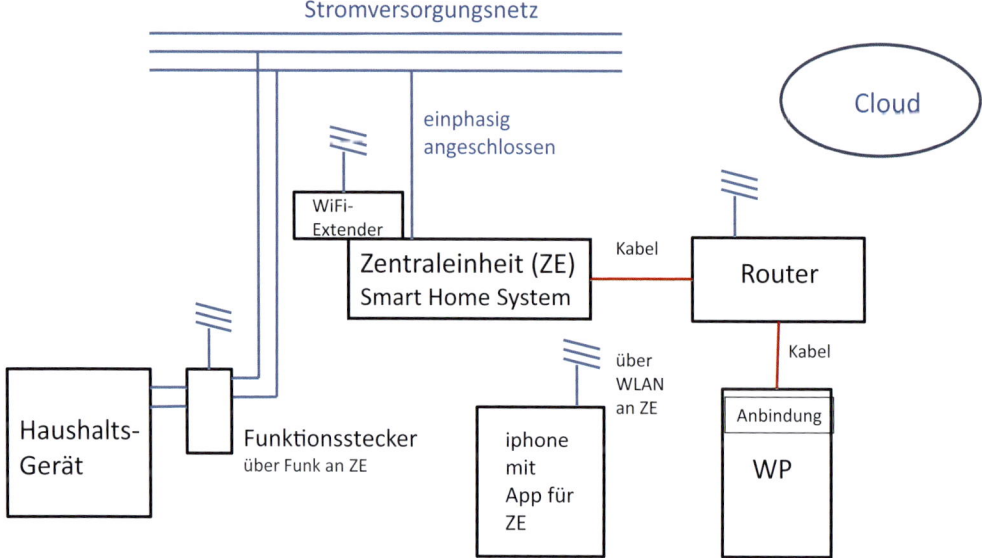

Abb. 10.3: Aufbau eines Energiemanagementsystems

Wie aus Abbildung 10.3 ersichtlich, wird das zukünftige Energiemanagementsystem in einem Haushalt vor allem bestimmt durch die hausinterne Kommunikation zwischen der Zentraleinheit und Energieverbrauchern, durch die externe Kommunikation der Zentraleinheit über das Internet mit einer Cloud und durch Verbrauchsmessungen an den einzelnen Energieverbrauchern.

Die zentrale Komponente des Gesamtsystems Energiemanagement ist die Zentraleinheit (ZE), die das Smart Home System darstellt. Diese Zentraleinheit entspricht einem Gateway und bietet Zugangsmöglichkeiten zum Energiemanagementsystem sowohl von externer Seite seitens des Energieversorgers als auch vom Eigentümer/Bewohner eines Gebäudes oder einer Wohnung über ein elektronisches Kommunikationsgerät (Smartphone, Tablet). Die Zentraleinheit wird an das hauseigene Stromnetz angeschlossen und wird mit Wechselstrom betrieben. Ferner wird die ZE über ein Kabel mit dem Router des Kommunikationsnetzes im Gebäude verbunden. Der Router stellt eine Verbindung zum Internet her. Zentrale Funktionen der ZE sind die Datenspeicherung mit Vorgabe des Datenaufnahmezyklus (z. B. Minuten, Stunden) und die Datenkommunikation mit internen Energieverbrauchern und mit externen Akteuren (z. B. Energieversorger) über das Internet.

Die ZE kann mit einem Extender (Zusatzmodul) erweitert werden, um Steuerbefehle ohne Reichweitenprobleme in den Keller oder zu einer PV-Anlage auf dem Dach zu transportieren. Die ZE kann verschiedene Gateways für unterschiedliche Stufen der Kommunikation enthalten. Das Kommunikationsgerät (Smartphone, Tablet) kommuniziert über WLAN mit dem Router, der mit einer definierten IP-Adresse versehen ist. Auf dem Kommunikationsgerät befindet sich eine

App, um eine Verbindung über den Router mit der ZE herzustellen. Über die App erfolgt die Bedienung des Gesamtsystems.

Die Anbindung der Energieverbraucher an die ZE erfolgt über Funk oder über eine zusätzliche Kabelverbindung oder über das Stromnetz. Wird z. B. ein Haushaltsgerät an die ZE angebunden, kann diese Verbindung mit einem Funktionsstecker erfolgen. Der Funktionsstecker wird in die Steckdose eingesteckt, das Stromkabel des Haushaltsgeräts in den Funktionsstecker. Der Funktionsstecker kommuniziert über Funk mit der ZE und ist vorab an die ZE anzulernen. Hierzu hat die ZE einen Anlernmodus. Wird z. B. eine Wärmepumpe an die ZE angebunden, ist eine zusätzliche Kommunikations-Karte zur Anbindung in den Wärmepumpenmanager einzubauen. Die Wärmepumpe hat nach der Anbindung eine eigene IP-Adresse und ist über eine zusätzliche Kabelverbindung mit dem Router verbunden.

Die zunehmende Digitalisierung im Bereich der Heizungstechnik führt zu immer intelligenteren Systemen der Steuer- und Regelungstechnik. Um eine komfortable und zugleich effiziente Temperaturregelung in den einzelnen Räumen eines Gebäudes zu ermöglichen, benötigt man eine zentrale Steuerung, die eine Solltemperatur für eine Wärmepumpe ermittelt. Diese Solltemperatur errechnet sich aus einer Soll-Ist-Temperaturabweichung eines vom System vorgegebenen Referenzraumes. In jedem Raum des Gebäudes befindet sich ein Raumtemperaturregler, der mit der zentralen Steuerung in Verbindung steht. Für jeden dieser Räume wird eine aktuelle individuelle Soll-Ist-Temperaturabweichung ermittelt. Ein Vergleich aller Soll-Ist-Temperaturabweichungen führt dazu, dass ein Raum des Gebäudes als Referenzraum festgelegt wird. Über diesen Referenzraum wird die erforderliche Soll-Rücklauftemperatur zur Regelung der Wärmepumpe definiert [10.8].

Ausgewählte physikalische Größen (z. B. Heißgastemperatur Kältemittel) einer Wärmepumpe werden messtechnisch aufgenommen, verarbeitet und in einer Cloud gespeichert. Die Kommunikation zwischen Wärmepumpe und Cloud erfolgt über LAN. Über die vom Hersteller entwickelte Software erfolgt eine Auswertung und Darstellung von Messgrößen, die z. B. das Takten des Wärmepumpenverdichters graphisch darstellen. Aus derartigen Informationen zum realen zeitlichen Betriebsverhalten einer Wärmepumpe wird z. B. für einen Servicetechniker sichtbar, ob und welche eventuellen Korrekturmaßnahmen zu ergreifen sind, um eine Wärmepumpe energetisch, umwelttechnisch und wirtschaftlich zu betreiben.

Über ein Kommunikationsprotokoll, z. B. ein MQTT-Protokoll, können Wärmepumpen in ein Energiemanagementsystem für ein Gebäude, welches eine entsprechende Schnittstelle aufweist, einfach eingebunden werden.

Die Cloud-zu-Cloud-Kommunikation über API (= Application Programming Interface) für ein Produkt tauscht bidirektional Informationen aus. Der Informationsaustausch erfolgt von der Cloud des Produkts an die Cloud des Produktnutzers. Die Cloud, die mit dem Nutzer in Verbindung steht, liefert Informationen an die App des Produktnutzers, z. B. den Hinweis auf die jährliche Wartung einer Wärmepumpe.

Im Folgenden wird auf zwei Arten der Connectivity eingegangen, die sich vor allem im Gebäudebereich etabliert haben. Mehr hierzu in Abschnitt 10.6.

Die Enocean GmbH ist Erfinder und Hersteller der patentierten Technologie „batterieloser Funksensor". Die batterielose Funktechnik beschreibt die drahtlose Übertragung von Signalen aller

Art mit Hilfe von elektromagnetischen Wellen im Radiofrequenzbereich an ein Empfängermodul. Die Enocean-Technologie kann bidirektional Informationsdaten kommunizieren und kann anwenderspezifisch programmiert werden [10.9].

Z-Wave ist ein einfach zu bedienendes Funksystem auf störungssicherer Frequenz von 868,4 MHz. Es ist zu einem komplexen System ausbaufähig durch untereinander kompatible Produkte. Z-Wave ist ein internationaler Standard zur Steuerung von Funksystemen. Das Funksystem ist vor allem auf das Gebäudemanagement ausgerichtet; man kann damit Elektrogeräte oder Unterhaltungselektronik im Haushalt ansteuern. Durch eine bidirektionale Funkverbindung (Befehl und Antwort) und den Einsatz mehrfarbiger LEDs ist es jederzeit möglich, den Status von Geräten gezielt abzufragen (an/aus/Ladezustand Batterie) oder eine Rückmeldung über den Erfolg/Misserfolg von Schaltbefehlen oder Konfigurationsschritten zu erhalten. Z-Wave arbeitet mit interagierenden Netzwerkknoten. Die einzelnen Empfänger/Verbraucher stehen untereinander in Verbindung und bilden so ein engmaschiges Funknetzwerk, in dem die Signale zum nächsten benachbarten Empfänger weitergeleitet werden. Durch diese Weiterleitungsfunktion arbeiten einzelne Geräte wie Verstärker und es können auch Geräte erreicht werden, die nicht innerhalb der direkten Funkreichweite der Fernbedienung liegen (maschenartige Netzstruktur). Das System kann dadurch auch mehrere alternative Verbindungen zwischen einzelnen Geräten verwalten, wodurch die Erreichbarkeit im Funksystem deutlich erhöht und die Störanfälligkeit reduziert wird [10.10].

10.4 Produktion von Wärmepumpen

Die Digitalisierung in der Produktion steht im Zusammenhang mit dem Begriff Industrie 4.0, d. h. dem zukünftigen Einsatz von intelligenten und vernetzten Systemen, um damit eine weitestgehend selbstorganisierte industrielle Produktion zu erreichen. Vernetzt man Menschen, Maschinen, Anlagen, Logistik und Produkte miteinander, so ist es möglich, entlang der gesamten Wertschöpfungskette zu optimieren [10.11].

Grundlage hierzu bildet das Internet of Things (IoT), das drei Kennzeichen aufweist. Das IoT entsteht durch Vernetzung verschiedener physischer und virtueller Objekte sowohl untereinander als auch im globalen Internet. Die IoT-Applikationen und IoT-Services sind überall und jederzeit verfügbar, auch über Mobilfunknetze oder über WLAN [10.12].

10.5 Vertrieb und Service

Mit Hilfe der Digitalisierung erwartet sich der Vertrieb eines Unternehmens mehr Umsatz und damit bei entsprechender Kostenstruktur auch höhere jährliche Gewinne. Zusätzlich wird erwartet, dass sich weitere Kunden – oftmals weltweit – akquirieren lassen, eine zeitnahe Kommunikation aufgebaut werden kann und sich die wirtschaftliche Effizienz eines Unternehmens dadurch verbessert. Die Digitalisierung bewirkt, dass neue Geschäftsmodelle entstehen, um Kunden zu jeder Tageszeit zu erreichen und diese mit relevanten Informationen zu den Produkten zu versorgen. Diese Informationen sind verschiedener Natur. Dabei handelt es sich um solche, die vor einem Kaufabschluss von Interesse sind wie Eigenschaften zum Produkt (Design, Farbe, Abmessungen, Gewicht, technische Ausstattung usw.) oder auch Informationen, die dann interessant werden, wenn das erworbene Produkt zu installieren oder durch den Service zu warten ist. Der Zugriff auf

Basis der Digitalisierung über das Internet auf eine Vielzahl von Dokumenten, z. B. auf Betriebsanleitungen und Montageanleitungen in verschiedenen Sprachen, verbessert auch zusätzlich die Nachhaltigkeit, da das Ausdrucken von Anleitungen auf Papier eingespart werden kann.

Serviceportale für Kunden eines Unternehmens ermöglichen den direkten Zugriff auf die Servicestruktur des Herstellers mit dem Vorteil, sich über Servicepakete oder Wartungspakete informieren zu können. Dabei handelt es sich bei den Servicepaketen um Wartungsverträge, die je nach Kundenwunsch unterschiedliche Laufzeiten und Inhalte haben können. Der Kunde hat einen 24-Stunden-Support an 7 Tagen der Woche über eine Hotline. Die Wartungspakete beziehen sich bei Wärmepumpen auf die rechtlich erforderlichen Dichtheitsprüfungen und jährlichen Wartungen, um eine Wärmepumpenanlage über die gesamte Lebensdauer effizient betreiben zu können. Über das Internet können kundenfreundlich Kundendiensttermine über Service-Tickets gebucht werden; damit entfallen die oftmals längeren Wartezeiten bei Kontaktaufnahme über eine Hotline. Über das Internet können Fernwartungen durch den Hersteller erfolgen, z. B. Softwareupdates. Zur Vorbereitung auf einen Vor-Ort-Besuch beim Kunden kann sich der Service bereits vorab über den technischen Zustand bzw. über mögliche technische Defekte des Produkts informieren, um auf Basis dieser Informationen zielgerichtet und zeitsparend Reparaturarbeiten auszuführen.

10.6 Arten der Connectivity

Die Arten der Connectivity beschreiben in der Netzwerktechnologie die Kommunikationsrichtung (unidirektional, bidirektional) und die Art des Anschlusses von Geräten. Die Connectivity ist eines der acht Ebenen des Internet of Things (IoT), das in [10.13] erweitert wurde, um einzelne Technologien deutlicher zu unterscheiden. Es wird damit die Verbindung zwischen der Edge-Ebene (Lokale Datenspeicherung und Datenverarbeitung) sowie der Data-Storage-Ebene (Speicherung von großen Datenmengen) hergestellt. Bei der Edge-Ebene handelt es sich um Edge-Computing und bei der Data-Storage-Ebene um Big-Data- und Cloud-Computing.

Verbunden mit der Connectivity sind Kommunikationstechnologien und die zugehörigen Kommunikationsprotokolle. Drahtlose Übertragungsstandards (Wireless) unterscheiden sich in der Reichweite und in der Datenrate. Beispiele zu den Protokollen sind nach [10.14]:

MQTT wurde im Jahr 1999 entwickelt und war zunächst unter der Bezeichnung Message Queuing Telemetry Transport bekannt. Sein einfaches Messaging-Protokoll ermöglicht die Kommunikation zwischen mehreren Geräten. Es wurde entwickelt, um auch bei geringer Bandbreite zu funktionieren, zum Beispiel für Sensoren und mobile Geräte in unzuverlässigen Netzwerken. Diese Fähigkeit macht es zu einer allgemein bevorzugten Option für die Vernetzung von Geräten mit kleinem Codeumfang sowie für drahtlose Netzwerke, die aus Bandbreitenbeschränkungen oder unzuverlässigen Verbindungen resultieren. MQTT, das als proprietäres Protokoll begann, ist heute das führende Open-Source-Protokoll für die Vernetzung von IoT-Geräten.

Zigbee ist ein Netzwerkprotokoll, das für Anwendungen in der Gebäude- und Heimautomatisierung entwickelt wurde. Zudem ist es eines der populärsten Protokolle in IoT-Umgebungen. Als Protokoll mit einer kurzen Reichweite und einem geringen Stromverbrauch lässt sich Zigbee nutzen, um die Kommunikation über mehrere Geräte hinweg zu erweitern. Das Protokoll bietet ein flexibles, selbstorganisierendes Netz (Mesh), bei dem alle Geräte miteinander verbunden sind, einen extrem niedrigen Stromverbrauch und eine Anwendungsbibliothek haben.

Bluetooth ist eine Wireless-Technologie mit kurzer Reichweite, die ultrahochfrequente Funkwellen mit kurzer Wellenlänge verwendet. Bluetooth wurde ursprünglich sehr gerne für Audio-Streaming verwendet, hat sich aber auch zu einem bedeutenden Standard für drahtlose und vernetzte Geräte entwickelt. Infolgedessen ist diese stromsparende Connectivitätsoption mit geringer Reichweite sowohl für Personal Area Networks (PAN) als auch für IoT-Bereitstellungen eine gute Wahl.

Eine weitere Option ist Bluetooth Low Energy (oft als Bluetooth LE oder BLE abgekürzt), eine neue Variante, die für IoT-Verbindungen optimiert ist. BLE verbraucht weniger elektrische Energie als Standard-Bluetooth. Dadurch wird es für viele Anwendungsfälle besonders attraktiv, etwa für Gesundheits- und Fitness-Tracker (Wearables), Smart-Home-Geräte im Consumer-Bereich sowie für die Navigation in Geschäften im kommerziellen Bereich.

Aufgrund seiner weiten Verbreitung in Wohn-, Geschäfts- und Industriegebäuden ist **Wi-Fi** ein häufig verwendetes IoT-Protokoll. Es bietet eine schnelle Datenübertragung und ist in der Lage, große Datenmengen zu verarbeiten. Wi-Fi eignet sich besonders gut in LAN-Umgebungen mit kurzen bis mittleren Entfernungen. Darüber hinaus bieten die verschiedenen Wi-Fi-Standards Technikern vielfältige Optionen zur Kommunikation. Allerdings verbrauchen viele WLAN-Standards, darunter auch der in Privathaushalten übliche, zu viel Strom für einige IoT-Anwendungsfälle. Das gilt insbesondere, wenn Geräte mit niedrigem Stromverbrauch oder Akku-Betrieb beteiligt sind, sodass der IoT-Anteil am Gesamtstromverbrauch hoch ist. Das schränkt Wi-Fi als Option für einige Bereitstellungen ein. Außerdem beschränken die geringe Reichweite und geringe Skalierbarkeit von WLAN die Einsatzmöglichkeiten in vielen IoT-Umgebungen.

Bei **Z-Wave**, einem weiteren proprietären Übertragungsstandard, handelt es sich um ein Wireless-Kommunikationsprotokoll für Mesh-Netzwerke, das auf einer stromsparenden Funkfrequenztechnologie basiert. Ähnlich wie Bluetooth und Wi-Fi ermöglicht Z-Wave die verschlüsselte Kommunikation von intelligenten Geräten miteinander und bietet damit ein gewisses Maß an Sicherheit für die IoT-Bereitstellung. Es wird häufig für Heimautomatisierungsprodukte und Sicherheitssysteme sowie in kommerziellen Anwendungen wie Energiemanagementtechnologien eingesetzt.

10.7 Digitalisierung und Nachhaltigkeit

Die Digitalisierung wird zukünftig wesentlich intensiver viele Bereiche unseres Lebens mitbestimmen. Digitale Anwendungen, z. B. die Ablage von Dokumenten in digitaler Form, werden zunehmend an Bedeutung gewinnen. Diese digitalen Anwendungen benötigen aber in beträchtlichem Maße elektrische Energie für Hardwarekomponenten, z. B. Server und Endgeräte (PC). Ferner werden für diese Hardwarekomponenten Rohstoffe, z. B. seltene Erden oder Gold benötigt, die bis heute unter teilweise menschenunwürdigen Bedingungen gefördert und mit hohem Energieaufwand zum Herstellungsort transportiert werden. Damit ist der Bezug zur sozialen und energetischen Nachhaltigkeit hergestellt, die durch die Digitalisierung unter neuen Aspekten zu sehen ist.

Literatur

[10.1] *Mertens, P., et. al.*: Digitalisierung und Industrie 4.0 – eine Relativierung. Springer: Wiesbaden, 2017
[10.2] *Roth, I.*: Digitalisierung in der Energiewirtschaft. Hans Böckler Stiftung, 2018
[10.3] Trend:research, Digitalisierung in der Energiewirtschaft: Chancen und Risiken des „Megatrends". Bremen, Bremerhaven, Köln, Stuttgart: trend:research Institut für Trend- und Marktforschung 2015
[10.4] BWP [Bundesverband Wärmepumpe e.V.]: Smart-Meter-Rollout. https://www.waermepumpe.de/waermepumpe/smart-meter/; abgerufen am 3. Juli 2020
[10.5] *Spiller, N.*: Digitalisierung in der Gebäudetechnik. energie schweiz, 2019
[10.6] EnWG (idF v. 26.04.2022), § 14a Satz 1
[10.7] BWP [Bundesverband Wärmepumpe e.V.]: SG-Ready Label; abgerufen am 15.05.2022
[10.8] Schutzrecht EP 3 059 652B1 (08.04.2020)
[10.9] Wikipedia: EnOcean. abgerufen am 15.05.2022
[10.10] düwi.: Funksystem Z-Wave. Bedienungsanleitung für Art.-Nr. 054474, 2015
[10.11] Wikipedia: Industrie 4.0. abgerufen am 04.01.2022.
[10.12] *Badach, A.*: Internet of Things IoT. Universitiy of Applied Science Fulda, 2020
[10.13] *Kaufmann, T., Servatius, H.-G.*: Das Internet der Dinge und künstliche Intelligenz als Game Changer. Wiesbaden: Springer, 2020
[10.14] *Pratt, M. K.*. Top 12 der meistverwendeten IoT-Protokolle und -Standards. www.computerweekly.com, abgerufen am 15.05.2022.

Stichwortverzeichnis

Symbole
4-Wege-Ventil 96

A
Absorber 106
Absorption 105
Abtauprozess 96
Adsorber 111
Adsorption 109
Alkohol-Wasser-Gemisch 32
Ammoniak 30
Arbeitsmittelkonzentration 105
Arbeitsüberhitzung 87
Arbeitszahl 54
atmosphärische Luft 34
Auslassventil 72
Auslegungspunkt 119
Außenluft 146
Austreiber 106
AWP 106

B
Batch-Verfahren 139
Berechnungsgrundlagen 46
Betriebsweise 122
    bivalent-alternativ 123
    bivalent-parallel 124
    bivalent-teilparallel 125
    monoenergetisch 125
    monovalent 123
Betriebszustände 15
Bivalenzpunkt 119
Bodentypen 148
BP 119
Brennbarkeit 27
Brennstoffe 126
Brennstoffnutzungsgrad 130
Brüdenverdichtung 43
Brüdenverdichtungsanlage 65
Brutto-Wärmepreis 127
BWP 127

C
Carnot-Kreisprozess 37
Carnot-Leistungszahl 38
CO2Emissionen 132
CO2-Erdwärmesonde 153
Connectivity 189
Contracting 164

D
Dampfgehalt 36
Dampfstrahlverdichter 70
Demand Management 141
Desorber 111
Desorption 105
Destillation 140
Desublimation 94
digitaler Zwilling 178
Digitalisierung 181
Drosselorgan 85
Drosselventil 85
Druckbegrenzer 103
Druckventil 72
Druckverhältnis 46
Druckverluste 40
Druckwächter 102

E
EEV 88
EF 161
Eindampfung 139
Einlassventil 72
Eisbildung 93
Ejektoren 70
energetischer Erntefaktor 161
Energiefluss 45
Energiemanagementsystem 186
Energiespeicher 97
Energiestrombilanz 51
Entzugsleistung 151
Erdreichtemperatur 147, 149
Erdwärme 147
Erdwärmekollektoren 150
Erdwärmesonde
    Länge 152
Erdwärmesonden 151
Erzeugungsanlagen 182
Expansionsventil 17, 85
    Simulation 175
Explosionsgrenze 23, 27

F
Fernwärme 142
Filmkondensation 81
FKW 19
Fußbodenheizung 117

G
Gebäude
    Simulation 177
Generator 107

Stichwortverzeichnis

Gleichungslöser 172
Grädigkeit 46
Gradtagzahlen 122
Großwärmepumpe 138
Grundwasser 154
GTZ 122
GWP 18, 21

H
Hardware in the Loop 178
Heißgasabtauung 97
Heißgas-Bypass-Regelung 79
Heizgrenztemperatur 121
Heizkreislauf 17
Heiz-Kühl-Anlagen 138, 140
Heizleistung 49
    Maximalwerte 15
    spezifische 49
    volumetrische 50
Heizleistungsdiagramm 120
Heiztage 122
Heizungsanlage 14
HG 122
HiL-Prüfstand 178
Hubkolbenverdichter 71
Hybrid-Wärmepumpe 141

I
Idealer Kreisprozess 37
Industriewärmepumpe 138
Industrie-Wärmpumpen 32
Internet of Things 188
Invertertechnologie 79
IoT 188
Isenthalpe 36
Isentrope 36
Isentropenexponent 49
Isobare 36
Isochore 36
Isotherme 36

J
Jahresarbeitszahl 54
Jahresdauerlinie
    geordnete 121
JAZ 54

K
Kältemaschinenöl 34
Kältemittel 17
    Aufarbeitung 165
    brennbar 55
    natürliche 25
    Nomenklatur 21
    Recycling 165
    Rückgewinnung 165
    Treibhausgasemissionen 22

Kältemittelgemisch
    azeotrop 20
    zeotrop 20
Kältemittelmassenstrom 88
Kältemittelmassestrom 175
kalte Nahwärme 142
Kältetauscher 108
Kapillarrohr 89
Kennzahlen 46
Kesselwirkungsgrad 128, 131
Kieselgel 110
KM 19
Kocher 107
Kohlendioxid 28
Kommunikationsprotokolle 189
Kompressions-Wärmepumpe
    einstufig 15
Kondensatbildung 95
Kondensation 80
Kondensationswärme 24
Kondensator
    Simulation 174
Kondensatorbauarten 83
Kondensatoren 80
Kondensatorleistung 49
Kondensatorwärme 81
Konversionsfaktor 162
KP 36
Kreislaufrechnungen 171
Kreislaufumkehr 96
Kreisprozess 37
Kritischer Punkt 36
kritische Temperatur 23

L
Lamellenverdampfer 93
Latentspeicher 97
Legionellen 101
Leistungszahl 54, 146
LFL 23
Liefergrad 50
Lösungsdrossel 107
Lösungspumpe 107
Low-GWP-Kältemittel 25

M
Messsystem 183
Microchannel-Wärmeübertrager 163
Mineralöle 35
Modell 169
Modellbildung 169

N
Nachfragesteuerung 141
Nachhaltigkeit 159
Nahwärme 142
Nassdampfgebiet 36

Stichwortverzeichnis

Netto-Wärmepreis 128
Netze 182
Normalsiedepunkt 23
Norm-Heizlast 121
NSP 23
Nutzungserlaubnis 146

O
ODP 18
Ökobilanz 166

P
PAG 35
PAO 35
Parallelpufferspeicher 99
p, h-Diagramm 35
Photovoltaik 156
Plattenverdampfer 91
Plattenwärmeübertrager 83
POE 35
Primärkreislauf 17
Produktlebenszyklus 166
Propan 26
Pufferspeicher 98

R
Radiatoren 115
    Heizkurve 117
Reifbildung 93
Reihenpufferspeicher 99
Rektifikation 140
Rippenrohrverdampfer 92
Rohrbündelverdampfer 91
Rohrbündel-Wärmeübertrager 84
Rollkolbenverdichter 78
Rücklauftemperatur 115

S
Sankey-Diagramm 52
Saugventil 72
schädlicher Raum 51
Schädlicher Raum 73
Scrollverdichter 74, 79
SG Ready-Schnittstelle 184
Sicherheitsdruckbegrenzer 103
Sicherheitseinrichtungen 102
Sicherheitsgruppe 22
Sicherheitsklasse 22
Siedelinie 36
Silicagel 110
Simulation 169, 170
Smart Grid 141, 182, 184
Smart Meter 183
Softwaretools 170
Solaranlage
    thermische 101

Solarkollektoren 155
Sole 32
Soleverteiler 152
spezifische Entzugsleistung 151
Splitbauweise 65
Spreizung 115
Stand-Pufferspeicher 100
Steuersignale 142
Strömungskurzschluss 154
Strömungsmaschinen 70
synthetische Öle 35
System 169
Systemgrenzen 13

T
Tauchpumpe 155
Taulinie 36
technische Daten 15
Temperaturdifferenz 46
Temperaturgleit 23
Temperaturleitfähigkeit 148
Temperaturschalter 103
Temperaturverlauf 147, 149
Temperaturwechsler 108
TEV 87
TEWI-Wert 161
Thermosiphonwirkung 154
THG 22
Treibhauseffekt 18
Treibhausgase 20
Trennverfahren 139, 140
Trockenexpansionsverdampfer 91
Trocknung 140
Tropfenkondensation 81

U
Überdruckschalter 103
Überverdichtung 48
UEG 23
Unterdruckschalter 103
Unterverdichtung 48

V
Verbrennungsmotor 67
Verdampfer 89
    Simulation 172
Verdampferleistung 47
Verdampfung 139
Verdampfungswärme 24
Verdichter 16, 45, 69
    Leistungsregelung 79
    Simulation 173
Verdichterleistung 47
Verdichtungsraum 73
Verdrängermaschinen 70
Verfahrensschemata 57

Verfügbarkeit 146
Vergleichsprozesse 37
Verockerung 154
Volumenstrom 155
Vorlauftemperatur 115

W

Wärmemengenzähler 103
Wärmenetze 142
Wärmenutzungsanlage 14
Wärmepumpe
    Absorptions- 106
    Einfamilienhaus 135
    Gewerbe 137
    Hochtemperatur 57
    Hybrid- 141
    Industrie 138
    Luft/Wasser 57, 62, 64, 93, 119
    Mehrfamilienhaus 136
    Mitteltemperatur 57
    Niedertemperatur 57
    Sole/Wasser 59
    Warmwasser 63
    Wasser/Wasser 60
Wärmepumpen
    Einteilung 13
    Sole/Wasser 32
Wärmepumpenanlage 14
Wärmepumpenverdichter 45
Wärmequelle
    Außenluft 146
    Erdwärme 147
    Grundwasser 154
Wärmequellen 145, 156
Wärmequellenanlage 14
Wärmequellenmedium 32
Wärmequellentemperatur 146
Wärmeverhältnis 132, 133, 161
Warmwasserspeicher 101
Wasser 29, 33
Widerstandsheizung
    elektrische 97
Wirkungsgrad 53

Z

Zeolithe 109
Zustandsgebiete 36